高职高专"十四五"规划教材

工程造价管理

（第 3 版）

主　编　张仕平

副主编　刘虹贻　夏阳

主　审　陈富军

北京航空航天大学出版社

内 容 简 介

本书是高职高专"十四五"规划教材,是根据《教育部关于全面提高高等职业教育教学质量的若干意见》精神,遵循我国高等职业教育教学规律,并结合实际工作岗位的需要编写而成,主要阐述了工程造价管理的基本理论、方法与技能。具体内容包括:工程造价管理通识,建设项目决策阶段工程造价管理,建设项目设计阶段工程造价管理,建设工程招标投标阶段工程造价管理,建设工程实施阶段工程造价管理,建设项目竣工结算与决算管理等。

全书采用"理(论)实(际)一体化"的格式编写,将工程造价管理工作按业务流程分解为6个工作项目,每个工作项目均以能力目标、知识目标、教学设计开始,并按照实际工作的需要,把每个工作项目细分为不同的学习任务,每个学习任务由典型案例(知识链接)、知识储备构成,每个工作项目后设置了重点回顾、实战训练(包括专项能力训练与综合能力训练)、思考与练习等,便于教师备课和学生学习。本书突出高等职业教育的特色,强调"校企合作、理实一体"的高等职业教育教学模式,具有较强的针对性、应用性和前瞻性。

本书不仅可作为高职高专院校工程造价专业及相关专业的教材,也可供工程造价管理从业人员学习参考。

图书在版编目(CIP)数据

工程造价管理 / 张仕平主编. -- 3 版. --北京 :
北京航空航天大学出版社,2021.1
ISBN 978 - 7 - 5124 - 3034 - 1

Ⅰ . ①工… Ⅱ . ①张… Ⅲ . ①建筑造价管理—高等学校—教材 Ⅳ . ①TU723.3

中国版本图书馆 CIP 数据核字(2019)第 122901 号

工程造价管理(第 3 版)
主 编　张仕平
副主编　刘虹贻　夏阳
主 审　陈富军
策划编辑　冯颖　责任编辑　冯颖
*
北京航空航天大学出版社出版发行
北京市海淀区学院路 37 号(邮编 100191)　http://www.buaapress.com.cn
发行部电话:(010)82317024　传真:(010)82328026
读者信箱:goodtextbook@126.com　邮购电话:(010)82316936
北京凌奇印刷有限责任公司印装　各地书店经销
*
开本:787×1 092　1/16　印张:18　字数:461 千字
2021 年 1 月第 3 版　2023 年 3 月第 2 次印刷　印数:2 001~3 000 册
ISBN 978 - 7 - 5124 - 3034 - 1　定价:49.80 元

若本书有倒页、脱页、缺页等印装质量问题,请与本社发行部联系调换。联系电话:(010)82317024

前　言

　　《工程造价管理(第2版)》自出版以来,被多所学校选为工程造价及相关专业教材,受到广大读者的喜爱。近年来,在国家全面深化改革的背景下,我国经济环境、法制环境发生巨大的变化。《中华人民共和国民法典》的颁布实行,营业税全面改征增值税,工程造价计量与计价法律法规的更新等,使得我国工程造价管理诸多领域改革成效显著。结合这些变化,我们对本书内容进行了修订。

　　本次编写修订的主要思路是适应线上、线下教学融合,补充、修订一些新的法律、法规和政策,体现最新的理论与实务发展,增强教材的实用性和可读性,更好地满足职业教育的需求。

　　本书以工程造价管理业务流程为导向,选取了以下6个工作项目作为教学内容:工程造价管理通识、建设项目决策阶段工程造价管理、建设项目设计阶段工程造价管理、建设工程招标投标阶段工程造价管理、建设工程实施阶段工程造价管理、建设项目竣工结算与决算管理。这6个工作项目串联在一起与工程造价管理工作必备的岗位职业技能要求相匹配。

　　本书以适应高等职业教育教学改革为目标,突出"教、学、做"的职业技术教育特色,强调内容选择的实用性。书中特色主要体现在以下几个方面:

　　1. 扬长避短,打造精品。目前,为培养工程造价及其管理从业人员的教材建设十分薄弱,尤其是满足培养工程造价及其管理从业人员所需要的高职高专教材极少。编者在总结现行使用教材经验的基础上,反复锤炼,按照基于工程造价管理工作项目的全新高职教学模式进行编写,努力打造精品。

　　2. 紧贴行业,突出重点。本书为满足我国工程造价及其管理行业发展对高素质技术技能型人才培养的需求,强调"行业导向,能力为本"的职业教育理念,突出职业教育特点。

　　3. 瞄准工作岗位,校企合作开发。编者在本书的写作过程中,结合高等职业院校示范建设改革成果,紧贴工程造价及其管理工作岗位,坚持"校企合作、理实一体"的人才培养模式,由学校专任教师与企业专家共同编写。本书体现了鲜明的高等职业教育特色,与工程项目管理、注册造价工程师、造价员等相关执业资格标准具有良好的衔接性。

　　4. 与时俱进,体现职业标准。本书根据工程造价及其管理工作岗位的职责要求,结合工程项目管理、注册造价工程师、造价员等相关执业资格标准,以工程造价管理业务流程为主线,以每一工作项目所需要的相关知识为要点,基于工作项目选择、组织课程内容,采用以完成工作任务为主要学习方式的课程模式。

　　5. 形式与内容全面创新。

　　(1)项目引导,任务明确。以工程造价管理业务流程为主线,力求做到工作过程、工作项目、工作任务相互对应，每一工作项目开篇均以能力目标、知识目标及教学设计开始，以工作任务为中心选择、组织课程内容，以完成工作任务为主要学习方式，使学生明确完成工作任务的能力要求与所需知识，对学生的学习、教师的教学有很大帮助。

（2）任务驱动，结构严谨。本书的结构按照实际工作流程安排，以工作任务为驱动，所选6个工作项目的完成顺序与工程造价管理业务流程一致，结构严谨，具有较强的指导性、应用性和可操作性。

（3）实战训练，强化职业能力培养。每个工作项目结束后，都设置了实战训练，有助于学生巩固所学知识，提高职业技能与素养，做到了"教、学、做"的有机统一，具有较强的针对性。

（4）考核评价形式多样，全面系统。本书每一工作项目后面都有重点回顾、实战训练、思考与练习，特别是在实战训练模块中设置了典型案例分析、亲手演练、专项能力训练、综合能力训练、专项考核、综合评价等；实训考核分为过程性考核和课业成果考核，考核评价形式多样，全面系统。

本书是由四川航天职业技术学院与四川航天建筑工程公司、四川省广汉市工程建设监理公司共同开发的高职高专实用教材，由张仕平教授任主编，刘虹贻副教授、夏阳副教授任副主编，陈富军高级工程师任主审。全书编写修订工作具体分工如下：项目1由张仕平、李涛、王丽负责编写，项目2由王丽、赵常未负责编写，项目3由刘虹贻、赵常未负责编写，项目4由刘虹贻、胡小容负责编写，项目5由夏阳、胡小容负责编写，项目6由王珩、李涛负责编写，全书统稿由张仕平完成。

在本书的编写过程中，编者得到了四川航天建筑工程公司、四川省广汉市工程建设监理公司的大力支持，四川航天建筑工程公司总经理、高级工程师陈国华及财务总监、高级会计师李成文对本书提出了宝贵意见，四川省广汉市工程建设监理公司高级工程师、注册监理工程师、注册一级建造师陈富军对本书进行了审定，在此一并表示衷心的感谢。

由于编者经验和能力有限，加之当今科学技术日新月异，工程造价及其管理理论与实务不断发展，书中错漏之处在所难免，恳请广大师生在使用过程中提出宝贵意见和建议，以便再版时修改。

编　者

2020 年 11 月于成都

目 录

项目 1　工程造价管理通识 ………………………………………………………………… 1

学习任务 1.1　工程造价管理的基本术语 ………………………………………………… 1

　　1.1.1　与工程造价相关的基本术语 ……………………………………………………… 1

　　1.1.2　与工程造价管理相关的基本术语 ………………………………………………… 5

　　1.1.3　建设程序与各阶段工程造价的关系 ……………………………………………… 9

　　1.1.4　工程造价的控制原理 …………………………………………………………… 11

学习任务 1.2　我国现行建设项目投资的构成和工程造价的构成 …………………………… 12

　　1.2.1　我国现行建设项目投资的构成 …………………………………………………… 12

　　1.2.2　我国现行建设工程造价的构成 …………………………………………………… 12

　　1.2.3　应用举例 ………………………………………………………………………… 16

学习任务 1.3　工程造价从业及其管理 …………………………………………………… 16

　　1.3.1　工程造价从业人员 ……………………………………………………………… 16

　　1.3.2　工程造价管理机构(单位) ……………………………………………………… 19

实战训练 ……………………………………………………………………………………… 20

思考与练习 …………………………………………………………………………………… 22

项目 2　建设项目决策阶段工程造价管理 ……………………………………………… 24

学习任务 2.1　概　述 …………………………………………………………………… 24

　　2.1.1　建设项目决策的概念 …………………………………………………………… 24

　　2.1.2　建设项目决策与工程造价的关系 ………………………………………………… 24

　　2.1.3　决策阶段影响工程造价的主要因素 ……………………………………………… 25

学习任务 2.2　建设项目建议书 …………………………………………………………… 29

　　2.2.1　建设项目建议书的概念 …………………………………………………………… 29

　　2.2.2　建设项目建议书的内容 …………………………………………………………… 29

　　2.2.3　建设项目建议书的审批 …………………………………………………………… 29

学习任务 2.3　建设项目可行性研究 ……………………………………………………… 30

　　2.3.1　可行性研究的概念和作用 ………………………………………………………… 30

　　2.3.2　可行性研究的内容与可行性研究报告的编制 …………………………………… 30

　　2.3.3　可行性研究报告的审批 …………………………………………………………… 31

学习任务 2.4　建设项目投资估算 ………………………………………………………… 32

　　2.4.1　建设项目投资估算的含义和作用 ………………………………………………… 32

　　2.4.2　建设项目投资估算的阶段划分与精度要求 ……………………………………… 32

　　2.4.3　建设项目投资估算的依据、要求及步骤 ………………………………………… 33

　　2.4.4　建设项目投资估算的内容 ………………………………………………………… 33

　　2.4.5　建设项目投资估算的方法 ………………………………………………………… 34

　　2.4.6　建设项目投资估算实例 …………………………………………………………… 44

学习任务2.5　建设项目财务评价 ······ 47
2.5.1　建设项目财务评价的含义 ······ 47
2.5.2　建设项目财务评价的程序 ······ 47
2.5.3　建设项目财务评价的内容 ······ 48
2.5.4　建设项目财务评价指标体系 ······ 49
2.5.5　建设项目财务评价报表 ······ 51
2.5.6　建设项目财务评价指标的计算与评价 ······ 62
2.5.7　建设项目财务评价实例 ······ 68
实战训练 ······ 71
思考与练习 ······ 73
项目3　建设项目设计阶段工程造价管理 ······ 78
学习任务3.1　概　述 ······ 78
3.1.1　建筑设计与经济规律 ······ 78
3.1.2　建设项目设计阶段工程造价管理的意义 ······ 79
3.1.3　建筑设计、设计阶段及设计程序 ······ 81
3.1.4　设计阶段与工程造价的关系 ······ 84
学习任务3.2　设计方案评价 ······ 84
3.2.1　设计方案评价原则 ······ 84
3.2.2　与建筑设计有关的技术经济评价指标及其计算 ······ 86
学习任务3.3　工程造价的主要影响因素及控制方法 ······ 92
3.3.1　土地资源利用对工程造价的影响 ······ 92
3.3.2　建筑设计参数对工程造价的影响 ······ 94
3.3.3　结构类型、施工方案及工期对工程造价的影响 ······ 96
3.3.4　建筑材料对工程造价的影响 ······ 97
学习任务3.4　设计方案的优化 ······ 99
3.4.1　工程设计招投标和设计方案竞选 ······ 99
3.4.2　优选设计方案的技术经济评价方法 ······ 100
3.4.3　标准化设计 ······ 105
3.4.4　限额设计 ······ 106
3.4.5　建筑设计的长期经济效益 ······ 109
学习任务3.5　设计概算 ······ 110
3.5.1　设计概算的基本概念 ······ 110
3.5.2　设计概算的编制原则与依据 ······ 111
3.5.3　设计概算的内容 ······ 111
3.5.4　单位工程概算的编制方法 ······ 113
3.5.5　单项工程综合概算的编制方法 ······ 119
3.5.6　建设项目总概算的编制方法 ······ 120
3.5.7　设计概算的审查 ······ 122
实战训练 ······ 126

思考与练习 ·· 128

项目 4　建设工程招标投标阶段工程造价管理 ·· 131

学习任务 4.1　概　述 ··· 131

　4.1.1　建设工程招标投标的概念和性质 ··· 131

　4.1.2　建设工程招标投标的理论基础、范围、种类与方式 ····················· 134

　4.1.3　建设工程招标程序 ··· 141

　4.1.4　建设工程投标程序 ··· 146

学习任务 4.2　建设工程招标投标 ·· 150

　4.2.1　建设工程标底的确定 ·· 151

　4.2.2　建设工程投标价的确定 ··· 157

　4.2.3　开标、评标、定标 ··· 159

　4.2.4　建设工程施工合同 ··· 162

学习任务 4.3　建设工程标底价(中标价)及投标价的控制手段与方法 ················ 167

　4.3.1　建设工程造价、质量、工期的关系 ··· 167

　4.3.2　建设工程标底价(中标价)的控制手段与方法 ······························· 168

　4.3.3　建设工程投标价的控制手段与方法 ··· 178

实战训练 ·· 187

思考与练习 ··· 188

项目 5　建设工程实施阶段工程造价管理 ·· 192

学习任务 5.1　概　述 ··· 192

　5.1.1　建设工程实施阶段影响工程造价的主要因素 ······························· 192

　5.1.2　建设工程实施阶段工程造价管理的内容 ······································ 193

学习任务 5.2　施工组织设计的基本常识 ··· 194

　5.2.1　施工组织设计的概念 ·· 194

　5.2.2　施工组织设计的核心内容 ·· 195

　5.2.3　施工组织设计的评价 ·· 197

学习任务 5.3　建设施工成本控制 ·· 198

　5.3.1　用施工预算控制工程成本 ·· 198

　5.3.2　绘制工程成本分析控制图(表) ·· 202

　5.3.3　控制工程成本的直接费用 ·· 203

学习任务 5.4　建设工程变更的控制 ··· 205

　5.4.1　建设工程变更概述 ··· 205

　5.4.2　建设工程变更的程序 ·· 206

　5.4.3　建设工程变更价款的确定 ·· 207

　5.4.4　FIDIC 合同条件下的工程变更 ·· 208

学习任务 5.5　建设工程索赔的控制 ··· 210

　5.5.1　建设工程索赔的概念 ·· 210

　5.5.2　建设工程索赔的原因 ·· 210

　5.5.3　建设工程索赔的分类 ·· 211

　　　　5.5.4　建设工程索赔的程序 ··· 213

　　　　5.5.5　建设工程索赔的费用 ··· 213

　　　　5.5.6　建设工程索赔的计算 ··· 214

　学习任务5.6　建设工程价款结算 ··· 220

　　　　5.6.1　建设工程价款结算的意义 ··· 220

　　　　5.6.2　我国建设工程价款结算的主要方式 ··· 220

　　　　5.6.3　建设工程价款的静态结算 ··· 221

　　　　5.6.4　建设工程价款的动态结算 ··· 225

　　　　5.6.5　FIDIC 合同条件下的工程结算 ·· 227

　学习任务5.7　综合案例 ··· 231

　　　　5.7.1　案例— ·· 231

　　　　5.7.2　案例二 ·· 233

　　　　5.7.3　案例三 ·· 234

　实战训练 ·· 236

　思考与练习 ·· 237

项目6　建设项目竣工结算与决算管理 ··· 241

　学习任务6.1　建设项目竣工验收 ··· 241

　　　　6.1.1　建设项目竣工验收的概念 ··· 241

　　　　6.1.2　建设项目竣工验收的条件 ··· 243

　　　　6.1.3　建设项目竣工验收的标准 ··· 244

　　　　6.1.4　建设项目竣工验收的内容 ··· 244

　　　　6.1.5　建设项目竣工验收的程序 ··· 246

　　　　6.1.6　建设项目竣工验收的方式 ··· 247

　　　　6.1.7　建设项目竣工验收的组织 ··· 249

　学习任务6.2　建设项目竣工结算与决算 ·· 249

　　　　6.2.1　建设项目竣工结算 ·· 249

　　　　6.2.2　建设项目竣工决算 ·· 251

　学习任务6.3　新增资产价值的确定 ··· 261

　　　　6.3.1　新增资产价值的分类 ··· 261

　　　　6.3.2　新增资产价值的确定 ··· 262

　学习任务6.4　保修的处理 ·· 265

　　　　6.4.1　保修的含义 ·· 265

　　　　6.4.2　保修期限 ·· 265

　　　　6.4.3　保修费用的处理 ·· 266

　实战训练 ·· 267

　思考与练习 ·· 270

附　录 ·· 277

参考文献 ··· 278

项目 1　工程造价管理通识

🎯 能力目标

1. 培养科学进行工程造价计价与控制的能力。
2. 培养职业素质和职业能力,适应工程造价管理岗位要求。

🎯 知识目标

1. 掌握我国现行建设项目投资的构成和工程造价的构成。
2. 熟悉与工程造价管理相关的基本术语。
3. 熟悉建设程序与各阶段工程造价的关系。
4. 了解工程造价从业资格与岗位要求。

🎯 教学设计

1. 开展典型案例分析与讨论。
2. 分组讨论与评价。
3. 演示训练。
4. 情境模拟。

学习任务 1.1　工程造价管理的基本术语

1.1.1　与工程造价相关的基本术语

1. 建筑工程的含义

建筑工程是指一切经过勘察设计、建筑施工、设备安装生产活动过程而建造的房屋建筑物及构筑物的总称。

一般情况下,房屋建筑物和构筑物合称建筑物,两者虽然在设计的构造和外形上千差万别,但是它们的共性是都由基础、结构、围护、装饰装修工程和建筑物附属设施安装等几大部分组成,同时,又都由若干相同的工程所组成。房屋建筑物一般是指为人们提供不同用途的生产、生

【项目案例 1-1】
建设悉尼歌剧院
的传奇故事

活和工作的空间场所,如商业、住宅、厂房(车间)、办公楼、教学楼、影剧院、宾馆、酒店、百货大厦等。除房屋建筑之外的建筑物都是构筑物,一般是为生产或生活提供特定的使用功能而建造。例如,水塔、水池、水井、烟囱、隧道、桥梁、尿素厂的造粒塔等都属于构筑物。在国民经济建设中,各种建筑物都是向各部门提供生产能力或使用效益的物质基础,属于长期耐用性的生产资料或生活资料。

2. 建设项目的含义及其层级划分

建设项目是指在总体设计范围内进行建设的一切工程项目的总称。例如,用于生产的工厂建设项目,通常包括在厂区总图布置上表示的所有拟建设工程;也包括与厂区外各协作点相

连接的所有相关工程,如输电线路、给水排水工程、铁路、公路专用线、通信线路;还包括与生产相配套的厂外生活区内的一切工程。

一般情况下,为了使列入国家计划的建设项目迅速而有秩序地进行施工,由建设项目投资主管部门指定或组建一个承担组织建设项目的筹备和实施的法人及其组织机构,被称为建设单位。建设单位在行政上具有独立的组织形式,经济上实行独立核算,有权与其他经济实体建立经济往来关系,有批准的可行性研究和总体设计文件,能单独编制建设工程计划,并通过各种发包承建形式将建设项目付之实现。

由此可见,建设项目和建设单位往往是紧密联系在一起的,但又是两个含义不同的概念。一般来说,建设项目的含义是指总体建设工程的物质内容,而建设单位的含义是指该总体建设工程的组织者代表。新建项目及其建设单位一般都是同一个名称,如工业建设中的××化工厂、××机构厂、××造纸厂,民用建设中的××职业技术学院、××商业大厦、××住宅小区等;对于扩建、改建、技术改造项目,则常常以老企业名称作为建设单位,以××扩建工程、××改建工程作为建设项目的名称,如成都××化工厂氟制冷剂扩建工程等。

建设项目按不同的层级划分为单项工程、单位(子单位)工程、分部(子分部)工程和分项工程。实例详见图1-1。

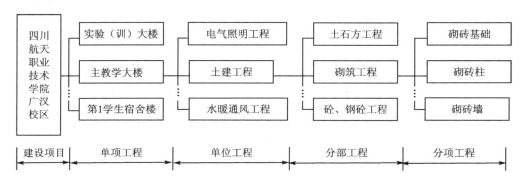

图1-1 建设项目的层级划分示意图

(1) 单项工程

单项工程被称为工程项目,是指在一个建设项目中,具有独立的设计文件,竣工后可以独立发挥生产能力或效益的一组配套齐全的工程。单项工程是建设项目的组成部分,一个建设项目有时可以仅包括一个单项工程,也可以包括许多单项工程。生产性建设项目的单项工程,一般是指能独立生产的车间,它包括厂房建筑、设备的安装及设备、工具、器具、仪器的购置等;非生产性建设项目的单项工程,如一所学校的办公楼、教学楼、图书馆、食堂、宿舍等。

单项工程是具有独立存在意义的一个完整工程,也是一个极为复杂的综合组成体,一般由若干单位工程所构成。

(2) 单位(子单位)工程

单位工程是指具有独立设计,具备独立施工条件并能形成独立使用功能的工程。虽然一个单位工程竣工后能够形成独立使用功能,但是一般不能独立发挥效益。具有独立施工条件并能形成独立使用功能是单位(子单位)工程划分的基本要求。对于建筑规模较大的单位工程,还可将其能形成独立使用功能的部分作为一个子单位工程。在施工之前,应由建设单位、监理单位和施工单位商议确定。

　　单位工程是单项工程的组成部分。为了便于组织施工,根据工程的具体情况和独立施工的可能性,通常可将一个单项工程划分为若干单位工程。这样划分,便于按设计专业计算各单位工程的造价。建筑工程中的土建工程、室内给水排水工程、室内采暖工程、通风空调工程、电气照明工程等,均各属一个单位工程。

　　单位工程造价是通过编制单位工程概预算书来确定的,它是编制单项工程综合概预算和考核建筑工程成本的依据。

(3) 分部(子分部)工程

　　单位工程仍然是由许多结构构件、部件或更小的部分组成的。在单位工程中,按专业性质、建筑部位等进一步分解出来的工程,被称为分部工程。一般工业与民用建筑工程可划分为地基与基础工程、主体结构工程、装饰装修工程、屋面工程、给水排水及采暖工程、电气工程、智能建筑工程、通风与空调工程、电梯工程等分部工程。

　　当分部工程较大或较复杂时,可按材料种类、施工特点、施工程序、专业系统及类别等划分为若干子分部工程。例如,建筑工程中的土建工程按照部位、材料结构和工程的不同,大体可划分为土石方工程、桩基工程、砖石工程、混凝土及钢筋混凝土工程、金属结构工程、木作工程、楼地面工程、屋面工程、装饰工程等,其中的每一部分均称为一个分部(子分部)工程。

　　分部工程是由许许多多的分项工程构成的。分部工程费用是单位工程造价的组成部分,是通过计算各个分项工程直接费来确定的,即

$$分部工程费 = \sum(分项工程费) = \sum(分项工程量 \times 相应分项工程单价)$$

(4) 分项工程

　　从对建筑产品估价的要求来看,分部工程仍然很大,不能满足估价的需要。这是因为在每一分部工程中,影响工料消耗大小的因素仍然很多。例如,同样都是砌砖工程,由于所处的部位不同——砖基础、砖墙;厚度不同——半砖厚、一砖厚、一砖半厚等,则每单位砌砖工程所消耗的砂浆、砖、人工、机械等数量有较大的差别。因此,将分部工程按照施工方法(如土石方工程中的人工或机械)、不同的构造(如实砌墙或空斗墙)、不同的材料(如混凝土或钢筋混凝土)等,加以更细致的分解,划分为通过简单的施工过程就能生产出来,并且可以用适当的计量单位计算工料消耗的基本构造要素(如"砖基础")称为分项工程。

　　分项工程是分部工程的组成部分。分项工程没有独立存在的意义,它是为了便于计算建筑工程造价而分解出来的假定"产品"。例如,土石方开挖工程、土方回填工程、钢筋工程、模板工程、混凝土工程、砖砌体工程、木门窗制作与安装工程、玻璃幕墙工程等均属于分项工程。在不同的建筑物与构筑物工程中,完成相同计量单位的分项工程,所需要的人工、材料和机械等消耗量基本上是相同的。分项工程是建筑施工活动的基础,也是最基本的工程造价计算单位。一般来讲,分项工程单位价值是通过该分项工程工、料、机消耗数量与其相应单价的乘积之和确定的,即

$$分项工程单位价值 = 人工费 + 材料费 + 施工机械使用费 = \sum(工、料、机消耗量 \times 相应单价)$$

　　3. 工程造价的含义

　　从广义上讲,工程造价是指建设一项工程预期开支或实际开支的全部固定资产投资费用,即为完成一个工程建设项目所需费用的总和,包括建筑安装工程费用、设备工器具费用、工程建设其他费用和预备费等。从狭义上讲,工程造价是指工程价格,即建筑产品价格,是建筑工程施工发包与承包双方在施工合同中约定的价格。因此,可以从不同角度认识工程造价:广义

上的工程造价是从投资者的角度定义的,从这层意义上讲,工程造价是工程投资费用,建设项目工程造价就是建设项目固定资产投资;狭义上的工程造价是为建设完成一项建筑工程,预计或实际在土地市场、建筑材料市场、设备市场、技术劳务市场,以及承包市场等市场交易活动中所形成的建筑安装工程的价格和建设工程总价格,通常只把它认定为工程项目承发包价格,即合同价。前者反映的是投资者投入与产出的关系,隐含着成本控制与资金投入之间的矛盾;后者反映的是建筑市场中以建筑产品为对象的商品交换关系,隐含着价格与价值、供给与需求之间的矛盾。

工程造价的两种含义既共生于一个统一体,又相互区别。最主要的区别在于需求主体和供给主体在建设市场中追求的经济利益不同,因而管理的性质和管理的目标不同。从管理性质看,前者属于投资管理范畴,后者属于价格管理范畴,但两者又相互交叉。从管理目标看,作为项目投资(费用),投资者在进行项目决策和项目实施中,首先关心的是决策的正确性。投资是为实现预期效益而垫付资金的一种经济行为,项目决策中投资

> **【小贴士】 建设项目总投资**
> 建设项目总投资是指建造一个工程项目所投入的全部资金,包括固定资产投资和流动资产投入两部分。其与工程造价的对应关系如下:
> 固定资产投资 = 工程造价
> 流动资产投入 = 流动资金

数额的大小、功能和价格(成本)比是投资决策的最重要的依据。其次,在项目实施中完善工程项目功能,提高工程质量,降低工程成本,缩短建设工期,按期或提前交付使用,是投资者始终关注的问题。因此,节约投资费用、降低工程造价是投资者始终如一的追求。作为工程价格,承包商所关注的是利润,追求的是较高的工程造价。不同的管理目标,反映不同主体的经济利益,但它们都受支配价格运动的诸多经济规律的影响和调节。它们之间的矛盾正是市场竞争机制和利益风险机制的必然反映。

区别工程造价两种含义的理论意义,在于为投资者和以承包商为代表的供应商的市场行为提供理论依据。当政府提出降低工程造价时,它是站在投资者的角度充当着市场需求主体的角色;当承包商提出提高工程造价、提高利润率,并获得更多的实际利润时,它是要实现一个市场供给主体的管理目标。这是市场运行机制的必然,不同的利益主体绝对不能混为一谈。同时,区别工程造价两种含义的现实意义,还在于为实现不同的管理目标,不断充实工程造价的管理内容,完善管理方法,为更好地实现利益各方的目标服务,从而有利于推动经济的全面增长。

4．工程造价的特点

(1) 工程造价的大额性

很多建设工程表现为结构复杂、工程庞大,需要投入众多的人力、物力和财力,而且施工周期长,因而造价高昂,动辄几百万、几千万、几亿、几十亿元,特大型建设工程的造价可达几百亿、几千亿元。工程造价的大额性使其关系到工程建设各方面的重大经济利益,同时也会对宏观经济产生重大影响。这就决定了工程造价在国民经济建设中的特殊地位,也说明了工程造价管理的重要意义。

(2) 工程造价的个别性和差异性

任何一项建设工程都有特定的规模、用途和功能。因此,对每一项建设工程的整体规划、设计、结构、造型、空间分布、设备购置和内外装饰等都有具体的要求,因而这就使工程内容和

实物形态都具有个别性和差异性。建筑工程(产品)的差异性决定了工程造价的个别性。同时,由于每一项建设工程所处地区、地段及地理环境的不同,使得这一特点愈加突出。

(3) 工程造价的动态性

任何一项建设工程从立项到竣工交付使用都有一个较长的建设周期。在这一期间内,可能会出现许多影响工程造价的因素,诸如设计变更,以及设备材料价格、人工工资标准、机械台班单价、利率、汇率等的变化,这些变化必然会导致工程造价的变动。所以工程造价在整个建设期内一般来说都是处于不确定状态,直至项目竣工结(决)算后,才能最终确定它的实际造价。

1.1.2　与工程造价管理相关的基本术语

1. 工程造价管理的含义

工程造价管理是建筑市场管理的重要组成部分和核心内容,是市场经济的客观要求。它与工程招标投标、质量、工期、施工安全有着密切关系,是保证工程质量、工期和安全生产的前提和保障。在规范建筑市场经济秩序中,切实搞好工程造价管理是至关重要的,而合理确定工程造价对工程项目建设尤为关键。前已述及,工程造价包含两种含义,与其相对应,工程造价管理包括两种管理:一种是建设工程投资费用管理;另一种是建设工程价格管理。

第一种管理属于投资管理范畴。建设工程投资费用管理是为了实现投资的预期目标,在拟定的规划、设计方案条件下,预测、计算、确定和监控工程造价及其变动的系统活动。这一含义涵盖了微观层次的投资费用管理,也涵盖了宏观层次的投资费用管理。

第二种管理属于价格管理范畴。在市场经济条件下,工程造价管理分为宏观造价管理和微观造价管理两个层次。宏观造价管理是指政府根据国家和社会经济发展状况,利用法律、法规、经济和行政等手段,通过对建筑市场管理、规范市场主体计价行为,对工程价格进行管理和调控的系统行为;微观造价管理是指投资者对某一工程项目建设成本的管理以及承发包双方对工程承发包价格的管理。其中,投资者对工程项目建设成本的管理包括从前期开始的建设项目筹建到竣工验收、交付使用的所有费用的全过程管理,亦即工程造价预控、预测、工程实施阶段的工程造价调整以及工程实际造价管理;承包商对建设成本的管理包括为实现管理目标而进行的成本控制、计价、定价和竞价的系统活动;承发包方对工程承发包价格的管理包括工程价款的支付、结算、变更、索赔等。

综上所述,工程造价管理是研究建设项目的立项、筹建、设计、招投标、施工、竣工交付使用的全过程中,对其工程造价进行合理确定和有效控制的系统活动。它是一门实践性很强的学科,其核心内容是合理确定和有效控制工程造价。

2. 工程造价计价及其管理的关系

工程造价计价是工程造价的基础,是工程造价管理的重要组成部分,两者关系密切。

工程造价管理是研究如何通过科学的管理,有效地控制工程造价,使工程投资费用最低,效益最佳。工程造价管理从业人员应该准确把握工程造价计价的特征及计价方法的科学性、合理性,使之更加符合建设工程的实际情况。

(1) 工程造价的计价特征

工程造价的计价特征是由建筑工程自身的技术经济特点决定的。归纳起来,主要涉及以下5个显著的特征。

【项目案例1-2】
工程造价管理的
精髓是什么

1) 计价的单件性

由于建筑工程(产品)通常都是按照规定的地点、特定的设计内容进行施工建造的,建筑工程(产品)的生产价格,也只能按照设计图纸规定的内容、规模、结构特征以及建设地点的地形、地质、水文等自然条件,通过编制工程概预算的方式进行单个核算、单个计价。

2) 计价的多次性

建筑工程(产品)的施工建造生产活动是一个周期长、环节多、程序要求严格和生产耗费数量大的过程。国家制度规定,任何一个建设项目都要经过规划论证、决策立项、勘察设计、施工建造、试车验收、交付使用等几个大的阶段,每个阶段又包含许多环节。为了适应项目建设有关各方的要求,国家工程建设管理制度规定:

① 在编制项目建议书及可行性研究报告阶段要进行投资估算。

② 在初步设计或扩大初步设计阶段要有概算(实行三阶段设计的技术设计阶段还应编制修正概算)。

③ 在施工图设计阶段,设计部门要编制施工图预算。

④ 在施工建造阶段,施工单位还应编制施工预算。

⑤ 在工程竣工验收阶段,由建设单位、施工单位共同编制竣工结(决)算。

综上所述,投资估算—设计概算—施工图预算—施工预算—竣工结(决)算,是一个由粗到细、由事前到事后的造价信息的展开和反馈过程,也是一个多次计价的过程。只有及时掌握上述过程中发生的一切变化因素,做出合理的调整和控制,才能加强对建筑工程(产品)造价的管理,提高工程造价管理水平,从而使有限的建设资金获得最理想的经济效果。

3) 计价的组合性

前已述及,建筑工程(产品)造价的确定是根据分部分项合价组合而成的。一个建设项目是由许多工程项目组成的庞大综合体,它可以按不同层级分解为众多有内在联系的工程。从计价和管理的角度,建设项目的组合性决定了建筑工程(产品)造价确定的过程是一个逐步组合的过程。这一过程在概预算造价确定过程中尤为明显,即:分部分项工程合价—单位工程造价—单项工程造价—建设项目总造价,逐项计算、层层汇总而成。上述计价过程是一个由小到大,由局部到总体的计价过程,详见图1-2。

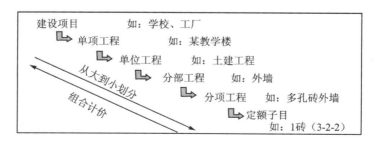

图1-2 工程造价的组合计价示意图

4）计价方法的多样性

建筑工程的多次性计价各有不同的计价依据，每次计价的精确程度也各不相同，这就决定了计价方法有多样性特征。例如，建设项目前期投资估算造价确定方法有生产能力估算法、生产能力指标法、系数估算法和比例估算法等；初步设计概算造价确定方法有概算指标法、定额法等；施工图预算造价确定方法有工料单价法、综合单价法等。不同方法有不同的适应条件，精确程度也就不同，但是它们并没有实质的不同，而仅仅是按工程建设程序的要求，由粗到细，由浅入深的一种计价方法。

5）计价方法的动态性

我国基本建设管理制度规定，决算不能超过预算，预算不能超过概算，概算不能突破投资额。但是，在现实工作中"三算三超"普遍存在，屡见不鲜。造成这种状况的原因是多方面的，但形成"三超"的主要原因是建筑材料、设备价格常有变化。为适应我国改革开放的纵深发展和社会主义市场经济的建立，目前我国各省、自治区、直辖市基本建设主管部门，对工程建设造价的管理，已普遍实行了动态管理，在计价方法上呈现出动态性。

> 【小知识】　　　　　动态管理
>
> 动态管理是依据现行的预算定额价格水平，结合当时设备、材料、人工工资、机械台班单价上涨或下降幅度，以及有关应取费用项目的增加或取消、某种费用标准的提高或降低等，采用"加权法"计算出一定时期（如 2012 年上半年或下半年）内工程综合或单项（如机械费或施工流动津贴费）价格指数，定期发布，并规定本地区所有的在建项目都要贯彻执行的一种计价方法。

（2）我国现行工程造价计价模式

目前，我国建设工程造价实行"双轨制"计价模式，即定额计价模式和工程量清单计价模式两种。

1）工程定额计价

建设工程定额计价是指在工程计价时，以定额为依据，按定额规定的分部分项子目，逐项计算工程量，套用定额（或单位估价表）单价确定直接工程费，然后按规定取费标准确定构成工程价格的其他费用和利税，获得建筑安装工程造价。例如，建设工程概预算就是根据设计图纸和国家规定的定额、指标及各项费用标准等资料，预先计算和确定的新建、扩建、改建工程全部投资额的技术经济文件。

① 建设工程定额及其分类。建设工程定额是指按照国家有关的产品标准、设计规范和施工验收规范、质量评定标准，并参考行业、地方标准以及有代表性的工程设计、施工资料确定的工程建设过程中完成规定计量单位产品所消耗的人工、材料、机械等消耗量的标准。它是生产建筑产品消耗资源的限额标准，反映的是一种社会平均消耗水平。

建设工程定额可从不同的角度进行分类。

> 按定额反映的生产要素划分，可分为劳动定额、机械台班使用定额和材料消耗定额三种。
> 按定额的编制程序和用途划分，可分为工序定额、施工定额、预算定额、概算定额、概算指标、投资估算指标等。
> 按适用专业划分，可分为建筑工程定额、设备安装工程定额、市政工程定额、仿古建筑及园林定额、公路工程定额、铁路工程定额和井巷工程定额等。
> 按主编单位和执行范围划分，可分为全国统一定额、行业统一定额、地区统一定额、企业

定额和补充定额等。

我国过去主要采用全国、行业、地区统一定额，随着社会经济的发展，在工程量的计算和人工、材料、机械台班的消耗量计算中，将逐渐以全国统一定额为依据，而单价的确定，将逐渐为企业定额所替代。

② 常用建设工程定额。常用建设工程定额包括施工定额、预算定额、概算定额、概算指标、投资估算指标、建筑安装工程费用定额和工程建筑其他费用定额。

施工定额：直接用于建设工程施工管理中的定额，是建筑安装企业的生产定额。它是以同一性质的施工过程为标定对象，以工序定额为基础，综合规定出完成单位合格产品的人工、材料、机械台班消耗的数量标准。施工定额由劳动定额、材料消耗定额和机械台班使用定额三部分组成。

为了适应组织生产和管理的需要，施工定额的划分很细，是建设工程定额中分项最细、定额子目最多的一种定额，也是工程建设中的基础性定额。施工定额是编制预算定额的基础。

预算定额：指在正常合理的施工条件下规定完成一定计量单位的分部分项工程或结构构件和建筑配件所必需的人工、材料和施工机械台班的消耗数量标准。在拟定预算定额的基础上，根据所在地区的人工工资、物价水平确定人工工资单价、材料预算单价、机械台班单价，并计算拟定预算定额中每一分项工程的预算定额单价的过程称为单位估价表的编制，有些地区将预算定额和单位估价表合为一体，统称为预算定额。预算定额是在施工定额的基础上经过综合扩大编制而成的。预算定额反映在一定的施工方案和一定的资源配置条件下建筑企业在某个具体工程上的施工水平和管理水平，作为施工中各项资源的直接消耗、编制施工计划和施工图预算以及核算工程造价的依据。预算定额是编制概算定额和概算指标的基础。

概算定额：又被称为扩大结构定额，是规定完成一定计量单位的扩大分项工程或扩大结构构件所需人工、材料、机械台班消耗量和货币价值的数量标准。概算定额是在相应预算定额的基础上，根据有代表性的设计图纸和标准图等资料，经过适当的综合、扩大以及合并后编制而成的，每一分项概算定额都包括了数项预算定额的工作内容，计量单位的扩大；在消耗水平上，与预算定额之间留有一定的幅度差，以便根据概算定额编制的设计概算对施工图预算起到控制作用。

概算指标：以建筑面积（m^2 或 100 m^2）或建筑体积（m^3 或 100 m^3）、构筑物以座为计量单位，规定所需人工、材料、机械台班消耗量和资金数量的定额指标。概算指标是以整个建筑物或构筑物为对象编制的，比概算定额更加综合。概算指标一般是在概算定额和预算定额的基础上编制的，通常适用于初步设计阶段工程概算的编制。

投资估算指标：在项目建议书阶段和可行性研究阶段编制投资估算、计算投资需要量时使用的一种定额。该指标往往以独立的单项工程或完整的工程项目为计算对象，其概略程度与可行性研究相适应。投资估算指标的编制基础仍然离不开预算定额、概算定额。

建筑安装工程费用定额：一般包括建筑安装工程费用构成中除直接工程费之外的其他费用项目的取费标准，如各项措施费用标准、规费费率、企业管理费费率。各地区或国务院有关专业主管部门工程造价管理机构可根据国务院建设主管部门统一规定的《建筑安装工程费用参考计算方法》和《建筑安装工程计价程序》自行制定。

工程建设其他费用定额：指从工程筹建到工程竣工验收交付使用的整个建设期间，建设单位除了建筑安装工程、设备和工器具购置之外的,为保证工程建设顺利完成和交付使用后能正常发挥效用而发生的各项费用开支标准。工程建设其他费用的发生和整个项目的建设密切相关,它一般要占项目总投资的10%左右。工程建设其他费用定额是按各项独立费用分别制定的,以便合理控制这些费用的开支。

2)工程量清单计价

工程量清单计价是指在建设工程招投标中,招标人按照《建设工程工程量清单计价规范》(GB 50500—2013)编制的反映工程实体消耗和措施消耗的工程量清单,作为招标文件的一部分提供给投标人,由投标人依据工程量清单,根据各种渠道所获得的工程造价信息和经验数据,结合企业定额自主报价的计价方式。我国建设主管部门发布的工程预算定额

> 【知识链接】　建设工程工程量清单计价规范
>
> 　　2012年12月25日,我国住房和城乡建设部发布了国家标准GB 50500—2013《建设工程工程量清单计价规范》,并于2013年7月1日起实施。该规范的发布与实施,使我国工程造价计价工作逐步形成了"政府宏观调控、企业自主报价、市场形成价格"的格局,是我国工程造价管理领域的一个重要里程碑。

消耗量和有关费用以及相应价格是按照社会平均水平编制的,以此为依据形成的工程造价基本上属于社会平均价格。这种平均价格可作为市场竞争的参考价格,但不能充分反映参与竞争企业的实际消耗和技术管理水平。采用工程量清单计价方式,能够反映出工程个别成本,有利于企业自主报价和公平竞争,同时也有利于规范招标人的计价行为。

工程量清单计价模式作为一种市场价格的形成机制,主要适用于编制招标控制价、投标报价合同价款的约定、工程计量、合同价款调整,合同价款中期支付、竣工结算与支付,合同解除的价款结算与支付,合同价款争议的解决等多种计价活动。

1.1.3　建设程序与各阶段工程造价的关系

1. 建设程序

建设程序是指拟建项目从设想、论证、评估、决策、设计、施工、验收、投入生产或交付使用整个过程中各项工作必须遵循的先后次序。按照建设项目发展的内在联系和发展过程,建设程序分成若干阶段,这些发展阶段有严格的先后次序,可以合理交叉,但不能任意颠倒。这个先后次序反映了建设工作的客观规律,是建设项目科学决策和顺利进行的重要保证。

【项目案例1-3】
按客观规律办事
的重要性

改革开放以来,我国对内逐步淡化计划经济,建立健全和强化了社会主义市场经济,加大了拟建项目前期工作的力度。同时,国家相继出台了许多关于规范工程建设管理工作的经济法规,如《中华人民共和国建筑法》《中华人民共和国招标投标法》《中华人民共和国民法典》《中华人民共和国价格法》等,使建设工程工作程序更加完善。目前,一般建设项目的建设程序如图1-3所示。

2. 建设项目不同阶段的造价文件

一般来说,由于建设项目工期长、规模大、造价高,需要按程序分阶段建设,因此在不同阶段需要多次计价,以保证工程造价的科学性。建设项目不同阶段的造价文件如图1-4所示。

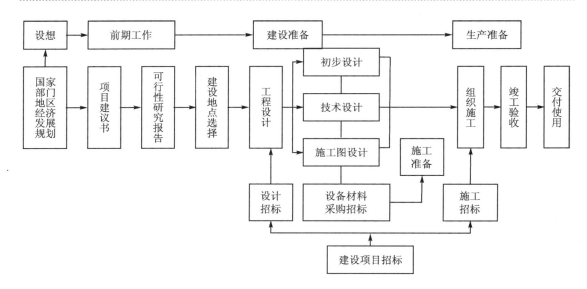

图1-3　建设项目的建设程序示意图

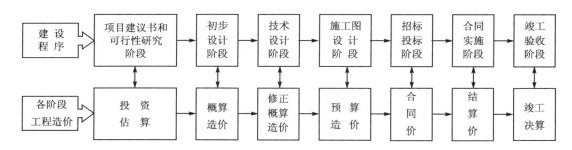

图1-4　建设项目的造价文件

按照建设项目的不同阶段，其造价文件分为以下几种：

（1）投资估算

投资估算是指在建设项目前期策划决策阶段（项目建议书、可行性研究）为估算投资总额而编制的造价文件。投资估算是论证拟建项目在经济上是否合理的重要文件，是决策、筹资和控制造价的主要依据。

（2）概算造价

概算造价是设计文件的重要组成部分。它是由设计单位根据初步设计图纸、概算定额或概算指标规定的工程量计算规则和概算造价编制方法，预先测定建设项目投资的文件。概算造价文件较投资估算准确性有所提高，但又受投资估算的控制。

（3）修正概算造价

修正概算造价是在技术设计或扩大初步设计阶段对概算进行修正调整，较概算造价准确，但受概算造价控制。一般来讲，对于技术上较复杂而又缺乏设计经验的建设项目，由于存在技术设计或扩大初步设计阶段，会涉及修正概算造价。

（4）预算造价

预算造价是指在工程开工前，根据已批准的施工图纸，在施工方案（或施工组织设计）已确定的前提下,按照预算定额、工程量清单计价规范或国家发布的其他计价文件编制的工程造价文件。预算造价较概算造价更为详尽和准确,但同样受概算造价的控制。

(5) 合同价

合同价是指在工程招标投标阶段通过签订总承包合同、建筑安装工程承包合同、设备材料采购合同,以及技术和咨询服务合同所确定的价格。合同价属于市场价格,它是由承发包双方根据市场行情共同议定和认可的成交价格,但它并不等同于实际工程造价。按计价方式不同,建设工程合同一般表现为三种类型,即总价合同、单价合同和成本加酬金合同。对于不同类型的合同,其合同价的内涵也有所不同。

(6) 结算价

结算价是指一个单项工程、单位工程、分部工程或分项工程完工后,经发包单位及有关部门验收并办理验收手续后,承包单位根据工程计价标准和办法、建设项目的合同、补充协议、变更签证,以及经承发包双方认可的其他有效文件,在工程结算时按合同调价范围和调价方法,对实际发生的工程量增减、设备和材料价差等进行调整后计算和确定的价格。结算价是该结算工程的实际价格。

(7) 竣工决算

竣工决算是指在竣工验收后,由建设单位编制的建设项目从筹建到建设投产或使用的全部实际成本的技术经济文件。竣工决算是最终确定的实际建设项目投资。

1.1.4　工程造价的控制原理

由于建设项目工期长、规模大、造价高,因此需要在不同阶段多次计价,以保证工程造价的科学性。

工程造价管理的核心内容是合理确定和有效控制工程造价。

工程造价的控制原理如图 1-5 所示。

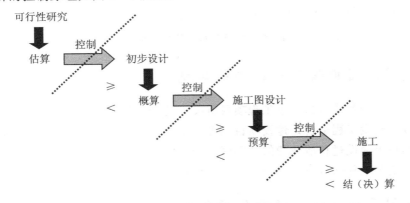

图 1-5　工程造价控制原理示意图

工程造价的控制原理可表述为:在建设项目的不同阶段,经过依次计价,用可行性研究阶段形成的投资估算控制初步设计及设计概算,用初步设计阶段形成的设计概算控制施工图设计及施工图预算,用施工图设计阶段形成的施工图预算控制施工及结算、竣工决算;决算不能超过预算,预算不能超过概算,概算不能超过估算。

【项目案例 1-4】
三峡工程造价
管理的成功秘诀

然而,在现实造价控制工作中,"三算三超"现象还普遍存在,屡见不鲜。因此,我国的工程造价管理工作任重而道远。

学习任务 1.2 我国现行建设项目投资的构成和工程造价的构成

我国现行建设项目投资的构成和工程造价的构成如图 1-6 所示。

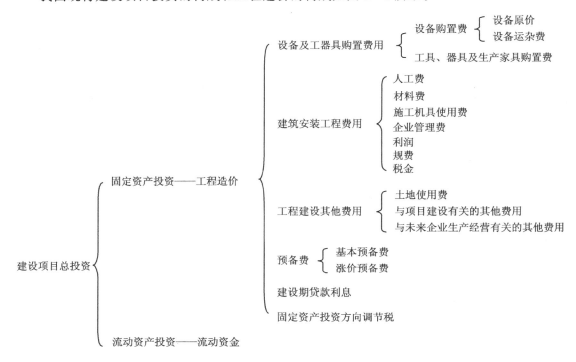

图 1-6 我国现行建设项目投资的构成和工程造价的构成

1.2.1 我国现行建设项目投资的构成

建设项目总投资是指建造一个工程项目所投入的全部资金,包括固定资产投资和流动资产投资两部分。建设工程造价是建设项目总投资中的固定资产部分,是建设项目从筹建到竣工交付使用的整个建设过程所花费的全部固定资产投资费用。建筑安装工程造价是建设项目投资中的建筑安装工程部分,也是建设工程造价的组成部分。

1.2.2 我国现行建设工程造价的构成

我国现行建设工程造价具体包括设备及工器具购置费用、建筑安装工程费用、工程建设其他费用、预备费、建设期贷款利息、固定资产投资方向调节税。

1. 设备及工器具购置费用

(1) 设备购置费

设备购置费是指为工程项目购置或自制的达到固定资产标准的各种国产或进口设备、工

器具的购置费用。它由设备原价和设备运杂费构成,即

$$设备购置费＝设备原价＋设备运杂费$$

式中,设备原价是指国产设备或进口设备的原价;设备运杂费是指除设备原价之外的关于设备采购、运输、途中包装及仓库保管等方面支出费用的总和。

【项目案例1-5】
建设工程造价的构成
之一——设备购置费

(2) 工具、器具及生产家具购置费

工具、器具及生产家具购置费是指新建或扩建项目初步设计规定的,保证初期正常生产必须购置的没有达到固定资产标准的设备、仪器、工卡模具、器具、生产家具和备品备件的购置费用。一般以设备购置费为计算基数,按照部门或行业规定的工具、器具及生产家具购置费率计算,即

$$工具、器具及生产家具购置费＝设备购置费×定额费率$$

2. 建筑安装工程费用

建筑安装工程费用又称建筑安装工程造价,是指在建筑安装工程施工过程中直接发生的费用和施工单位在组织管理施工的过程中间接地为工程支出的费用,以及按国家规定施工单位应获得的利润和应纳税金的总和。

根据《建筑安装工程费用项目组成》(建标〔2013〕44号),按照工程造价形成过程,建筑安装工程费用由分部分项工程费、措施项目费、其他项目费、规费、税金组成,如图1-7所示。

(1) 人工费

人工费是指按工资总额构成规定,支付给从事建筑安装工程施工的生产工人和附属生产单位工人的各项费用。其内容包括计时工资或计件工资、奖金、津贴补贴、加班加点工资、特殊情况下支付的工资等,计算公式:

$$人工费＝\sum(工程工日消耗量×日工资单价)$$

(2) 材料费

材料费是指施工过程中耗费的原材料、辅助材料、构配件、零件、半成品或成品、工程设备的费用。其内容包括材料原价、运杂费、运输损耗费、采购及保管费等,计算公式:

$$材料费＝\sum(材料消耗量×材料单价)$$

(3) 施工机具使用费

施工机具使用费是指施工作业所发生的施工机械、仪器仪表使用费或其租赁费。

施工机械使用费计算公式:

$$施工机械使用费＝\sum(施工机械台班消耗量×机械台班单价)$$

式中,施工机械台班单价由折旧费、大修理费、经常修理费、安拆费及场外运费、人工费、燃料动力费、税费七项费用组成。

仪器仪表使用费计算公式:

$$仪器仪表使用费＝工程使用的仪器仪表摊销费＋维修费$$

(4) 企业管理费

企业管理费是指建筑安装企业组织施工生产和经营管理所需的费用。其内容包括管理人员工资、办公费、差旅交通费、固定资产使用费、工具用具使用费、劳动保险和职工福利费、劳动保护费、检验试验费、工会经费、职工教育经费、财产保险费、财务费、税金、其他费用等。它根

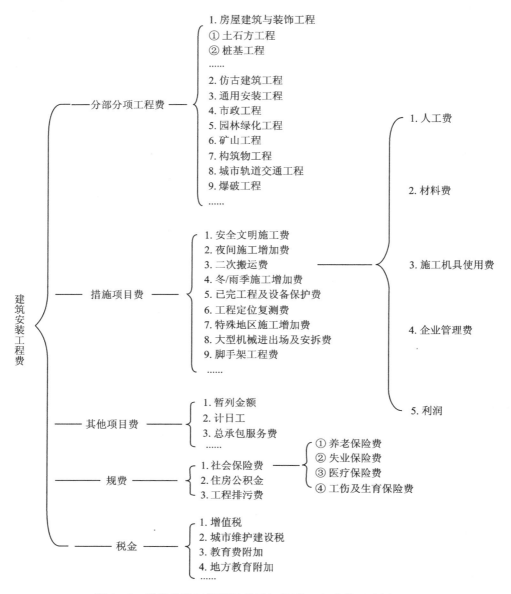

图 1-7　建筑安装工程费用项目组成（按工程造价形成划分）

据工程性质可以分部分项工程费、人工费或人工费与机械费合计为计算基数，乘以企业管理费费率计算，列入分部分项工程和措施项目中。企业管理费费率计算公式：

1) 以分部分项工程费为计算基础：

$$企业管理费费率(\%)=\frac{生产工人年平均管理费}{年有效施工天数\times人工单价}\times人工费占分部分项工程费比例(\%)$$

2) 以人工费和机械费合计为计算基础：

$$企业管理费费率(\%)=\frac{生产工人年平均管理费}{年有效施工天数\times(人工单价+每一工日机械使用费)}\times100\%$$

3）以人工费为计算基础：

$$企业管理费费率(\%)=\frac{生产工人年平均管理费}{年有效施工天数×人工单价}×100\%$$

（5）利　润

利润是指施工企业完成所承包工程获得的盈利。一般以人工费或人工费与机械费合计为计算基数，乘以利润率来计算，列入分部分项工程和措施项目中。

（6）规　费

规费是指按照国家法律、法规规定，由省级政府和省级有关权力部门规定必须缴纳或计取的费用。其内容包括社会保险费（养老保险费、失业保险费、医疗保险费、工伤及生育保险费）、住房公积金、工程排污费等。

社会保险费和住房公积金计算公式：

$$社会保险费和住房公积金=\sum(工程定额人工费×社会保险费和住房公积金费率)$$

工程排污费等规费按工程所在地环境保护等部门规定的标准缴纳，按实计取列入。

（7）税　金

税金是指国家税法规定的应计入建筑安装工程造价内的增值税、城市维护建设税、教育费附加、地方教育附加等。

增值税计算公式：

$$增值税=税前造价×税率$$

式中，税前造价为人工费、材料费、施工机具使用费、企业管理费、利润和规费之和，各费用项目均以不包含增值税可抵扣进项税额的价格计算。

城市维护建设税计算公式：

$$城市维护建设税=增值税应纳税额×税率$$

教育费附加和地方教育附加计算公式：

$$教育费附加和地方教育附加=增值税应纳税额×税率$$

3. 工程建设其他费用

工程建设其他费用是指建设单位从工程筹建起到工程竣工验收交付使用止的整个建设期间，除建筑安装工程费用和设备、工器具购置费以外的，为保证工程建设顺利完成和交付使用后能够正常发挥效用而发生的各项费用的总和。工程建设其他费用具体包括土地使用费、与项目建设有关的其他费用、与未来企业生产经营有关的其他费用。

（1）土地使用费

土地使用费是指建设项目通过划拨或出让方式取得土地使用权，所需的土地征用及迁移补偿费或土地使用权出让金。

（2）与项目建设有关的其他费用

与项目建设有关的其他费用具体包括建设单位管理费、研究试验费、勘察设计费、工程监理费、工程保险费、建设单位临时设施费、引进技术和设备进口项目的其他费用、工程总承包费。

（3）与未来企业生产经营有关的其他费用

与未来企业生产经营有关的其他费用具体包括联合试运转费、生产准备费、办公和生活家具购置费。

4. 预备费

预备费包括基本预备费和涨价预备费。基本预备费是指在初步设计及概算内难以预料的工程费用。涨价预备费是指建设项目在建设期间内由于价格变化引起工程造价变化的预测预留费用。

5. 建设期贷款利息

建设期贷款利息是指为筹措建设项目资金发生的各项费用,具体包括建设期间投资贷款利息、企业债券发行费、国外借款手续费和承诺费、汇兑净损失及调整外汇手续费、金融机构手续费以及为筹措建设资金发生的其他财务费用等。

6. 固定资产投资方向调节税

除以上费用外,在我国建设工程造价中还包括固定资产投资方向调节税。按照国家有关部门规定,自 2000 年 1 月起新发生的投资额,暂停征收固定资产投资方向调节税。

1.2.3 应用举例

【例 1-1】 三峡工程在 1993 年开工之前,在考虑涨价预备费和建设期贷款利息的情况下,对静态总投资和动态总投资进行了论证、测算。详细情况如表 1-1 所列。

表 1-1　三峡工程的静态总投资和动态总投资汇总表(以 1992 年价格水平为基础)　　单位:亿元

项　目	1992 年不变价格		物价上涨 6%	
	施工年份 1~11 年	施工年份 1~20 年	施工年份 1~11 年	施工年份 1~20 年
静态总投资	418.6	734.6	418.6	734.6
涨价预备费	—	—	203.6	633.1
建设期贷款利息	109.5	390	191.8	751.9
总　计	528.1	1124.6	814	2119.6

注:三峡工程的静态总投资包括水库移民、枢纽工程、输变电工程三部分。

【例 1-2】 某建设项目投资构成中,设备购置费 1000 万元,工具、器具及生产家具购置费 200 万元,建筑工程费 800 万元,安装工程费 500 万元,工程建设其他费用 400 万元,基本预备费 150 万元,涨价预备费 350 万元,建设期贷款 2000 万元,应计利息 120 万元,流动资金 400 万元,则该建设项目的工程造价为(　　　)万元。

A. 3520　　　　B. 3920　　　　C. 5520　　　　D. 5920

答案:A。

学习任务 1.3　工程造价从业及其管理

1.3.1　工程造价从业人员

随着我国建设工程造价计价模式改革的不断深化,为加强对建设工程造价的管理,提高工程造价从业人员的素质,国家对事关公共利益的建设工程造价从业人员实行了行业准入制度——持执业资格证书上岗。目前,我国的工程造价从业人员人数众多,队伍庞大,类别复杂。按照不同的执业资格类别划分,工程造价从业人员分为工程概预算人员、全国建设工程造价员、注册造价工程师等。

1. 工程概预算人员

通常来讲,工程概预算人员是指建设(业主)、设计、施工(承包商)等工程造价管理机构(单位)针对各种建设项目配备的负责概预算业务工作的专职人员。目前,我国各地区、各专业主管部门对上述工程造价管理机构(单位)的工程概预算人员实行持证上岗制度和执业资格制度,相关情况如图1-8所示。

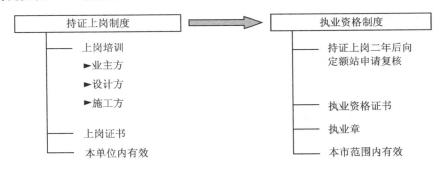

图 1-8 工程概预算人员的从业资格

2. 全国建设工程造价员

全国建设工程造价员是指通过考试,取得全国建设工程造价员资格证书,从事工程造价业务的人员。根据《全国建设工程造价员管理暂行办法》(中价协〔2006〕013号)规定,我国对全国建设工程造价员实行考试制度和执业资格制度,相关情况如图1-9所示。

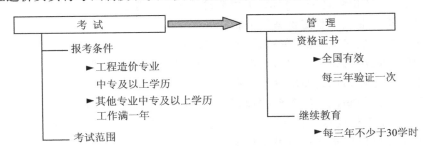

图 1-9 全国建设工程造价员的从业资格

考试范围:全国建设工程造价员资格考试实行全国统一考试大纲、通用专业和考试科目,各地区造价管理协会或归口管理机构、中国建设工程造价管理协会(简称中价协)专业委员会负责组织命题和考试。

报考专业:通用专业(土建工程专业、安装工程专业)。

考试科目:工程造价基础知识、建设工程计量与计价(土建工程专业或安装工程专业)两个科目。

其他专业和考试科目由各地区造价管理协会或归口管理机构、中国建设工程造价管理专业委员会根据本地区、本行业的需要设置,并报中国建设工程造价管理协会备案。

3. 注册造价工程师

注册造价工程师是指通过全国造价工程师执业资格统一考试或者资格认定、资格互认,取得中华人民共和国造价工程师执业资格,并按照《注册造价工程师管理办法》注册,取得中华人民共和国造价工程师注册执业证书和执业印章,从事工程造价活动的专业人员。未取得注册执业证书和执业印章的人员,不得以注册造价工程师的名义从事工程造价活动。根据《造价师执业资格制度暂行规定》(人发〔1996〕77 号)和《注册造价工程师管理办法》(建设部令〔2006〕150 号)规定,我国对注册造价工程师实行考试制度、注册制度和执业资格制度,相关情况如图 1-10 所示。

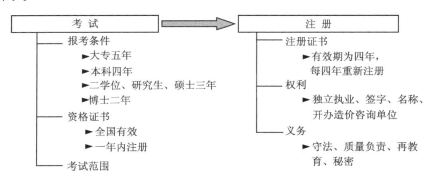

图 1-10 注册造价工程师的从业资格

(1) 考试制度

考试范围:注册造价工程师执业资格制度属于国家统一规划的专业技术人员执业资格制度范围。注册造价工程师执业资格考试实行全国统一大纲、统一命题、统一组织的办法,原则上每年一次。

考试科目:工程造价管理相关知识、工程造价的确定与控制、建设工程技术与计量(土建工程专业或安装工程专业)、工程造价案例分析。

以上 4 个科目分别单独考试、单独计分。参加全部科目考试人员,须在连续的两个考试年度通过;参加免试部分考试科目人员,须在一个考试年度内通过应试科目。

考试大纲中对专业知识的要求分为掌握、熟悉、了解。掌握即要求能解决实际工作问题;熟悉即要求对工程造价知识具有深刻的理解;了解即要求具有工程造价有关的广泛知识。

第三科目"建设工程技术与计量"分土建和安装两个专业,考试人员只需报考其中一个专业。安装专业工程以民用建筑和与民用建筑联系较密切的常见工业建筑安装项目作为共性内容,共性部分内容应考人员必考,其余为个性内容,作为选学、选考。个性部分分为工艺管道与专用设备、电气与通信系统和自动化控制及仪表系统 3 个专业组。

应考人员可根据本人从事的专业除共性内容为笔答必答题外,可任选个性内容中的一个组别规定数量的试题。

申请参加注册造价工程师执业资格考试,需提供的证明文件有报名申请表、学历证明和工作实践经历证明。

(2) 注册制度

注册造价工程师实行注册执业资格管理制度。取得执业资格的人员,经过注册方能以注册造价工程师的名义执业。

取得资格证书的人员,可在自资格证书签发之日起 1 年内申请初始注册。逾期未申请者,须符合继续教育的要求后方可申请初始注册。注册造价工程师注册有效期满需继续执业的,应当在注册有效期满 30 日前,按程序申请延续注册。注册的有效期为 4 年。

注册造价工程师的注册条件如下：

① 取得执业资格。

② 受聘于一个工程造价咨询企业或者工程建设领域的建设、勘察设计、施工、招标代理、工程监理、工程造价管理等单位。

取得执业资格的人员申请注册的，应当向聘用单位工商注册所在地的省、自治区、直辖市人民建设主管部门或国务院有关部门提出申请注册。

(3) 执业资格制度

注册造价工程师实行注册执业范围包括：

① 建设项目建议书、可行性研究投资估算的编制和审核，项目经济评价，工程概、预、结算、竣工结（决）算的编制和审核。

② 工程量清单、标底（或者控制价）、投标报价的编制和审核，工程合同价款的签订及变更、调整、工程款支付与工程索赔费用的计算。

③ 建设项目管理过程中设计方案的优化、限额设计等工程造价分析与控制，工程保险理赔的核查。

④ 工程经济纠纷的鉴定。

注册造价工程师应该依法行使法律赋予的权利和履行自己应该承担的义务。

注册造价工程师应当在本人承担的工程造价成果文件上签字并盖章。修改经注册造价工程师签字盖章的工程造价成果文件，应当由签字盖章的注册造价工程师本人进行；注册造价工程师本人因特殊情况不能进行修改的，应当由其他注册造价工程师修改，并签字盖章；修改工程造价成果文件的注册造价工程师对修改部分承担相应的法律责任。

1.3.2　工程造价管理机构（单位）

建设工程造价管理工作是工程建设管理工作的重要组成部分。加强建设工程造价管理工作，建立健全工程造价管理法律法规、制度和管理体制，提高工程造价管理水平和质量，是社会主义经济规律、价值规律的内在要求，也是我国适应经济全球化和科技进步的客观需要。由于我国地域辽阔，各地区、各部门经济发达程度、发展水平、市场供求状况等存在差异，目前我国实行"集中领导、分级管理"的建设工程造价管理体制，详细情况如图1-11所示。

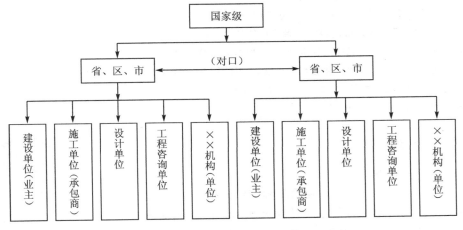

图1-11　我国现行建设工程造价管理体制示意图

从图1-11可以看出，省、自治区、直辖市和各部门以上的建设工程造价管理是方针、政策性的政府级管理，如政府主管部门建设部、建委、建设厅的工程造价定额站、工程造价管理站等；省、自治区、直辖市和各部门以下为基层单位对建设工程造价的业务管理，如建设单位（业主）、施工单位（承包商）、设计单位、工程咨询单位（包括造价咨询公司、测量师事务所、招标代理公司、项目（工程）管理公司、监理公司、审计事务所等）、银行（保险）金融机构等。

除此之外，我国工程造价行业组织主要有中国建设工程造价管理协会（CCEA）（见小贴士）、各地区建设工程造价管理协会，这些专业协会在国家各部门和各地区建设主管部门的指导下进行行业自律管理。

【小贴士】 　　　　　　　　　　中国建设工程造价管理协会

中国建设工程造价管理协会（简称"中价协"，英文名称为 China Cost Engineering Association，缩写为 CCEA）是由工程造价咨询企业、注册造价工程师、工程造价管理单位以及与工程造价相关的建设、设计、施工、教学、软件等领域的资深专家、学者自愿成立的全国性、行业性社会团体，是非营利性社会组织。

本团体的宗旨：遵守宪法、法律、法规和国家政策，践行社会主义核心价值观，遵守社会道德风尚；贯彻执行党和政府的有关方针政策，为政府、行业和会员提供服务；秉承公平、公正的原则，维护会员的合法权益，向政府及其有关部门反映工程造价行业和会员的建议及诉求；规范工程造价咨询行业执业行为，引导会员遵守职业准则，推动行业诚信建设。为合理确定和有效控制建设项目工程造价，提高投资效益，在推进经济社会又快又好地持续发展中充分发挥桥梁和纽带作用。

本团体的业务范围：

（一）通过协助政府主管部门拟订工程造价咨询行业的规章制度、国家标准。

（二）制定工程造价行业职业道德准则、会员惩戒办法等行规、行约，发布工程造价咨询团体标准，建立工程造价行业自律机制，开展信用评价等工作，推动工程造价行业诚信体系建设，引导行业可持续发展。

（三）根据授权开展工程造价行业统计、行业信息和监管平台的建设，进行行业调查研究，分析行业动态，发布行业发展报告。

（四）开展行业人才培训、业务交流、先进经验推介、法律咨询与援助、行业党建和精神文明建设等会员服务。

（五）主编《工程造价管理》期刊，编写工程造价专业继续教育等相关书籍，主办协会网站，开展行业宣传，为会员提供工程计价信息服务。

（六）建立工程造价纠纷调解机制，充分发挥行业协会在工程造价纠纷调解中的专业性优势，积极化解经济纠纷和社会矛盾，维护建筑市场秩序。

（七）加入相应国际组织，履行相关国际组织成员的职责和义务，开展国际交流与合作。

（八）承接政府及其管理部门授权或者委托的其他事项，开展行业协会宗旨允许的其他业务。

业务范围中属于法律法规规章规定须经批准的事项，依法经批准后开展。

协会接受业务主管部门住房和城乡建设部和社团登记管理机关民政部的业务指导和监督管理。

协会组织机构由常设机构、分支机构、地方造价协会组成。（更多详情请参阅中国建设工程造价管理协会网站：http://www.ccea.pro/）

● **实战训练**

○ 专项能力训练

建设工程造价分析

<u>背景资料</u>　　吉林一商厦发生特大火灾，53死71人受伤

××××年2月15日中午11时20分左右，吉林市解放大路与长

本章重点回顾

春路交汇处——吉林市中百商厦发生特大火灾。15 时 40 分,火势已被扑灭。截至发稿时,已确认 51 人死亡,71 人受伤。火灾原因正在调查之中。

新华网吉林省吉林市 2 月 15 日电,吉林省吉林市中百商厦发生特大火灾造成死亡人数增至 53 人。

吉林市中百商厦位于吉林市解放大路与长春路交汇处,共有 5 层楼。商厦的第一层和第二层是商场,第三层是洗浴中心,第四层是台球厅,第五层是歌舞厅。起火地点在商场二层。

训练要求

① 通过这个案例,你对在工程造价中必须列入消防设施费用有什么新的认识?

② 结合案例情况,分组进行讨论,以我国现行建设工程造价的构成为主题形成《案例分析报告》。

训练路径

① 教师事先对学生按照 5 人进行分组,每组拟出《案例分析提纲》。

② 小组讨论,形成小组《案例分析报告》。

③ 班级交流,教师对各组《案例分析报告》进行点评。

○ 综合能力训练　　　　　**工程造价从业人员的岗位调查**

训练目标

组织学生开展工程造价从业人员的岗位调查;在岗位调查训练中,了解工程造价从业人员应具备的职业能力和职业素养,培养相应的专业能力与核心能力;通过践行职业道德规范,促进健全人格的塑造。

训练内容

组织学生赴工程造价管理单位(如建设单位、施工单位、造价咨询公司等)见习,对工程造价从业人员进行岗位调查,主要了解工程概预算人员、造价员、注册造价工程师等岗位的职责要求,体会工程造价从业人员应具备的职业能力、职业素养与知识结构对本职工作的重要性。通过调查研究后完成表 1-2 所列各项。

表 1-2　工程造价从业人员的岗位调查表

调查对象	调查项目			
	岗位描述	能力要求	职业素养	应具备的知识或技能
工程概预算人员				
造价员				
造价工程师				

训练步骤

① 聘用实训基地 1~2 名工程造价从业人员为本课程的兼职教师,结合工程造价从业人员的不同岗位,引导学生进行见习,并现场讲解。

② 将班级每 5~6 位同学分成一组,每组指定 1 名组长,每组对见习和调查情况进行详细记录。

③ 归纳总结,撰写《工程造价从业人员的岗位调查报告》。

④ 各组在班级进行交流、讨论。

训练成果

见习或实操;工程造价从业人员岗位调查表;工程造价从业人员岗位调查报告。

● 思 考 与 练 习

一、名词解释

建筑工程　　　　建设项目　工程造价　　　　工程造价管理　　　建设工程定额计价
工程量清单计价　建设程序　建设项目总投资　工程造价从业人员

二、单项选择题

1. 从业主的角度,工程造价是指(　　)。
　　A. 工程的全部固定资产投资费用　　　　B. 工程合同价格
　　C. 工程承包价格　　　　　　　　　　D. 工程承发包价格

2. 施工方的项目管理与设计方的项目管理都不涉及(　　)。
　　A. 决策阶段　　B. 设计准备阶段　　C. 设计阶段　　D. 施工阶段

3. 按子项目分解施工成本的流程为(　　)。
　　A. 总施工成本—单项工程—单位工程—分部工程—分项工程
　　B. 总施工成本—单位工程—单项工程—分部工程—分项工程
　　C. 总施工成本—分部工程—分项工程—单位工程—单项工程
　　D. 总施工成本—分部工程—分项工程—单项工程—单位工程

4. 工程造价在整个建设期内处于不确定状态,直至竣工后才能最终确定工程的实际造价。这说明工程造价具有(　　)的特点。
　　A. 大额性　　B. 个别性　　C. 动态性　　D. 层次性

5. 在可行性研究阶段需要进行的工程预算工作是(　　)。
　　A. 设计概算　　B. 投资估算　　C. 工程结算　　D. 施工图预算

6. 由于每项工程的所处区、地段都不相同,使得工程造价的(　　)更加突出。
　　A. 大额性　　B. 个别性　　C. 动态性　　D. 层次性

7. 直接工程费是指施工过程中消耗的构成工程实体的各项费用,包括人工费、材料费和(　　)。
　　A. 燃料动力费　　B. 施工机械使用费　　C. 施工机械安、拆费　　D. 施工机械厂外运费

8. 2001年《北京市建设工程预算定额》作为北京行政区域内编制(　　)的依据。
　　A. 招标标底　　B. 设计概算　　C. 估算指标　　D. 概算定额

9. 预算定额是由(　　)组织编制、审批并颁发执行。
　　A. 国家主管部门或其授权机关　　B. 国家发展改革委员会
　　C. 国家技术管理局　　　　　　　D. 以上均可

10. 某建设项目建筑工程费2000万元,安装工程费700万元,设备购置费1100万元,工程建设其他费450万元,预备费180万元,建设期贷款利息120万元,流动资金500万元,则该项目的工程造价为(　　)万元。
　　A. 4250　　B. 4430　　C. 4550　　D. 5050

11. 建设项目的实际造价是(　　)。
　　A. 竣工决算价　　B. 承包合同价　　C. 中标价　　D. 竣工结算价

12. 我国现行建设项目工程造价的构成中,工程建设其他费用包括(　　)。
　　A. 基本预备费　　　　　　　　B. 税金

　　C. 建设期贷款利息　　　　　　　D. 与未来企业生产经营有关的其他费用

13. 建设工程的工程造价与(　　)在量上相等。

　　A. 固定资产投资　B. 流动资产投资　C. 无形资产投资　　D. 递延资产投资

14. 某工程有独立设计的施工图纸和施工组织设计,但建成后不能独立发挥生产能力,此工程应属于(　　)。

　　A. 分部分项工程　B. 单项工程　　　C. 分项工程　　　D. 单位工程

15. (　　)是控制工程造价最有效的手段。

　　A. 采用先进技术　　　　　　　B. 招标竞价

　　C. 实施工程造价全过程控制　　　D. 技术与经济相结合

16. 工程造价咨询业的首要功能是(　　)。

　　A. 服务功能　　B. 引导功能　　　C. 联系功能　　　D. 审核功能

17. 《全国建设工程造价员管理暂行办法》规定,造价员每三年参加继续教育的学时原则上不少于(　　)。

　　A. 20学时　　　B. 30学时　　　C. 40学时　　　D. 60学时

18. 根据我国《工程造价咨询单位管理办法》的规定,甲级工程造价咨询单位中从事工程造价专业工作的专职人员和取得造价工程师注册证书的专业人员应分别不少于(　　)人。

　　A. 20和10　　B. 20和8　　　C. 12和8　　　D. 12和4

三、多项选择题

1. 我国现行的建设项目投资由(　　)两部分构成。

　　A. 固定资产投资　　B. 流动资产投资　　C. 无形资产投资　　D. 递延资产投资

2. 工程造价具有以下(　　)计价特征。

　　A. 单件性　　　　B. 大额性　　　　C. 组合性　　　　D. 多次性

3. 一般情况下,工程造价的层次划分为(　　)。

　　A. 建设项目总造价　B. 单项工程造价　　C. 单位工程造价

　　D. 分部工程造价　　E. 分项工程造价

4. 下列属于项目静态投资费用的有(　　)。

　　A. 建设期贷款利息　B. 汇率变动费用　　C. 防灾措施费用

　　D. 建筑安装工程费用　　E. 竣工验收时对隐蔽工程质量进行必要鉴定的费用

5. 基本建设项目按其性质不同,可以划分为(　　)。

　　A. 新建项目　　　B. 扩建项目　　　C. 恢复项目

　　D. 环境保护项目　E. 迁建项目

四、简述题

1. 建筑工程与建设项目有何区别?

2. 简述工程造价的含义。

3. 简述工程造价管理的含义。

4. 简述我国建设工程造价计价模式。

5. 我国常用建设工程定额包括哪些?

6. 简述我国建设项目不同阶段的造价文件。

7. 简述我国现行建设项目投资的构成。

8. 简述我国现行工程造价的构成。

9. 按照不同的执业资格类别划分,工程造价从业人员分为哪几类?

项目 2　建设项目决策阶段工程造价管理

能力目标

1. 培养对建设项目进行可行性研究的能力。
2. 培养对建设项目进行投资估算的能力。
3. 培养对建设项目进行财务评价的能力。
4. 培养对建设项目决策阶段工程造价分析、判断、计算的能力。

知识目标

1. 掌握建设项目投资估算的基本内容与基本方法。
2. 掌握建设项目财务评价的基本内容与基本方法。
3. 熟悉项目建议书和可行性报告相关的基本规定、基本概念(术语)。
4. 了解建设项目投资估算和财务评价相关的基本概念(术语)。

教学设计

1. 开展典型案例分析与讨论。
2. 分组讨论与评价。
3. 演示训练。
4. 情境模拟。
5. 纠错练习。

学习任务 2.1　概　　述

2.1.1　建设项目决策的概念

正确的项目投资行动来源于正确的项目投资决策。人们在采取实际行动之前,根据自己的目的来选择和决定行动方案,这个决定过程被称为决策。实际上,就是"是否做? 做什么? 在哪做? 啥时做? 怎么做?"的选择过程。

建设项目决策可分为宏观决策和微观决策。

宏观决策是指国家从国民经济和社会发展的全局性战略要求出发,对一定时期的投资规模、方向、结构、布局进行规划,作出总的判断和决定。

微观决策是指决策单位对拟建项目的必要性和可行性进行技术经济论证,对不同建设方案进行技术经济比较及做出判断和决定的过程。

一般所讲的建设项目决策是指微观决策。

【项目案例 2-1】
三峡库区边建氰化
　钠厂　四川一化
工厂被判"死刑"

2.1.2　建设项目决策与工程造价的关系

建设项目决策正确与否,直接关系到项目建设的成败,关系到工程造价的高低及投资效果的好坏。因此,正确决策是合理确定与控制工程造价的前提。

(1) 建设项目决策的正确性是工程造价合理性的前提

建设项目决策正确,意味着对项目建设作出科学的决断,以及在建设的前提下,优选出最佳投资行动方案,从而达到资源的合理配置。这样才能合理地估计和计算,并且在实施最优投资方案过程中,有效地控制工程造价。

(2) 建设项目决策的内容是决定工程造价的基础

工程造价的确定与控制贯穿于项目建设全过程。在项目建设各阶段中,建设项目投资决策阶段对工程造价的影响程度最高,可达到80%～90%。建设项目决策的内容是决定工程造价的基础,直接影响着决策阶段之后的各个建设阶段工程造价的确定与控制是否科学、合理的问题。

(3) 造价高低、投资多少也影响建设项目决策

建设项目投资决策阶段的投资估算是进行投资方案选择的重要依据之一,同时也是决定项目是否可行及主管部门进行审批的参考依据。

(4) 建设项目决策的深度影响投资估算的精确度,也影响工程造价的控制效果

建设项目决策过程是一个渐近的过程,依次分为若干工作阶段。根据建设项目固有的客观规律性和我国的基本建设程序的规定,一般建设项目投资决策程序如图2-1所示。

图 2-1　一般建设项目投资决策程序图

不同阶段决策的深度不同,投资估算的精确度也不同。投资估算作为限额目标必须采用科学的估算方法和可靠的数据资料进行合理地计算,才能保证建设项目设计、招标投标、实施等后续各阶段的造价被控制在合理范围内,使投资控制目标能够实现,避免"三超"现象的发生。

2.1.3　决策阶段影响工程造价的主要因素

1. 项目的规模

项目的规模是影响工程造价的主要因素之一。项目规模的确定牵涉到合理选择拟建项目的产能规模,解决"生产多少"的问题。项目规模的合理选择问题关系着项目的成败,决定着工程造价支出的有效与否。

(1) 规模效益

规模效益是指伴随生产规模的扩大引起单位成本下降而带来的经济效益。当项目单位产品的回报一定时,项目的经济效益与项目的生产规模成正比,产品单位成本随着生产规模的扩大而下降,单位产品的回报随着生产规模的扩大而增加。在经济学中,这一现象被称为规模效益。

规模效益的客观存在对项目规模的合理选择意义重大而深远。可以充分利用规模效益来合理确定并有效控制工程造价,从而提高项目的经济效益。

(2) 合理项目规模的制约因素

合理项目规模的制约因素很多,主要有市场因素、技术因素和环境因素。

1) 市场因素

在制约合理项目规模的诸多因素中,市场因素是项目规模确定中率先考虑的因素。一般情况下,项目的生产规模应以市场预测的需求量为限,并根据项目产品市场的长期发展趋势作相应调整,不要造成"产能过剩或不足",从而不能取得规模效益。除此之外,还要考虑原材料市场、资金市场、劳动力市场等。

2) 技术因素

先进的生产技术及技术装备是项目规模效益赖以生存的基础,而相应的技术管理水平则是实现规模效益的保证。

3) 环境因素

项目的建设、生产和经营离不开一定的社会经济环境。项目规模的确定需要考虑的主要环境因素甚多,如政治因素、燃料动力供应、协作及土地条件、运输及通信条件等。

2. 建设标准

建设标准的确定,应从我国目前的经济发展水平出发,区别不同地区、不同规模、不同等级、不同功能合理确定,使建设标准真正起到控制工程造价、指导建设的作用。

建设标准的主要内容有建设规模、占地面积、工艺装备、质量等级、配套工程、劳动定员等方面的标准或指标。建设标准的编制、评估、审批是项目可行性研究的重要依据,是衡量工程造价是否合理及监督检查项目建设的客观尺度。

3. 建设地区与建设地点(厂址)

建设项目的具体地址(厂址)的选择,需要经过建设地区选择和建设地点(厂址)选择两个不同层次、相互联系又相互区别的工作阶段。这两个阶段是一种递进关系。

(1) 建设地区的选择

建设地区的选择是指在多个不同地区之间对拟建项目适宜配置在哪个区域范围的选择。建设地区选择的合理与否,在很大程度上决定着拟建项目的命运,影响着工程造价的高低、建设工期的长短、建设质量的好坏,还影响到项目建成后的经营状况。因此,建设地区的选择要充分考虑各种因素的制约,具体包括:

① 要符合国民经济发展战略规划、国家工业布局总体规划和地区经济发展规划的总体要求。

② 要根据项目的特点和需要,充分考虑原材料条件、能源条件、水源条件,以及各地区对项目产品需求及运输条件等。

③ 要综合考虑气象、地质、水文等建厂的自然条件。

④ 要充分考虑劳动力来源、生活环境、协作、施工力量、风俗文化等社会环境因素的影响。

根据以上一些制约因素,总结出如下两个基本原则:

第一,建设地区需靠近原料、燃料提供地和产品消费地的原则。

第二,工业项目适当聚集的原则。在工业布局中,通常一系列相关的项目聚成适当规模的工业基地和城镇,从而有利于发挥"集聚效益"。

(2) 建设地点(厂址)的选择

建设地点的选择是在已选定建设地区的基础上,具体确定项目所在的建筑地段、坐落位置和东西南北四邻。

1) 厂址选择应满足的要求

一般来讲,厂址选择应满足以下要求:

① 节约土地。

② 应尽量选在工程地质、水文地质条件较好的地段,其土壤耐压力应满足拟建厂的要求,严禁选在断层、熔岩、流沙层与有用矿床上以及洪水淹没区、已采矿坑塌陷区、滑坡下。厂址的地下水位应尽可能低于地下建筑物的基准面。

③ 厂区土地面积与外形尺寸能满足厂房与各种构筑物的需要,并适合按科学的工艺流程布置厂房与构筑物。

④ 厂区地形力求平坦而略有坡度(一般以 5%～10% 为宜),以减少平整土地的土方工程量,节约投资,又便于地面排水。

⑤ 应靠近铁路、公路、水路,以缩短运输距离,减少道路建设投资。

⑥ 应便于供电、供热和其他协作条件的取得。

⑦ 应尽量减少对环境的污染。

上述条件能否满足,不仅关系到建设工程造价的高低和建设期限,对项目投产的运营状况也有很大影响。因此,在确定厂址时,也应进行方案的技术经济分析、比较,选择最佳厂址。

2) 厂址选择时的费用分析

在进行厂址选择多方案技术经济分析时,除比较上述条件外,还应从以下两方面进行分析:

第一,项目投资费用。项目投资费用通常包括土地征购费、拆迁补偿费、土石方工程费、运输设施费、排水及污水处理设施费、动力设施费、生活设施费、临时设施费、建材运输费等。

第二,项目投产后生产经营费用比较。生产经营费用通常包括原材料、燃料运入及产品运出费用、排水及污水处理费用、动力供应费用等。

【例 2-1】 某生物添加剂生产厂选厂址,经过对甲、乙、丙三个地点的考察,专家对厂址应考虑的重要因素及重要程度进行测评,得出各项指标的数据如下:

① 由于原材料和产品的体积、重量比例悬殊,要求尽可能接近原材料产地。该项指标的权重为 0.3,各地得分为:甲地 90 分,乙地 70 分,丙地 75 分。

② 产品大多销往国外,且产品重量、体积小,亦不易变质,通常采用航空运输方式,故对接近市场的要求不是十分高。该项指标的权重为 0.05,各地得分为:甲地 80 分,乙地 95 分,丙地 90 分。

③ 生产要求有良好的排污条件。该项指标的权重为 0.15,各地得分为:甲地 80 分,乙地 75 分,丙地 90 分。

④ 生产需要一定的水源、动力条件。该项指标的权重为 0.25,各地得分为:甲地 80 分,乙地 90 分,丙地 90 分。

⑤ 需要大量的当地居住、不需解决食宿的较为廉价的劳动力从事采集、搬运工作。该项的权重为 0.1,各地得分为:甲地 95 分,乙地 75 分,丙地 80 分。

⑥ 建厂还应考虑地价因素。该项权重为 0.15,各地得分为:甲地 90 分,乙地 80 分,丙地 85 分。

请根据上述条件及数据作出选择厂址决策。

【解】根据以上资料,甲、乙、丙三地综合评价如表 2-1 所列。

评价结论:表2-1中的计算结果表明,在其他条件相同的情况下,该厂厂址首选为甲地,次优为丙地,再次为乙地。

表 2-1 甲、乙、丙三地综合评价表

厂　址	评价因素							
	原材料供应	产品销售	排污(环境)	水源、动力(能源)	工人(劳动力)	地　价	总　分	结　论
甲地	27	4	12	20	9.5	13.5	86	①
乙地	21	4.75	11.25	22.5	7.5	12	79	③
丙地	22.5	4.5	13.5	22.5	8	12.75	83.75	②

4. 生产工艺和平面布置方案

(1) 生产工艺方案的确定

生产工艺是指生产产品所采用的工艺流程和制作方法。工艺流程是指投入物(原料或半成品)经过有次序的生产加工,成为产出物(产品或加工品)的过程。

评价及确定拟采用的工艺是否可行,主要参照两项标准:先进适用性和经济合理性。先进适用性是评定工艺的最基本标准;经济合理性是指所用的工艺应能以最小的投入获得最大的经济效果,要求综合考虑所用工艺所能产生的经济效益和国家的经济承受能力,在可行性研究中应提出几种不同的工艺方案,进行反复比较,从中挑选最经济、最合理的工艺方案。

(2) 平面布置方案的设计

正确合理的平面布置设计方案,能够做到工艺流程合理、总体布置紧凑,减少建筑工程量,节约用地,减少项目投资,加快建设进度,并且能使项目建成后较快地投入正常生产,发挥良好的投资效益,节省经营管理费用。平面布置的主要影响因素有以下几个方面:

① 生产性质、生产规模、生产流程及生产中的特殊要求,如防震动、防爆炸、防放射性等。

② 自然条件,如地形、地质、水文、气象等条件。

③ 厂内外运输条件,即运输量及运输方式。

④ 动力供应条件。

⑤ 城市规划条件。

⑥ 防火及卫生安全条件。

⑦ 企业的发展远景。

⑧ 施工程序及施工条件。

5. 设　备

在设备的选用中,应注意处理好以下问题:

① 要尽量选用国产设备。

② 要注意进口设备之间以及国内外设备之间的衔接配套问题。

③ 要注意进口设备与原有国产设备、厂方之间的配套问题。

④ 要注意进口设备与原材料、产品备件及维修能力之间的配套问题。

⑤ 引进技术资料应注意的问题。

技术资料的引进有以下两种情况:

第一种情况:随同成套设备或单机引进"软件"。这是保证进口设备顺利安装、调试、操作和维修所必需的资料。对这类资料应审查是否连同设备同时引进,资料是否齐全。

第二种情况:单独引进"软件"。单独引进"软件"比引进"硬件"不但节省投资,而且有利于促进我国制造业的发展。应避免引进与项目无关或实际作用不大的技术资料。

学习任务 2.2　建设项目建议书

2.2.1　建设项目建议书的概念

项目建议书又称立项申请,是指由国务院各部门、各省、自治区、直辖市、计划单列市以及各企(事)业单位,根据国民经济和社会发展的长远规划、行业(部门)发展规划、地区发展规划,经过周密调查研究和预测分析,向国家主管部门编报拟建工程项目的轮廓设想和建议立项的技术经济文件。

编报项目建议书是建设项目决策阶段的重要程序之一。其主要作用是为了推荐建设项目,以便在一个确定的地区或部门内,以自然资源和市场预测为基础,选择建设项目。项目建议书经批准后,方可进行可行性研究工作,但并不表明项目非上不可,项目建议书不是项目的最终决策。

2.2.2　建设项目建议书的内容

一般来讲,建设项目建议书应该涵盖(不限于)以下内容:

① 建设项目提出的必要性和依据。如果引进技术和进口设备的,还需要说明国内外技术差距和概况以及进口的理由。

② 产品方案,拟建规模和建设地点的初步设想。如果拟在城市规划区建设非生产性建设项目,还需要说明城市规划和行政主管部门的初步审核意见。

③ 资源情况、建设条件、协作关系和引进国别、厂商的初步分析。

④ 投资估算和资金筹措设想。如果利用外资项目需要说明利用外资的可能性,以及偿还贷款能力的大体测算。

⑤ 项目的进度安排。

⑥ 经济效益和社会效益的初步估计。

2.2.3　建设项目建议书的审批

建设项目建议书的审批,因投资主体不同而不同,通常包括以下几方面:

(1) 政府资金投资建设的项目

对于政府资金投资建设的项目,由政府投资主管部门审批。根据《国务院关于投资体制改革的决定》(国发[2004]20 号),对于政府投资项目,采取直接投资和资本金注入方式的,政府投资主管部门需要从投资决策角度审批项目建议书和可行性研究报告,除特殊情况外不再审批开工报告,但要严格审批初步设计和概算;采取投资补助、转贷和贷款贴息方式的,则只审批资金申请报告。

(2)非政府资金投资建设的项目

对于企业不使用政府资金投资建设的项目,一律不再实行审批制,区别不同情况实行核准制或登记备案制。其中,政府仅对重大项目和限制类项目从维护社会公共利益角度进行核准,其他项目无论规模大小,均改为备案制。企业投资建设实行核准制的项目,仅需向政府提交项目申请报告,不再经过批准项目建议书、可行性研究报告和开工报告的程序。

学习任务 2.3　建设项目可行性研究

2.3.1　可行性研究的概念和作用

1. 可行性研究的概念

建设项目可行性研究是在投资决策前,对与拟建项目有关的社会、经济、技术等各方面进行深入细致的调查研究,对各种可能的技术方案和建设方案进行认真的技术经济分析和比较论证,对项目建成后的经济效益进行科学的分析和论证。建设项目可行性研究是一个由粗到细的分析研究过程,可以分为初步可行性研究和详细可行性研究两个阶段。

可行性研究是建设项目决策阶段的一个至关重要的程序。它是在建设项目建议书获得批准之后,对建设项目在技术上和经济上是否可行所进行的科学分析和论证。

2. 可行性研究的作用

建设项目可行性研究主要评价建设项目技术的先进性和适用性、经济上的盈利性和合理性、建设的可能性和可行性,它是确定建设项目、进行初步设计的根本依据。其主要作用表现在以下几方面:

① 作为建设项目投资决策的依据。
② 作为编制设计文件的依据。
③ 作为向银行贷款的依据。
④ 作为建设项目与各协作单位签订合同和有关协议的依据。
⑤ 作为环保部门、地方政府和规划部门审批项目的依据。
⑥ 作为施工组织、工程进度安排及竣工验收的依据。
⑦ 作为项目后评估的依据。

2.3.2　可行性研究的内容与可行性研究报告的编制

1. 可行性研究的内容

(1)初步可行性研究

初步可行性研究的目的是对项目初步评估进行专题辅助研究,广泛分析、筛选方案,界定项目的选择依据和标准,确定项目的初步可行性。通过编制初步可行性研究报告,判定是否有必要进行下一步的详细可行性研究。

(2)详细可行性研究

详细可行性研究又称为最终可行性研究,为项目决策提供技术、经济、社会及商业方面的依据,是项目投资决策的基础。研究的目的是对建设项目进行深入细致的技术、经济论证,重点对建设项目进行财务效益和经济效益的分析评价,经过多方案比较选择最佳方案,确定建设项目的最终可行性。详细可行性研究的最终成果为可行性研究报告。

可行性研究工作完成后,需要编写出反映其全部工作成果的可行性研究报告。一般工业项目的可行性研究报告应该涵盖(不限于)以下内容:

① 项目提出的背景、项目概况及投资的必要性。

② 产品需求、价格预测及市场风险分析。

③ 资源条件评价(对资源开发项目而言)。

④ 建设规模及产品方案的技术经济分析。

⑤ 建厂条件与厂址方案。

⑥ 技术方案、设备方案和工程方案。

⑦ 主要原材料、燃料供应。

⑧ 总图、运输与公共辅助工程。

⑨ 节能、节水措施。

⑩ 环境影响评价。

⑪ 劳动安全卫生与消防。

⑫ 组织机构与人力资源配置。

⑬ 项目实施进度。

⑭ 投资估算及融资方案。

⑮ 财务评价和国民经济评价。

⑯ 社会评价和风险分析。

2. 可行性研究报告的编制

(1) 可行性研究报告的编制程序

① 建设单位提出项目建议书和初步可行性研究报告。

② 项目业主、承办单位委托有资格的单位进行可行性研究。

③ 设计或咨询单位进行可行性研究工作,编制完整的可行性研究报告。

(2) 可行性研究报告的编制依据

① 项目建议书(初步可行性研究报告)及其批复文件。

② 国家和地方的经济和社会发展规划,行业部门发展规划。

③ 国家有关法律、法规、政策。

④ 对于大中型骨干项目,必须具有国家批准的资源报告、国土开发整治规划、区域规划、江河流域规划、工业基地规划等有关文件。

⑤ 有关机构发布的工程建设方面的标准、规范、定额。

⑥ 合资、合作项目各方签订的协议书或意向书。

⑦ 委托单位的委托合同。

⑧ 经国家统一颁布的有关项目评价的基本参数和指标。

⑨ 有关的基础数据。

2.3.3　可行性研究报告的审批

根据《国务院关于投资体制改革的决定》,政府对于投资项目的管理分为审批、核准和备案三种方式。凡企业不使用政府性资金投资建设的项目,政府实行核准制或备案制,其中企业投资建设实行核准制的项目,仅须向政府提交项目申请报告,而无须报批项目建议书、可行性研究报告和开工报告。备案制无须提交项目申请报告,只要备案即可。

因此,凡不使用政府性投资资金的项目,可行性研究报告无须经过任何部门审批。

学习任务 2.4 建设项目投资估算

2.4.1 建设项目投资估算的含义和作用

1. 建设项目投资估算的含义

建设项目投资估算是指在项目投资决策过程中,依据现有的资料和特定的方法,对建设项目的投资数额进行的估计。建设项目投资估算要保证必要的准确性,如果误差太大,必将导致决策失误。因此,准确、全面地估算建设项目的工程造价,是建设项目可行性研究乃至整个建设项目投资决策阶段造价管理的重要任务。

建设项目投资估算是建设项目建设前期编制项目建议书和可行性研究报告的重要组成部分,也是建设项目决策的重要依据之一。

2. 建设项目投资估算的作用

① 它是建设项目主管部门(单位)审批项目建议书的依据之一,并对建设项目的规划、规模起参考作用。

② 它是建设项目投资决策的重要依据,也是研究、分析、计算建设项目投资经济效果的重要条件。当可行性研究报告被批准之后,其投资估算额就是作为设计任务书中下达的投资限额,即作为建设项目投资的最高限额,不得随意突破。

③ 它对工程设计概算起控制作用,设计概算不得突破批准的投资估算额,并应控制在投资估算额以内。

④ 它可作为建设项目资金筹措及制订建设贷款计划的依据,建设单位可根据批准的项目投资估算额,进行资金筹措和向银行申请贷款。

⑤ 它是核算建设项目固定资产投资需要额和编制固定资产投资计划的重要依据。

2.4.2 建设项目投资估算的阶段划分与精度要求

1. 建设项目规划阶段的投资估算

建设项目规划阶段的投资估算比较粗略,一般通过与已建类似建设项目对比估算拟建项目的投资额,允许误差率可以大于±30%,但是要满足建设项目规划阶段的决策要求。

2. 项目建议书阶段的投资估算

项目建议书阶段的投资估算可以稍微粗略一些,一般也是通过与已建类似建设项目对比估算拟建项目的投资额,但是允许误差率应控制在±30%以内。

3. 初步可行性研究阶段的投资估算

初步可行性研究是在建设项目规划、提出项目建议书的研究结论基础上,进行经济效益评价,判断建设项目的可行性,作出初步投资评价,其投资估算的误差率应控制在±20%以内。

4. 详细可行性研究阶段的投资估算

详细可行性研究主要对建设项目进行全面、详细、深入的技术经济分析、论证,评价建设项目的最佳投资方案,对建设项目的可行性得出结论性意见。该阶段投资估算的误差率应控制在±10%以内。

2.4.3　建设项目投资估算的依据、要求及步骤

1. 建设项目投资估算的依据

① 建设标准和技术、设备、工程方案。

② 专门机构发布的建设工程造价费用构成、估算指标、计算方法,以及其他有关计算工程造价的文件。

③ 专门机构发布的工程建设其他费用计算办法和费用标准,以及政府部门发布的物价指数。

④ 拟建项目各单项工程的建设内容及工程量。

⑤ 资金来源与建设工期。

2. 建设项目投资估算的要求

① 工程内容和费用构成齐全,计算合理,不重复计算,不提高或者降低估算标准,不漏项、不少算。

② 选用指标与具体工程之间存在标准或者条件差异时,应进行必要的换算或调整。

③ 投资估算精度应能满足控制初步设计概算要求。

3. 建设项目投资估算的步骤

① 分别估算各单项工程所需的建筑工程费、设备及工器具购置费、安装工程费。

② 在汇总各单项工程费用的基础上,估算工程建设其他费用和基本预备费。

③ 估算涨价预备费和建设期利息。

④ 估算流动资金。

2.4.4　建设项目投资估算的内容

我国现行建设项目总投资的构成决定了建设项目投资估算的内容。建设项目投资估算的内容是指建设项目从筹建、施工直至竣工投产所需的全部费用,包括固定资产投资估算和流动资产投资估算两部分。

固定资产投资按费用性质划分,包括设备及工器具购置费用、建筑安装工程费用、工程建设其他费用、基本预备费、涨价预备费、建设期贷款利息、固定资产投资方向调节税。固定资产投资又可分为静态投资和动态投资两部分。静态投资部分是指编制造价时以某一基准年、月的建设要素的价格为依据所计算的建设项目造价的瞬时值,其中包括因工程量误差而可能引起的造价增加值。动态投资部分包括基准年、月后因价格上涨等风险因素增加的投资,以及因时间推移发生的投资利息支出。涨价预备费、建设期贷款利息和固定资产投资方向调节税构成固定资产投资的动态部分,其余部分为静态部分。

流动资产投资主要为铺底流动资金,是指生产经营性项目投产后,用于购买原材料、燃料、支付工资及其他经营费用等所需的周转资金。它是伴随着固定资产投资而发生的长期占用的流动资产投资,其在数量上等于建设项目投产运营后所需全部流动资产扣除流动负债后的余额。根据国家规定,新建、扩建和改建的建设项目,必须将建设项目建成投产后所需的铺底流动资金列入投资计划,铺底流动资金未落实的,国家不予批准立项,银行不予贷款。

我国现行建设项目投资估算的内容详见图2-2。

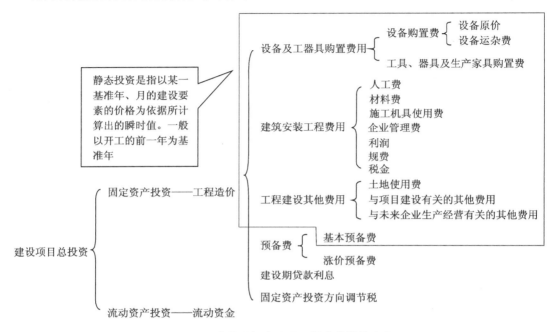

图2-2 我国现行建设项目投资估算的内容

2.4.5 建设项目投资估算的方法

前已述及,由于建设项目在不同阶段的投资估算允许误差率有差异,因此其估算方法也略有不同。例如,项目规划和项目建议书阶段,投资估算的精度低,可采取简单的匡算法,如资金周转率法、单位生产能力法、生产能力指数法、系数法、比例法等。在可行性研究阶段尤其是详细可行性研究阶段,投资估算精度要求高,需采用相对详细的投资估算方法,即指标估算法。

1. 固定资产投资静态部分的估算方法

(1) 资金周转率法

这是一种用资金周转率来推测投资额的简便方法。其计算公式如下:

$$投资额 = \frac{产品的年产量 \times 产品单价}{资金周转率}$$

$$资金周转率 = \frac{年销售总额}{总投资额} = \frac{产品的年产量 \times 产品单价}{总投资额}$$

拟建项目的资金周转率可以根据已建类似项目的有关数据进行估计,然后再根据拟建项目的预计产品的年产量及单价,估算拟建项目的投资额。

这种方法比较简便,计算速度快,但精确度较低,可用于建设项目规划、投资机会研究及项目建议书阶段的投资估算。

（2）单位生产能力估算法

这种方法是指依据调查的统计资料,利用相近规模的单位生产能力投资额乘以建设规模,即得到拟建项目投资额。其计算公式为

$$C_2 = \left(\frac{C_1}{Q_1}\right) Q_2 f$$

式中：C_1——已建类似项目或装置的静态投资额；

C_2——拟建项目或装置的静态投资额；

Q_1——已建类似项目或装置的生产能力；

Q_2——拟建项目或装置的生产能力；

f——不同时期、不同地点的定额、单价、费用变更的综合调整系数。

【例 2 - 2】　假定某地拟建一座 200 套客房的豪华宾馆,另有一座豪华宾馆最近在该地竣工,且掌握了以下资料:它有 250 套客房,有门厅、餐厅、会议室、游泳池、夜总会、网球场等设施,总造价为 10250 万美元。试估算新建项目的总投资。

【解】　根据以上资料,可首先折算为每套客房的造价：

$$每套客房的造价 = \frac{总造价}{客房总套数} = \frac{10250 \text{ 万美元}}{250 \text{ 套}} = 41 \text{ 万美元/套}$$

据此,即可迅速地计算出在同一个地方,且各方面具有可比性的规模 200 套客房的豪华旅馆造价估算值为 41 万美元/套 × 200 套 = 8200 万美元。

（3）生产能力指数法

生产能力指数法又称指数估算法,是根据已建成的类似项目生产能力和投资额来粗略估算拟建项目投资额的方法,是对单位生产能力估算法的改进。其计算公式为

$$C_2 = C_1 \left(\frac{Q_2}{Q_1}\right)^n f$$

式中：n 为生产能力（规模）指数；其他符号的含义与单位生产能力估算法的计算公式相同。

计算公式表明工程造价与能力（或规模、容量）呈非线性关系,且单位造价随工程规模（或容量）的增大而减小。在正常情况下,$0 \leqslant n \leqslant 1$。若已建类似项目或装置的规模与拟建项目或装置的规模相差不大,生产规模比值在 0.5～2 之间,则指数 n 的取值近似为 1。若已建类似项目或装置的规模与拟建项目或装置的规模相差不大于 50 倍,且拟建项目规模的扩大仅靠增大设备规模来达到时,则指数 n 的取值在 0.6～0.7 之间;若是靠增加相同规格设备的数量达到时,则指数 n 的取值在 0.8～0.9 之间。

采用这种方法计算简单、速度快,但要求类似工程的资料可靠,条件与拟建项目基本相同;否则,误差就会增大。

【例 2 - 3】　1972 年在某地兴建一座 30 万吨合成氨的化肥厂,总投资为 28000 万元。假如 1994 年在该地开工兴建 45 万吨合成氨的工厂,合成氨的生产能力指数为 0.81。试估算所需静态投资为多少。（假设从 1972 年到 1994 年每年年平均工程造价综合调整指数为 1.10）

【解】　根据以上资料,可估算所需静态投资：

$$C_2 = C_1 \left(\frac{Q_2}{Q_1}\right)^n f = 28000 \text{ 万元} \times \left(\frac{45}{30}\right)^{0.81} \times (1.10)^{22} = 316541.77 \text{ 万元}$$

(4) 系数估算法

系数估算法分为以下三种:

1) 郎格系数法

郎格系数法是以设备费用为基数,乘以适当系数来推算拟建项目建设费用的估算方法。这种方法在国内不常见,是世界银行项目投资估算常采用的方法。该方法的基本原理是将总成本费用中的直接成本和间接成本分别计算,再合为项目建设的总成本费用。其计算公式为

$$C_{T} = E\left(1 + \sum_{i=1}^{n} K_i\right)K_c$$

式中:C_T——总建设费用;

E——主要设备费用;

K_i——管线、仪表、建筑物等项费用的估算系数;

K_c——管理费、合同费、应急费等项费用的估算系数。

总建设费用与设备费用之比为郎格系数 K_L,即

$$K_L = \left(1 + \sum K_i\right)K_c$$

朗格系数包含的内容列于表2-2中。

表2-2 朗格系数计算参考表

项 目		固体流程1	固体流程2	流体流程
朗格系数 K_L		3.1	3.62	4.74
内容	① 包括基础、设备、绝热及设备安装费	$E×1.43$	$E×1.43$	$E×1.43$
	② 包括上述费用在内和配管工程费	①×1.1	①×1.25	①×1.6
	③ 装置直接费	②×1.5	②×1.5	②×1.5
	④ 包括上述费用在内和间接费,即总费用(C_T)	③×1.31	③×1.35	③×1.38

此方法比较简单,但没有考虑设备规模、材质的差异,故精度不高。

【例2-4】 在北非某地建设一座年产30万套汽车轮胎的工厂,已知该工厂的设备到达工地的费用为2204万美元。试估算该工厂的总投资。

【解】 该轮胎工厂的生产流程基本上属于固体流程,因此在采用朗格系数法时,全部数据均采用固体流程1的数据。计算过程如下:

(1) 设备到达现场的费用2204万美元。

(2) 根据表2-2计算费用①。

$$E×1.43 = 2204万美元×1.43 = 3151.72万美元$$

则设备基础、绝热、刷油及安装费用为3151.72万美元-2204万美元=947.72万美元。

(3) 根据表2-2计算费用②。

$$E×1.43×1.1 = 2204万美元×1.43×1.1 = 3466.89万美元$$

则其中配管(管道工程)费用为3466.89万美元-3151.72万美元=315.17万美元。

(4) 根据表2-2计算费用③。

$$E×1.43×1.1×1.5 = 2204万美元×1.43×1.1×1.5 = 5200.34万美元$$

则电气、仪表、建筑等工程费用为5200.34万美元-3466.89万美元=1733.45万美元。

（5）根据表 2-2 计算④，即总投资（C_T）。

$$C_T = E \times 1.43 \times 1.1 \times 1.5 \times 1.31 = 2204\ 万美元 \times 1.43 \times 1.1 \times 1.5 \times 1.31$$
$$= 6812.45\ 万美元$$

则间接费用为 6812.45 万美元 − 5200.34 万美元 = 1612.11 万美元。

由此估算出该工厂的总投资为 6812.45 万美元，其中间接费用为 1612.11 万美元。

2）设备厂房系数法

对于一个生产性项目，如果设计方案已确定了生产工艺，且初步选定了工艺设备并进行了工艺布置，就有了工艺设备的重量及厂房的高度和面积，则工艺设备投资和厂房土建投资可分别估算出来。项目的其他费用，与设备关系较大的按设备投资系数计算，与厂房土建关系较大的则以厂房土建投资系数计算，两类投资相加即得整个项目的投资。

3）主要车间系数法

对于生产性项目，在设计中若主要考虑了主要生产车间的产品方案和生产规模，可先采用合适的方法计算出主要车间的投资，然后利用已建类似项目的投资比例计算出辅助设施等占主要生产车间投资系数，估算出总投资。

（5）比例估算法

比例估算法分为以下两种：

① 以拟建项目或装置的设备费为基数，根据已建成的同类项目或装置的建筑安装费和其他工程费用等占设备价值的百分比，求出相应的建筑安装费和其他工程费用等，再加上拟建项目或装置的其他有关费用，其总和即为项目或装置的总投资。其计算公式为

$$C_T = E(1 + f_1 p_1 + f_2 p_2 + f_3 p_3 + \cdots) + I$$

式中：C_T——拟建项目或装置的总投资额；

　　　E——根据拟建项目或装置的设备清单按当时当地价格计算的设备费（包括运杂费）的总和；

　　　$f_1, f_2, f_3, \cdots$——由于时间因素引起的定额、价格、费用标准等变化的综合调整系数；

　　　$p_1, p_2, p_3, \cdots$——已建项目或装置中建筑、安装及其他工程费用等占设备费的百分比；

　　　I——拟建项目或装置的其他费用。

② 以拟建项目或装置中最主要、投资比重较大并与生产能力直接相关的工艺设备的投资（包括运杂费及安装费）为基数，根据已建成的同类项目或装置的有关统计资料，计算出拟建项目或装置的各专业工程（总图、土建、暖通、给水排水、管道、电气及电信、自控及其他工程费用）占工艺设备投资的百分比，据此求出各专业工程的投资，然后将各部分投资费用（包括工艺设备费）求和，再加上拟建项目或装置的其他有关费用，即为项目或装置的总投资。其计算公式为

$$C_T = E(1 + f_1 p_1' + f_2 p_2' + f_3 p_3' + \cdots) + I$$

式中：C_T——拟建项目或装置的投资额；

　　　E——根据拟建项目或装置的设备清单，按当时当地价格计算的设备费（含运杂费）总和；

　　　$f_1, f_2, f_3, \cdots$——由于时间因素引起的定额、价格、费用标准等变化的综合调整系数；

　　　$p_1', p_2', p_3', \cdots$——已建项目或装置的各专业工程占工艺设备投资的百分比；

　　　I——拟建项目或装置的其他费用。

（6）指标估算法

这种方法是把建设项目划分为建筑工程、设备安装工程、设备及工器具购置费及其他基本

建设费等费用项目或单位工程,然后根据各种具体的投资估算指标,进行各项费用项目或单位工程投资的估算。在此基础上,可汇总成每一单项工程的投资,再估算工程建设其他费用及预备费,即求得建设项目总投资。

投资估算指标的表现形式很多,可以用元/m、元/m²、元/m³、元/t、元/kV·A等单位表示。指标估算法常用于对房屋、建筑物投资的估算,其估算指标经常采用元/m²、元/m³表示。

该方法简便易行,节省时间和费用。但由于项目相关数据的确定性较差,投资估算的精度较低。

2. 固定资产投资动态部分的估算方法

建设投资动态部分主要包括价格变动可能增加的投资额、建设期贷款利息等内容,如果是涉外项目,还应该计算汇率的影响。

(1) 涨价预备费

涨价预备费的估算公式为

$$PF = \sum_{t=0}^{n} I_t [(1+f)^t - 1]$$

式中:PF——涨价预备费估算额;

I_t——建设期中第 t 年的投资计划额(以基准年设备、工器具购置费和建筑安装工程费的资金使用计划为基础);

n——建设期年份数;

f——年平均价格预计上涨率。

【例2-5】 某项目的设备、工器具购置费和建筑安装工程费投资计划为20000万元,按本项目进度计划,项目建设期为3年,3年的投资分年使用比例为第1年30%,第2年50%,第3年20%,建设期内年平均价格变动率预测为6%。试估算该项目建设期的涨价预备费。

【解】 第1年投资计划用款额:$I_1 = 20000$ 万元 $\times 30\% = 6000$ 万元

第1年涨价预备费:$PF_1 = I_1 \times [(1+f)-1] = 6000$ 万元 $\times [(1+6\%)-1] = 360$ 万元

第2年投资计划用款额:$I_2 = 20000$ 万元 $\times 50\% = 10000$ 万元

第2年涨价预备费:$PF_2 = I_2 \times [(1+f)^2-1] = 10000$ 万元 $\times [(1+6\%)^2-1]$
$= 1236$ 万元

第3年投资计划用款额:$I_3 = 20000$ 万元 $\times 20\% = 4000$ 万元

第3年涨价预备费:$PF_3 = I_3 \times [(1+f)^3-1] = 4000$ 万元 $\times [(1+6\%)^3-1]$
$= 764.064$ 万元

该项目建设期的涨价预备费:$PF = \sum_{t=0}^{n} I_t [(1+f)^t - 1]$
$= 360$ 万元 $+ 1236$ 万元 $+ 764.064$ 万元
$= 2360.064$ 万元

(2) 汇率变化影响

估算汇率变化对建设项目投资的影响大小,是通过预测汇率在项目建设期内的变动程度,以估算年份的投资额为基数,计算求得。

(3) 建设期贷款利息

建设期贷款利息包括向国内银行和其他非银行金融机构贷款、出口信贷、外国政府贷款、

国际商业银行贷款以及在境内外发行的债券等在建设期间内应偿还的贷款利息。建设期贷款利息一般实行复利计算,其计算方法如下:

① 当贷款总额一次性贷入且利率固定的贷款时,按下列公式计算:

$$I = P[(1+i)^n - 1]$$

式中:I——利息;

P——贷款金额(本金);

i——年利率;

n——贷款期限。

② 当贷款总额是分年均衡发放时,建设期贷款利息的计算可按当年借款在年中支用考虑,即当年贷款按半年计息,上年贷款按全年计息。计算公式为

$$q_j = \left(p_{j-1} + \frac{A_j}{2}\right)i$$

式中:q_j——建设期第 j 年应计利息;

p_{j-1}——建设期第 $(j-1)$ 年末贷款累计金额与利息累计金额之和;

A_j——建设期第 j 年贷款金额;

i——年利率。

【例 2-6】 某新建项目,建设期为 3 年,分年均衡贷款,第 1 年贷款 1000 万元,第 2 年贷款 1000 万元,第 3 年贷款 800 万元,年利率为 10%。试估算该项目建设期贷款利息。

【解】 在建设期,各年利息计算如下:

$$q_1 = \frac{A_1}{2}i = \frac{1000}{2} 万元 \times 10\% = 50 万元$$

$$q_2 = \left(p_{2-1} + \frac{A_2}{2}\right)i = \left(1000 万元 + 50 万元 + \frac{1000}{2} 万元\right) \times 10\% = 155 万元$$

$$q_3 = \left(p_{3-1} + \frac{A_3}{2}\right)i = \left(1050 万元 + 1155 万元 + \frac{800}{2} 万元\right) \times 10\% = 260.5 万元$$

该项目建设期贷款利息 $= q_1 + q_2 + q_3 = 50 万元 + 155 万元 + 260.5 万元 = 465.5 万元$

(4) 固定资产投资方向调节税

固定资产投资方向调节税以年度固定资产投资计划额为计税基数,按年度的单位工程投资额乘以相应税率计算得出。我国自 2000 年 1 月起,已暂停征收。

【例 2-7】 某一建设投资项目,设计生产能力为 35 万吨。已知生产能力为 10 万吨的同类项目投入设备费用为 5000 万元,设备综合调整系数为 1.15。该项目生产能力指数估计为 0.75,该类项目的建筑工程是设备费的 10%,安装工程费用是设备费的 20%,其他工程费用是设备费的 10%。这三项的综合调整系数定为 1.0,其他投资费用估算为 1200 万元。该项目的自有资金为 10000 万元,其余通过银行贷款获得,年利率为 8%,按季计息。建设期为 2 年,投资进度分别为 40% 和 60%,基本预备费率为 7%。建设期内生产资料涨价预备费率为 5%,自有资金筹资计划为:第 1 年 4200 万元,第 2 年 5800 万元。该项目固定资产投资方向调节税为 0,估算该项目的固定资产总额。建设期间内不偿还贷款利息。

预计生产期项目需要流动资金 580 万元。假设该项目的生产期为 8 年,固定资产的折旧年限为 10 年,采用平均年限法提取折旧,残值率为 4%。

问题:(1)估算建设期借款利息。

　　　(2)计算建设项目的总投资。

　　　(3)计算各年的固定资产折旧及寿命期末收回的固定资产残值。

【解】　(1)估算建设期借款利息。

①　采用生产能力指数法估算设备费为

$$5000\ 万元 \times \left(\frac{35}{10}\right)^{0.75} \times 1.15 = 14713.60\ 万元$$

②　采用比例法估算静态投资为

建安工程费 $= 14713.60\ 万元 \times (1+10\%+20\%+10\%) \times 1.0 + 1200\ 万元$

　　　　 $= 21799.04\ 万元$

基本预备费 $= 21799.04\ 万元 \times 7\% = 1525.93\ 万元$

建设项目静态投资 $=$ 建安工程费 $+$ 基本预备费

　　　　　　　 $= 21799.04\ 万元 + 1525.93\ 万元 = 23324.97\ 万元$

③　计算涨价预备费为

第1年的涨价预备费 $= 23324.97\ 万元 \times 40\% \times [(1+5\%)-1] = 466.50\ 万元$

第1年含涨价预备费的投资额 $= 23324.97\ 万元 \times 40\% + 466.50\ 万元 = 9796.49\ 万元$

第2年的涨价预备费 $= 23324.97\ 万元 \times 60\% \times [(1+5\%)^2-1] = 1434.49\ 万元$

第2年含涨价预备费的投资额 $= 23324.97\ 万元 \times 60\% + 1434.49\ 万元 = 15429.47\ 万元$

涨价预备费 $= 466.50\ 万元 + 1434.49\ 万元 = 1900.99\ 万元$

④　计算建设期借款利息为

$$实际年利率 = \left(1+\frac{8\%}{4}\right)^4 - 1 = 8.24\%$$

本年借款 $=$ 本年度固定资产投资 $-$ 本年自有资金投入

第1年当年借款 $= 9796.49\ 万元 - 4200\ 万元 = 5596.49\ 万元$

第2年当年借款 $= 15429.47\ 万元 - 5800\ 万元 = 9629.47\ 万元$

各年应计利息 $=$ (年初借款本息累计 $+$ 本年借款额/2) $\times$ 年利率

第1年贷款利息 $= (5596.49/2)万元 \times 8.24\% = 230.58\ 万元$

第2年贷款利息 $= [(5596.49+230.58)+9629.47/2]万元 \times 8.24\% = 876.88\ 万元$

建设期贷款利息 $= 230.58\ 万元 + 876.88\ 万元 = 1107.46\ 万元$

(2)计算建设项目的总投资。

固定资产投资总额 $=$ 建设项目静态投资 $+$ 涨价预备费 $+$ 建设期贷款利息

　　　　　　　 $= 23324.97\ 万元 + 1900.99\ 万元 + 1107.46\ 万元 = 26333.42\ 万元$

建设项目的总投资 $=$ 固定资产投资总额 $+$ 流动资金投资 $+$ 其他投资

　　　　　　　 $= 26333.42\ 万元 + 580\ 万元 = 26913.42\ 万元$

(3)计算各年的固定资产折旧及寿命期末收回的固定资产残值。

固定资产折旧 $= 26333.42\ 万元 \times (1-4\%)/10 = 2528\ 万元$

固定资产余值 $=$ 年折旧费 $\times$ (固定资产使用年限 $-$ 运营期) $+$ 残值

　　　　　　 $= 2528\ 万元 \times (10-8) + 26333.42\ 万元 \times 4\% = 6109.35\ 万元$

3.流动资金投资的估算方法

流动资金是指生产经营性项目投产后,为进行正常生产运营,用于购买原材料、燃料,支付工资及其他经营费用等所需的周转资金。流动资金投资的估算方法包括扩大指标估算法与分项详细估算法。

（1）扩大指标估算法

扩大指标估算法是按照流动资金占某种基数的比率来估算流动资金，仅适用于个别情况或小型项目流动资金的估算。

① 产值（销售收入）资金率估算法：

$$流动资金＝年产值（年销售收入）×产值（销售收入）资金率$$

② 经营成本（总成本）资金率估算法：

$$流动资金＝年经营成本（年总成本）×经营成本（总成本）资金率$$

经营成本是一项反映物质、劳动消耗和技术水平、生产管理水平的综合指标。

③ 固定资产投资资金率估算法：

$$流动资金＝固定资产投资×固定资产投资资金率$$

固定资产投资资金率是指流动资金占固定资产投资的百分比。

④ 单位产量资金率估算法：

$$流动资金＝年生产能力×单位产量资金率$$

单位产量资金率是指单位产量占用流动资金的数额。

（2）分项详细估算法

实际工作中，一般采用分项详细估算法进行估算。

流动资金＝流动资产－流动负债

流动资产主要考虑现金、应收（预付）账款、存货；流动负债主要考虑应付（预收）账款。

流动资产＝现金＋应收（预付）账款＋存货

流动负债＝应付（预收）账款

流动资金本年增加额＝本年流动资金－上年流动资金

流动资产和流动负债各项构成估算公式如下：

① 现金的估算：

$$现金＝\frac{年工资及福利费＋年其他费用}{周转次数}$$

式中：年其他费用＝制造费用＋管理费用＋财务费用＋销售费用－以上四项费用中所包含的工资及福利费、折旧费、维简费、摊销费、修理费和利息支出；

$$周转次数＝\frac{360\ 天}{最低需要周转天数}$$

② 应收（预付）账款的估算：

$$应收（预付）账款＝\frac{年经营成本}{周转次数}$$

③ 存货的估算：

在存货的估算中，一般包括外购原材料、燃料、在产品、产成品等。

$$外购原材料、燃料费用＝\frac{年外购原材料、燃料费用}{周转次数}$$

$$在产品成本＝\frac{年外购原材料、燃料费用及动力费＋年工资及福利费＋年修理费＋年其他制造费用}{周转次数}$$

$$产成品成本 = \frac{年经营成本}{周转次数}$$

④ 应付(预收)账款的估算:

$$应付(预收)账款 = \frac{年外购原材料、燃料费用及动力费 + 备品备件费用}{周转次数}$$

实际运用以上方法估算流动资金时,还应注意以下问题:

第一,在采用分项详细估算法时,需要分别确定现金、应收(预付)账款、存货和应付(预收)账款的最低周转天数。在确定周转天数时,需要考虑一定的保险系数。对于存货中的外购原材料、燃料要根据不同品种和来源,应考虑运输方式和运输距离等因素确定。

第二,不同生产负荷下的流动资金是按照相应负荷时的各项费用金额和给定的公式计算出来的,不能按100%负荷下的流动资金乘以百分比求得。

第三,流动资金属于长期性(永久性)资金,流动资金的筹措可通过长期负债和资本金(权益融资)方式解决。流动资金借款部分的利息应计入当期财务费用。一般来讲,项目计算期末收回全部流动资金。

【例2-8】 某建设投资项目,设计生产能力为20万吨。已知生产能力为5万吨的同类项目投入设备费用为4000万元,设备综合调整系数为1.25。该项目生产能力指数估计为0.85,该类项目的建筑工程费用是设备费的15%,安装工程费用是设备费的18%,其他工程费用是设备费的7%。这三项的综合调整系数定为1.0,其他投资费用估算为500万元。该项目的自有资金9000万元,其余通过银行贷款获得,年利率为8%,每半年计息一次。建设期为2年,投资进度分别为40%和60%,基本预备费率为10%。建设期内生产资料涨价预备费率为5%,自有资金筹资计划为:第1年5000万元,第2年4000万元。该项目固定资产投资方向调节税为0,估算该项目的固定资产总额。建设期间不还贷款利息。

该项目达到设计生产能力以后,全厂定员200人,工资与福利费按照每人每年12000元估算,每年的其他费用为180万元,生产存货占用流动资金估算为1500万元,年外购原材料、燃料及动力费为6300万元,年经营成本为6000万元,各项流动资金的最低周转天数分别为:应收账款36天,现金40天,应付账款30天。

问 题:

(1)估算建设期借款利息。

(2)运用分项详细估算法估算拟建项目的流动资金。

(3)计算建设项目的总投资估算额。

【解】 (1)估算建设期借款利息。

① 采用生产能力指数法估算设备费为

$$4000\ 万元 \times \left(\frac{20}{5}\right)^{0.85} \times 1.25 = 16245.05\ 万元$$

② 采用比例法估算静态投资为

建安工程费 $= 16245.05\ 万元 \times (1 + 15\% + 18\% + 7\%) \times 1.0 + 500\ 万元 = 23243.07\ 万元$

基本预备费 $=$ (设备及工器具购置费用 $+$ 建安工程费用 $+$ 工程建设其他费用) $\times$ 基本预备费费率

$$= 23243.07\ 万元 \times 10\% = 2324.31\ 万元$$

建设项目静态投资 $=$ 建安工程费 $+$ 基本预备费

=23243.07 万元＋2324.31 万元＝25567.38 万元

③ 计算涨价预备费为

$$PF = \sum_{t=0}^{n} I_t [(1+f)^t - 1]$$

第 1 年的涨价预备费＝25567.38 万元×40%×5%＝511.35 万元

第 1 年含涨价预备费的投资额＝25567.38 万元×40%×(1+5%)＝10738.30 万元

第 2 年的涨价预备费＝25567.38 万元×60%×[(1+5%)²−1]＝1572.39 万元

第 2 年含涨价预备费的投资额＝25567.38 万元×60%＋1572.39 万元＝16912.82 万元

涨价预备费＝511.35 万元＋1572.39 万元＝2083.74 万元

④ 计算建设期借款利息为

$$i = \left(1 + \frac{r}{m}\right)^m - 1 = \left(1 + \frac{8\%}{2}\right)^2 - 1 = 8.16\%$$

本年借款＝本年度固定资产投资−本年自有资金投入

第 1 年当年借款＝10738.30 万元−5000 万元＝5738.30 万元

第 2 年当年借款＝16912.82 万元−4000 万元＝12912.82 万元

各年应计利息＝(年初借款本息累计＋本年借款额/2)×年利率

第 1 年贷款利息＝(5738.30/2)万元×8.16%＝234.12 万元

第 2 年贷款利息＝[(5738.30＋234.12)＋12912.82/2]万元×8.16%＝1014.19 万元

建设期贷款利息＝234.12 万元＋1014.19 万元＝1248.31 万元

⑤ 计算建设项目的总投资为

固定资产投资总额＝建设项目静态投资＋涨价预备费＋建设期贷款利息

＝25567.38 万元＋2083.74 万元＋1248.31 万元＝28899.43 万元

(2) 运用分项详细估算法估算拟建项目的流动资金。

流动资金＝流动资产−流动负债

流动资产＝应收账款＋存货＋现金

① 应收账款＝年经营成本÷年周转次数＝6000 万元÷(360 天÷36 天)＝600 万元

② 存货＝1500 万元

③ 现金＝(年工资福利费＋年其他费用)÷年周转次数

＝(1.2×200＋180)万元÷(360 天÷40 天)＝46.67 万元

流动资产＝应收账款＋存货＋现金＝600 万元＋1500 万元＋46.67 万元＝2146.67 万元

④ 应付账款＝年外购原材料燃料动力费÷年周转次数＝6300 万元÷(360 天÷30 天)

＝525 万元

流动负债＝应付账款＝525 万元

流动资金＝2146.67 万元−525 万元＝1621.67 万元

(3) 计算建设项目的总投资估算额。

建设项目的总投资＝固定资产投资＋流动资金投资＋其他投资

＝28899.43 万元＋1621.67 万元＝30521.1 万元

2.4.6 建设项目投资估算实例

【实例一】 某小型电站工程,所在地区属于五类工资区,按规定本工程的混凝土工程和安装工程采用三级企业施工队伍。三级企业施工队伍的标准工资为232元/(人·月),经计算人工预算单价为49.97元/工日,三级以下企业施工队伍,除砂石备料工程采用20元/工日外,其余均采用28元/工日计算。

建筑工程采用《××省××市水利水电建筑工程预算定额》编制工程单价时扩大系数采用1.03,安装工程采用水利部《中小型水利水电设备安装工程概算定额》。

进入单价的主要建材预算价格执行××省的规定,调差价格按照某县物资部门提供的当地市场批发价作为原价,并按规定计入各项费用(投资概算书略)。

本工程施工用电95%由地方电网供电,5%由自备电源供电,经计算其电价为0.80元/(kW·h)、水电单价根据施工组织设计提供的资料计算,水价为1.20元/m³。

机电及金属设备原价参照省内在建工程类似设备价格计列。

导流工程、仓库、交通工程等均按施工组织设计提供资料计算。生活及文化福利建筑按《××省××市水利水电建筑工程预算定额》计算,其他临时工程按建设投资的3.5%计算。

本建设项目投资估算情况见表2-3。

表 2 - 3 ××建设项目投资估算总表 单位:万元

序　号	工程或费用名称	建安工程费	设备购置费	其他费用	合　计	占投资额/%
一、建筑工程		557.14			557.14	41.53
1	挡水工程	36.57			36.57	
2	引水工程	250.39			250.39	
3	发电厂工程	130.22			130.22	
4	交通工程	31.31			31.31	
5	房屋建筑工程	33.52			33.52	
6	其他工程	30.98			30.98	
7	材料价差及税金	44.15			44.15	
二、机电设备及安装		54.79	312.71		367.50	27.39
1	发电设备及安装	44.82	249.99		294.81	
2	升压变电设备及安装	9.97	45.31		55.28	
3	其他设备及安装		17.41		17.41	
三、金属设备及安装		126.71	16.43		143.14	10.67
1	取水工程	1.78	5.98		7.76	
2	引水工程	124.93	7.93		132.86	
3	材料价差及税金		2.52		2.52	
四、临时工程		76.09			76.09	5.67
1	施工导流工程	4.11			4.11	
2	交通工程	16.45			16.45	

序　号	工程或费用名称	建安工程费	设备购置费	其他费用	合　计	占投资额/%
3	房屋建筑工程	35.66			35.66	
4	其他临时工程	19.87			19.87	
五、其他费用				197.75	197.75	14.74
1	建设管理费			92.11	92.11	
2	建设及施工场地征用费			5.92	5.92	
3	生产准备费			16.66	16.66	
4	科研勘测设计费			54.91	54.91	
5	其他费用			28.15	28.15	
六、第一至第五部分合计		814.73	329.14	197.75	1341.62	100.00
1	基本预备费				67.08	
2	静态总投资				1408.70	
3	涨价预备费				71.30	
4	建设期借款利息				53.13	
5	总投资				1533.13	

基本预备费按第一至第五部分合计的 5% 计算,涨价预备费按物价上涨指数的 3% 计算。

根据建设单位意见:本工程自筹资本金占 30%,建设期间不还贷款利息,银行贷款 70%,年利率按 6.21% 计算。

本建设项目静态投资为 1408.70 万元,总投资为 1533.13 万元。

【实例二】　××大学拟于成都温江新建一个校区,聘用某咨询机构对其进行可行性研究。该咨询机构组织相关专家进行详细可行性论证,对该新校区投资估算见表 2 - 4,投融资安排见表 2 - 5。

表 2 - 4　××大学温江新校区实验楼及附属工程固定资产投资估算表　　单位:万元

序　号	工程和费用名称	估算价值				小　计	建设指标/m²	投资指标	备　注
		建筑工程	设备购置	安装工程	其他费用				
一	第一部分 工程费用	5947.70	1350	1443.10	788	9528.80	40000		
1	实验楼	3255	250	558		4063	31000	1050 元/m²	
2	管理辅助区	833.60		110.20		943.80			
2.1	附属用房	758.60		61.20		819.80	8500	892 元/m²	
2.2	校门	75		49		124	500	1500 元/m²	2 个
3	体育活动区	124.40		14.90		139.30			
3.1	网球场	15.30		1.80		17.10			2 个
3.2	篮球场	60.80		7.30		68.10			10 个
3.3	排球场	48.30		5.80		54.10			11 个

序 号	工程和费用名称	估算价值				小 计	建设指标/m²	投资指标	备 注
		建筑工程	设备购置	安装工程	其他费用				
4	公用工程	300	1100	760		2160			
4.1	室外给水排水管线	210		420		630			
4.2	室外供电及照明	40	790	150		980			
4.3	室外天然气管道	20		60		80			
4.4	通信及智能化系统		150	75		225			
4.5	供热		70	35		105			
4.6	垃圾清运系统		25			25			
4.7	污水处理站	30	65	20		115			
5	总图工程	1434.70			788	2222.70			
5.1	场地平整	315.60				315.60	394487	8 元/m²	
5.2	道路广场及室外停车场	662				662	60180	110 元/m²	
5.3	绿地				788	788	196997	40 元/m²	
5.4	水体工程	399.80				399.80	19040	210 元/m²	
5.5	校园围栏	57.30				57.30	3580	160 元/m²	
二	第二部分 其他工程费用				4077.70	4077.70			
1	征地费				3378.30	3378.30	321747	105 元/m²	
2	建设单位管理费				190.60	190.60		2%	第一部分费用
3	勘察设计费				285.90	285.90		3%	第一部分费用
4	工程监理及质检费				95.30	95.30		1%	第一部分费用
5	工程招标费				47.60	47.60		5‰	第一部分费用
6	市政建设配套费				80	80		20 元/m²	
三	第三部分 预备费用				2721.20	2721.20			
1	基本预备费				1360.60	1360.60		10%	第一、二部分费用
2	涨价预备费				1360.60	1360.60		10%	第一、二部分费用
四	第四部分 建设期贷款利息				230	230			
合计		5947.70	1350	1443.10	7816.90	16557.70			

表 2−5 ××大学温江新校区实验楼及附属工程投融资计划表 单位:万元

投资计划			融资计划				
工程和项目名称	投资估算	比例	融资总额	内部融资		外部融资	
				金额	比例/%	金额	比例/%
一、按工程费用分							
1. 工程费用	9528.80	57.55%					
2. 其他工程费用	4077.70	24.62%					
3. 预备费用	2721.20	16.43%					
4. 建设期贷款利息	230	1.40%					
合计	16557.70	100%	16557.70	8571.70	51.77	7986	48.23
二、按工程结构分							
1. 土建工程	5947.70	35.92%					
2. 设备购置	1350	8.15%					
3. 安装工程	1443.10	8.72%					
4. 其他费用	7816.90	47.21%					
合计	16557.70	100%					

学习任务 2.5 建设项目财务评价

2.5.1 建设项目财务评价的含义

建设项目财务评价是根据国家现行财税制度和价格体系,从项目的角度出发,分析、计算项目范围内的财务收益和支出,考察项目的盈利能力、清偿能力、外汇平衡和财务风险等,据此判断项目的财务可行性。它是项目可行性研究的核心内容,其评价结论是决定项目取舍的重要决策依据。

【项目案例 2−2】
××酒精厂 3 年致死
17 人 祸害百姓的
环保项目无人负责

2.5.2 建设项目财务评价的程序

建设项目财务评价是在项目市场研究和技术研究的基础上进行的,其基本程序如图 2−3 所示。

图 2−3 建设项目财务评价程序图

① 收集整理和计算有关的基础财务数据资料,并将所得的数据编制成辅助财务报表。

② 编制基本财务报表。根据财务预测数据及辅助报表,编制基本财务报表。

③ 计算与评价财务评价指标。根据基本财务报表计算各财务报表指标,并分别与对应的评价标准或基准值进行对比。

④ 得出项目财务评价的最终结论。

2.5.3 建设项目财务评价的内容

1. 财务收益和支出的识别与计算

正确识别项目的财务收益和支出应以项目为界,以项目的直接收入和支出为目标。建设项目的财务收益是指项目实施后所获得的营业收入,对于适用增值税的经营性项目,其可得到的增值税返还应作为补贴收入计入财务收益,对于非经营性项目,财务收益应包括可能获得的各种补贴收入,项目寿命期末回收的固定资产余值和流动资金等在财务评价中也应作为财务收益处理。建设项目的财务支出主要包括项目的投资、成本费用和税金。财务收益和支出采用的价格体系应一致,采用预测价格,有要求时可考虑价格变动因素。

(1) 财务收益

财务收益项目主要为营业收入。营业收入包括销售收入或提供服务所获得的收入,其估算的基础数据包括产品或服务的数量和价格。对于先征后返的增值税、按销量或工作量等依据国家规定的补助定额计算并按期给予的定额补助,以及属于财政扶持而给予的其他形式的补贴等,应按相关规定合理估算,记作补贴收入。

营业收入估算应分析、确认产品或服务的市场预测分析数据,特别要注意目标市场有效需求分析;各期营运负荷(产品或服务的数量)应根据技术的成熟度、市场的开发程度、产品的寿命期、需求量的增减变化等因素,结合行业和项目特点,通过制订运营计划,合理确定。

(2) 财务支出

1) 建设投资

建设投资由工程费用(建筑安装工程费、设备购置费)、工程建设其他费用和预备费(基本预备费和涨价预备费)组成。建设投资估算应在给定的建设规模、产品方案和工程技术方案的基础上,估算项目建设所需的费用。

根据项目前期研究各个阶段对投资估算精度的要求、行业特点和相关规定,可选用相应的投资估算方法。投资估算的内容与深度应满足项目前期研究各个阶段的要求,并为融资决策提供基础。

2) 流动资金

流动资金是指营运期内长期占用并周转使用的营运资金,不包括营运中需要的临时性营运资金。流动资金的估算基础是经营成本和商业信用等。一般项目的流动资金宜采用分项详细估算法,即先对流动资产和流动负债主要构成要素进行分项估算,流动资金等于流动资产与流动负债的差额。为了简化计算,项目评价中流动资金可从投产第1年开始安排。

3) 经营成本

经营成本是指项目总成本费用扣除固定资产折旧、无形及其他资产摊销费和利息支出以后的全部费用,即

$$经营成本 = 总成本费用 - 折旧费 - 摊销费 - 利息支出$$

式中:

$$总成本费用＝生产成本＋营业费用＋管理费用＋财务费用$$

或

$$经营成本＝外购原材料、燃料及动力费＋工资及福利费＋折旧费＋摊销费$$
$$＋修理费＋财务费用(利息支出)＋其他费用$$

经营成本的构成和估算也可采用下式表达：

$$总成本费用＝外购原材料、燃料及动力费＋工资及福利费＋修理费＋其他费用$$

式中：其他费用是指从制造费用、管理费用和营业费用中扣除了折旧费、摊销费、修理费、工资及福利费以后的其余部分。

总成本费用是构成项目成本的全部成本费用，包括生产成本和按有关财务和会计制度分配的各项费用；而经营成本是指总成本费用中以现金形式支付的成本。

4）税费

税费主要包括关税、增值税、消费税、所得税、资源税、城市维护建设税和教育费附加税等，有些行业还包括土地增值税。如有减免优惠，应说明依据及减免方式并按相关规定估算。例如：

$$增值税应纳税额＝计税增值额×适用税率$$
$$所得税应纳税额＝应纳税所得额×所得税税率$$

5）维护运营投资

某些项目在运营期需要投入一定的固定资产投资（例如设备更新费用、油田的开发费用、矿山的井巷开拓延伸费用等）才能维持正常运营。对这类项目，应估算项目维持运营的投资费用，并在现金流量表中将其作为现金支出。

2. 财务报表的编制

在项目财务收益和支出识别与计算的基础上，可着手编制一套建设项目的财务报表，为后期财务评价指标的计算与评价做好数据准备。

3. 财务评价指标的计算与评价

由财务报表可以比较方便地计算出各财务评价指标。通过与评价标准或基准值的对比分析，即可对项目的盈利能力、清偿能力、外汇平衡和财务风险等作出评价，判断项目的财务可行性。

2.5.4　建设项目财务评价指标体系

正确的评价指标体系能保证财务评价效果的好坏，并保证评价结果与客观实际情况相吻合。

建设项目财务评价指标有以下几种分类方式：

① 根据是否考虑资金时间价值，财务评价指标可分为静态评价指标和动态评价指标，如图 2－4 所示。

② 根据指标评价的对象，财务评价指标可分为反映盈利能力的评价指标、反映清偿能力的评价指标、反映财务生存能力的评价指标，如图 2－5 所示。

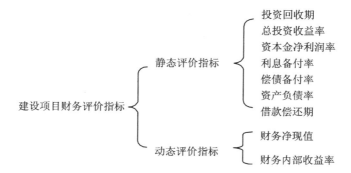

图 2 - 4   建设项目财务评价指标分类之一

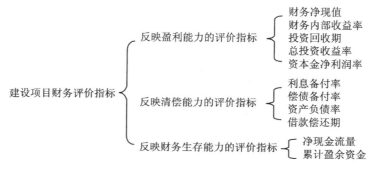

图 2 - 5   建设项目财务评价指标分类之二

③ 根据指标的性质，财务评价指标可分为时间性评价指标、价值性评价指标、比率性评价指标，如图 2 - 6 所示。

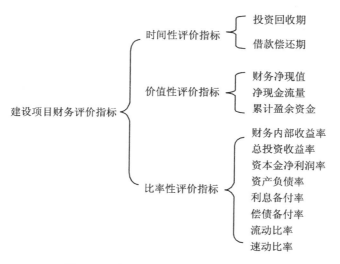

图 2 - 6   建设项目财务评价指标分类之三

财务评价内容、财务基本报表与财务评价指标体系之间存在着一定的对应关系，详见表 2 - 6。

表 2 - 6　财务评价内容、财务基本报表与财务评价指标之间的关系

评价内容	基本报表	财务评价指标	
		静态指标	动态指标
盈利能力分析	项目投资现金流量表	投资回收期	① 财务净现值 ② 财务内部收益率
	项目资本金现金流量表	① 财务净现值 ② 财务内部收益率	
	利润及利润分配表	① 总投资收益率 ② 资本金净利润率 ③ 投资利税率	
清偿能力分析	资金来源与运用表	① 借款偿还期 ② 投资回收期	
	资产负债表	① 资产负债率 ② 利息备付率 ③ 偿债备付率 ④ 流动比率 ⑤ 速动比率	
财务生存能力分析	资金来源与运用表	① 净现金流量 ② 累计盈余资金	
外汇平衡分析	外汇平衡表		
风险分析	盈亏平衡分析	① 盈亏平衡点生产能力利用率 ② 盈亏平衡点产量	
	敏感性分析		① 财务内部收益率 ② 财务净现值
	概率分析		净现值期望值及净现值大于或等于零的累计概率

2.5.5　建设项目财务评价报表

在建设项目财务评价中,建设项目的财务评价指标是根据项目的有关财务分析报表中的数据计算得到的,所以在计算财务评价指标之前,需要编制一套财务报表,这套财务报表应该包括基本报表和辅助报表。基本报表包括各类现金流量表、利润及利润分配表、资金来源与运用表、资产负债表、借款还本付息计划表、财务外汇平衡表等。辅助报表包括建设投资估算表、建设期贷款利息估算表、流动资金估算表、项目总投资计划与资金筹措估算表、固定资产折旧估算表、无形资产及递延资产摊销估算表、营业收入估算表、营业税金及附加和增值税估算表、总成本费用估算表等。

1. 现金流量表

现金流量表是对建设项目计算期内各年的现金流量系统的表格式反映,用以计算各项静

态和动态评价指标,进行建设项目财务盈利能力分析。从项目财务评价角度看,在某一时点上流出项目的资金称为现金流出,记作 C_O;流入项目的资金称为现金流入,记作 C_I。现金流入与现金流出统称为现金流量,现金流入为正现金流量,现金流出为负现金流量。同一时间点上的现金流入量与现金流出量的代数和(C_I-C_O)称为净现金流量,记作 NCF。

建设项目的现金流量系统将项目计算期内各年的现金流入与现金流出按照各自发生的时点顺序排列,表达为具有确定时间概念的现金流量。按投资计算基础的不同,现金流量表分为项目投资现金流量表、项目资本金现金流量表和投资各方现金流量表。

(1) 项目投资现金流量表

该表不分投资资金来源,以全部投资作为计算基础,用以计算全部投资所得税前及所得税后财务内部收益率、财务净现值及投资回收期等评价指标,考察项目全部投资的盈利能力。报表格式与内容如表 2-7 所列。

现金流入为营业收入、补贴收入、回收固定资产余值、回收流动资金 4 项之和。其中,营业收入是指项目建成后对外销售产品或提供劳务所取得的收入。营业收入=销售量×销售价格。计算销售收入时,假设生产出的产品全部售出,销售量等于生产量;销售价格一般采用出厂价格,也可根据需要采用送达用户的价格或离岸价格。另外,固定资产余值和流动资金均在计算期最后一年回收。固定资产余值=固定资产原值-累计提取折旧。流动资金回收额为全部流动资金。

现金流出包含建设项目的建设投资、流动资金、经营成本和营业税金及附加等各项支出。如果运营期内需要发生设备或设施的更新费用及矿山、石油开采项目的拓展费用(维持运营投资)也应作为现金流出。建设投资取自建设投资估算表;流动资金投入为各年流动资金增加额;经营成本取自总成本费用估算表;营业税金及附加取自产品营业收入和营业税金及附加估算表。由于项目投资现金流量表主要用于建设项目融资前的财务评价,主要进行盈利能力分析,因此表中的调整所得税为以息税前利润为基数计算的所得税,不同于利润及利润分配表、项目资本金现金流量表中的所得税。

现金流量表反映项目在计算期内逐年发生的现金流入和流出。与常规会计方法不同,现金收支何时发生,就在何时计算,不作分摊。由于投资已按其发生的时间作为一次性支出被计入现金流出,不能再以折旧和摊销方式计入现金流出,否则会发生重复计算。因此,作为经常性支出的经营成本中不包括折旧费和摊销费。由于项目投资现金流量表以全部投资作为计算基础,不分投资资金来源,因而利息支出不作为现金流出,而自有资金现金流量表中已将利息支出单列,因此经营成本中不包括利息支出。

项目计算期内各年的净现金流量为各年现金流入量减对应年份的现金流出量,各年累计净现金流量为本年及以前各年净现金流量之和。

所得税前净现金流量为上述净现金流量加所得税之和,即在现金流出中不计入所得税时的净现金流量。

(2) 项目资本金现金流量表

该表从投资者角度出发,以投资者的出资额作为计算基础,将借款本金偿还和利息支付作为现金流出,用以计算资本金财务内部收益率等评价指标,考察项目自有资金的盈利能力。从项目投资主体的角度看,建设项目投资借款是现金流入,但又同时将借款用于项目投资构成同一时间、相同时点的现金流出,二者相抵对净现金流量的计算实无影响。因此,表中投资只计自有资金。另外,现金流入又是因项目全部投资所获得,故应将借款本金的偿还及利息支付计入现金流出。报表格式与内容如表 2-8 所示。

现金流入的各项目及数据来源与项目投资现金流量表中相同。由于项目资本金现金流量表主要用于建设项目融资后的财务评价，主要进行盈利能力分析、清偿能力分析和财务生存能力分析，因此表中所得税为应纳税所得额与所得税率的乘积。

现金流出项目资本金部分数额取自项目总投资使用计划与资金筹措表中资金筹措项下的资本金分项。借款本金偿还由两部分组成：一部分为借款还本付息计算表中本年还本额；另一部分为流动资金借款本金偿还，一般发生在计算期最后一年。借款利息支付数额来自总成本费用估算表中的利息支出项（包括流动资金借款利息和长期借款利息）。现金流出中其他各项目与项目投资现金流量表中相同。

项目计算期各年的净现金流量为各年现金流入量减对应年份的现金流出量。

2．利润及利润分配表

利润及利润分配表反映项目计算期内各年的营业收入、总成本费用、利润总额等情况，以及所得税及税后利润的分配情况，用以计算总投资收益率、资本金净利润率、投资利税率等指标。报表格式与内容如表 2-9 所列。

营业收入、营业税金及附加、总成本费用的各年度数据分别取自相应的辅助报表。

利润总额＝营业收入－营业税金及附加－总成本费用＋补贴收入
所得税＝应纳税所得额×所得税税率

应纳税所得额为利润总额根据国家有关规定进行调整后的数额。在建设项目财务评价中，主要是减免所得税及用税前利润弥补上年度亏损的有关规定进行的调整。按《企业会计制度》的规定，企业发生的年度亏损，可以用下一年度的税前利润等弥补，下一年度利润不足弥补的，可以在 5 年内延续弥补。5 年内不足弥补的，用税金利润等弥补。

净利润＝利润总额－所得税

净利润按法定盈余公积金、优先股股利、任意盈余公积金、普通股股利（各投资方利润）及未分配利润等项目进行分配。

① 表中当期实现的净利润，加上期初未分配利润（或减去期初未弥补亏损）为可供分配的利润。

② 项目以当年净利润为基数提取法定盈余公积金；外商投资项目按有关法律提取的是储备基金、企业发展基金、职工奖励和福利基金。法定盈余公积金按照净利润的 10％提取，法定盈余公积金累计额为公司注册资金 50％以上的，可以不再提取。

③ 可分配的利润减去提取的法定盈余公积金等后，为可供投资者分配的利润。

④ 投资者分配的利润，按下列顺序分配：

A．应付优先股股利（如有优先股）。优先股股利是指按照利润分配方案分配给优先股股东的现金股利。

B．提取任意盈余公积金。提取法定盈余公积金后，经股东会或股东大会决议，还可以从净利润中提取任意盈余公积金。

C．应付普通股股利。普通股股利是指企业按照利润分配方案分配给普通股股东的现金股利。企业分配给投资者的利润，也在此核算。在还款资金短缺时，当期可供投资者分配的利润先用于偿还借款，剩余部分按投资方各自股权比例分配。

D．未分配利润。经过上述分配后的剩余部分为未分配利润，可用于偿还固定资产投资借款及弥补以前年度亏损。

表2-7 项目投资现金流量表

单位：万元

序号	项 目	合 计	1	2	3	4	5	6	7	8	9	10
1	现金流入	38886.31	0.00	0.00	2500.00	4000.00	5000.00	5000.00	5000.00	5000.00	5000.00	7386.31
1.1	营业收入	36500.00			2500.00	4000.00	5000.00	5000.00	5000.00	5000.00	5000.00	5000.00
1.2	补贴收入	0.00										
1.3	回收固定资产余值	1754.64										1754.64
1.4	回收流动资金	631.67										631.67
2	现金流出	25830.29	2529.45	2529.45	1306.68	2243.84	2914.17	2861.34	2861.34	2861.34	2861.34	2861.34
2.1	建设投资	5058.90	2529.45	2529.45								
2.2	流动资金	631.67			315.84	189.50	126.33					
2.3	经营成本	17949.72			840.84	1814.34	2487.84	2561.34	2561.34	2561.34	2561.34	2561.34
2.4	营业税金及附加	2190.00			150.00	240.00	300.00	300.00	300.00	300.00	300.00	300.00
2.5	维持运营投资	0.00										
3	所得税前净现金流量（1-2）	13056.02	-2529.45	-2529.45	1193.32	1756.16	2085.83	2138.66	2138.66	2138.66	2138.66	4524.97
4	累计所得税前净现金流量		-2529.45	-5058.90	-3865.58	-2109.42	-23.59	2115.07	4253.73	6392.39	8531.05	13056.02
5	折现系数（i_c=12%）		0.8929	0.7972	0.7118	0.6335	0.5674	0.5066	0.4523	0.4039	0.3606	0.3220
6	折现净现金流量	4016.95	-2258.44	-2016.46	849.38	1116.07	1183.56	1083.51	967.42	863.77	771.22	1456.92
7	折现净现金流量累计		-2258.44	-4274.90	-3425.52	-2309.45	-1125.89	-42.38	925.04	1788.81	2560.03	4016.95
8	调整所得税	3212.75			267.63	376.75	443.38	425.00	425.00	425.00	425.00	425.00
9	所得税后净现金流量（3-8）	9843.27	-2529.45	-2529.45	925.70	1379.41	1642.46	1713.66	1713.66	1713.66	1713.66	4099.97
10	所得税后净现金流量累计		-2529.45	-5058.90	-4133.21	-2753.80	-1111.34	602.32	2315.98	4029.64	5743.30	9843.27
11	所得税后折现净现金流量	2466.13	-2258.44	-2016.46	658.89	876.64	931.97	868.19	775.17	692.12	617.96	1320.08
12	所得税后折现净现金流量累计		-2258.44	-4274.90	-3616.01	-2739.37	-1807.40	-939.20	-164.03	528.09	1146.05	2466.13

计算指标：

项目投资财务内部收益率（所得税前）=28.73%
项目投资财务内部收益率（所得税后）=22.75%
项目投资财务净现值（所得税前）（i_c=12%）=4016.95万元
项目投资财务净现值（所得税后）（i_c=12%）=2466.13万元
项目投资回收期（所得税前）=5.01年
项目投资回收期（所得税后）=5.65年

单位:万元

表 2 - 8　项目资本金现金流量表

序号	项目	合计	计算期/年份									
			1	2	3	4	5	6	7	8	9	10
1	现金流入	38886.31			2500.00	4000.00	5000.00	5000.00	5000.00	5000.00	5000.00	7386.31
1.1	营业收入	36500.00			2500.00	4000.00	5000.00	5000.00	5000.00	5000.00	5000.00	5000.00
1.2	补贴收入											
1.3	回收固定资产余值	1754.64										1754.64
1.4	回收流动资金	631.67										631.67
2	现金流出	29578.79	1529.45	1529.45	2474.68	3465.84	4147.67	3286.34	3286.34	3286.34	3286.34	3286.34
2.1	项目资本金	3690.57	1529.45	1529.45	315.84	189.50	126.33					
2.2	借款本金偿还	2205.00			735.00	735.00	735.00					
2.3	借款利息支付	441.00			220.50	147.00	73.50					
2.4	经营成本	17949.72			840.84	1814.34	2487.84	2561.34	2561.34	2561.34	2561.34	2561.34
2.5	营业税金及附加	2190.00			150.00	240.00	300.00	300.00	300.00	300.00	300.00	300.00
2.6	所得税	3102.50			212.50	340.00	425.00	425.00	425.00	425.00	425.00	425.00
2.7	维持运营投资											
3	净现金流量(1-2)	9307.52	-1529.45	-1529.45	25.32	534.16	852.33	1713.66	1713.66	1713.66	1713.66	4099.97

计算指标:

资本金财务内部收益率 FIRR=25.74%

单位：万元

表2-9 利润及利润分配表

序号	项目	合计	3	4	5	6	7	8	9	10
						计算期/年份				
1	营业收入	36500.00	2500.00	4000.00	5000.00	5000.00	5000.00	5000.00	5000.00	5000.00
2	营业税金及附加	2190.00	150.00	240.00	300.00	300.00	300.00	300.00	300.00	300.00
3	总成本费用	21900.00	1500.00	2400.00	3000.00	3000.00	3000.00	3000.00	3000.00	3000.00
4	利润总额(1-2-3)	12410.00	850.00	1360.00	1700.00	1700.00	1700.00	1700.00	1700.00	1700.00
5	弥补以前年度亏损	0.00	0.00	0.00	0.00	0.00	0.00	0.00	0.00	0.00
6	应纳税所得额(4-5)	12410.00	850.00	1360.00	1700.00	1700.00	1700.00	1700.00	1700.00	1700.00
7	所得税	3102.50	212.50	340.00	425.00	425.00	425.00	425.00	425.00	425.00
8	净利润(6-7)	9307.50	637.50	1020.00	1275.00	1275.00	1275.00	1275.00	1275.00	1275.00
9	期初未分配利润	0.00	0.00	0.00	0.00	0.00	0.00	0.00	0.00	0.00
10	可供分配的利润(8+9)	9307.50	637.50	1020.00	1275.00	1275.00	1275.00	1275.00	1275.00	1275.00
11	提取法定盈余公积金	930.75	63.75	102.00	127.50	127.50	127.50	127.50	127.50	127.50
12	可供投资者分配的利润(10-11)	8376.75	573.75	918.00	1147.50	1147.50	1147.50	1147.50	1147.50	1147.50
13	提取任意盈余公积金	465.38	31.88	51.00	63.75	63.75	63.75	63.75	63.75	63.75
14	各投资方利润分配	7022.36	245.53	570.66	787.41	1083.75	1083.75	1083.75	1083.75	1083.75
15	未分配利润(12-13-14)	889.02	296.34	296.34	296.34	0.00	0.00	0.00	0.00	0.00
16	息税前利润(利润总额+利息支出)	12851.00	1070.50	1507.00	1773.50	1700.00	1700.00	1700.00	1700.00	1700.00
17	息税折旧摊销前利润(息税前利润+折旧+摊销)	16360.28	1509.16	1945.66	2212.16	2138.66	2138.66	2138.66	2138.66	2138.66

3. 资金来源与运用表

在项目运营期间,确保从各项经济活动中得到足够的净现金流量是项目能够持续生存的条件。资金来源与运用表反映项目计算期内各年的资金盈余或短缺,旨在分析项目的财务可持续性,用于选择资金筹措方案,制订适宜的借款及还款计划,并为编制资产负债表提供依据。报表格式与内容如表 2-10 所列。

表 2-10　资金来源与运用表　　　　　　　　　　　单位:万元

序 号	项 目	合 计	计算期/年份										
			1	2	3	4	5	6	7	8	9~12	13~21	22
	装机容量/kW		0	2500	2500	2500	2500	2500	2500	2500	2500	2500	2500
1	资金来源	9025	493	1064	316	327	339	351	363	376	385	385	391
1.1	利润总额	5912	0	0	162	173	185	197	209	222	231	384	384
1.2	折旧费	1560	0	0	154	154	154	154	154	154	154	1	1
1.3	摊销费	0	0	0	0	0	0	0	0	0	0	0	0
1.4	长期借款	1107	348	756	0	0	0	0	0	0	0	0	0
1.5	流动资金借款	2	0	2	0	0	0	0	0	0	0	0	0
1.6	其他短期借款	0	0	0	0	0	0	0	0	0	0	0	0
1.7	资本金	451	145	306	0	0	0	0	0	0	0	0	0
1.8	其他	0	0	0	0	0	0	0	0	0	0	0	0
1.9	回收固定资产余值	3	0	0	0	0	0	0	0	0	0	0	3
1.10	回收流动资金	3	0	0	0	0	0	0	0	0	0	0	3
2	资金运用	5697	493	1064	285	294	306	316	327	276	131	181	183
2.1	建设投资	1500	483	1017	0	0	0	0	0	0	0	0	0
2.2	建设期贷款利息	54	10	44	0	0	0	0	0	0	0	0	0
2.3	流动资金	3	0	3	0	0	0	0	0	0	0	0	0
2.4	所得税	1956	0	0	53	57	61	65	69	73	77	127	127
2.5	应付利润	1080	0	0	54	54	54	54	54	54	54	54	54
2.6	长期借款本金偿还	1102	0	0	178	183	191	197	204	149	0	0	0
2.7	流动资金借款本金偿还	2	0	0	0	0	0	0	0	0	0	0	2
2.8	其他短期借款本金偿还	0	0	0	0	0	0	0	0	0	0	0	0
3	盈余资金	3328	0	0	31	33	33	35	36	100	254	204	208
4	累计盈余资金		0	0	31	64	97	132	168	268	……	……	3328

① 利润总额、折旧费、摊销费数据分别取自利润及利润分配表、固定资产折旧费估算表、无形及递延资产摊销估算表。

② 长期借款、流动资金借款、其他短期借款、资本金(自有资金)及"其他"项目的数据均取自投资计划与资金筹措表。其中,在建设期内,长期借款当年应计利息若未用自有资金支付,应计入同年长期借款额,否则项目资金不能平衡。其他短期借款是指为解决项目暂时的年度资金短缺而使用的短期借款,其利息计入财务费用,本金在下一年度偿还。

③ 回收固定资产余值及回收流动资金与项目投资现金流量表中数据一致。

④ 建设投资(含固定资产投资方向调节税)、建设期贷款利息及流动资金取自投资计划与资金筹措表。

⑤ 应付利润及所得税数据取自利润及利润分配表。

⑥ 长期借款本金偿还额为借款还本付息计划表中本年还本数;流动资金借款本金一般在项目计算期末一次性偿还;其他短期借款本金偿还额为上年度其他短期借款额。

⑦ 盈余资金等于资金来源减去资金运用。

⑧ 累计盈余资金各年数额为当年及以前各年盈余资金之和。

财务分析中应在相关基本报表和辅助报表的基础上编制资金来源与运用表,通过项目计算期内的投资、融资和经营活动所发生的各项现金流入和流出,计算净现金流量和累计盈余资金,分析项目是否有足够的净现金流量维持正常运营,以实现财务的可持续性。因此,财务生存能力分析亦可称为资金平衡分析。

财务可持续性首先应体现在有足够大的经营活动净现金流量,其次各年累计盈余资金不应出现负值。若出现负值,应进行短期借款,同时分析该短期借款的年份长短和数额大小,进一步判断项目的财务生存能力。为维持项目正常运营,还应分析短期借款的可靠性。

4. 资产负债表

资产负债表综合反映项目计算期内各年末资产、负债和所有者权益的增减变化及对应关系,以考察项目资产、负债、所有者权益的结构是否合理,用以计算资产负债率等,进行清偿能力分析。报表格式与内容如表 2-11 所列。

表 2-11　资产负债表　　　　　　　　　　单位:万元

序　号	项　目	合　计	计算期/年份							
			建设期		投产期		达到设计能力生产期			
			1	2	3	4	5	6	...	n
1	资产									
1.1	流动资产									
1.1.1	应收账款									
1.1.2	存货									
1.1.3	现金									
1.1.4	累计盈余资金									
1.1.5	其他流动资产									
1.2	在建工程									
1.3	固定资产									
1.3.1	原值									
1.3.2	累计折旧									
1.3.3	净值									

序　号	项　　目	合　计	计算期/年份							
			建设期		投产期		达到设计能力生产期			
			1	2	3	4	5	6	…	n
1.4	无形及递延资产									
2	负债及所有者权益									
2.1	流动负债总额									
2.1.1	应付账款									
2.1.2	其他短期借款									
2.1.3	其他流动负债									
2.2	中长期借款									
2.2.1	中期借款(流动资金)									
2.2.2	长期借款									
	负债小计									
2.3	所有者权益									
2.3.1	资本金									
2.3.2	资本公积金									
2.3.3	累计盈余公积金									
2.3.4	累计未分配利润									
	计算指标： ①资产负债率/% ②流动比率/% ③速动比率/%									

（1）资　产

① 流动资产总额为应收账款、存货、现金、累计盈余资金之和。前3项数据来自流动资金估算表；累计盈余资金数据则取自资金来源与运用表，但应扣除其中包含的回收固定资产余值及自有流动资金。

② 在建工程是指投资计划与资金筹措表中固定资产投资额，包括固定资产投资方向调节税和建设期贷款利息。

③ 固定资产净值和无形及递延资产净值分别取自固定资产折旧费估算表和无形及递延资产摊销估算表。

（2）负　债

负债包括流动负债和长期负债。

流动负债中的应付账款数据可由流动资金估算表直接取得。流动资金借款和其他短期借款及长期借款均指借款余额，需根据资金来源与运用表中的对应项及相应的本金偿还项进行计算。

① 长期借款及其他短期借款余额的计算公式为

$$第\ n\ 年借款余额 = \sum_{t=1}^{n}(借款 - 本金偿还)t$$

式中:(借款-本金偿还)t 为资金来源与运用表中第 t 年借款与同一项目本金偿还之差。

② 按照流动资金借款本金在项目计算期末用回收流动资金一次性偿还的一般假设,流动资金借款余额的计算方法为

$$第\ n\ 年借款余额 = \sum_{t=1}^{n}(借款)t$$

式中:(借款)t 为资金来源与运用表中第 t 年流动资金借款。若为其他情况,可参照长期借款的计算方法进行计算。

③ 所有者权益包括资本金、资本公积金、累计盈余公积金及累计未分配利润。其中,累计未分配利润直接取自利润及利润分配表;累计盈余公积金可由利润及利润分配表中盈余公积金项计算各年份的累计值,但应根据有无盈余公积金弥补亏损或转增资本金的情况进行相应调整。资本金为项目投资中累计自有资金(扣除资本溢价),当存在由资本公积金或盈余公积金转增资本金的情况时,应进行相应调整。资本公积金为累计资本溢价及赠款,转增资本金时进行相应调整资产负债表满足如下等式:

$$资产 = 负债 + 所有者权益$$

5. 借款还本付息计划表

借款还本付息计划表反映项目计算期内各年借款本金偿还和利息支付情况,用于计算偿债备付率和利息备付率指标。借款还本付息计划表与"建设期贷款利息估算表"可合二为一。报表格式与内容如表 2-12 所列。

表 2-12　借款还本付息计划表　　　　　　　　　　　　单位:万元

序　号	项　目	合　计	计算期/年份				
			1	2	3	4	5
1	期初借款余额		0.00	1050.00	2205.00	1470.00	735.00
2	当期还本付息		0.00	0.00	955.50	882.00	808.50
2.1	其中:还本		0.00	0.00	735.00	735.00	735.00
2.2	付息		0.00	0.00	220.50	147.00	73.50
3	期末借款余额		1050.00	2205.00	1470.00	735.00	0.00
计算指标	利息备付率				4.85	10.25	24.13
	偿债备付率				1.36	1.82	2.21

按现行财务制度的规定,归还固定资产投资借款(长期借款)的资金来源主要是项目投产后的折旧费、摊销费和未分配利润等。因流动资金借款本金在项目计算期末用回收流动资金一次性偿还,在此不必考虑流动资金借款偿还问题。

常见的还本付息方式包括:

① 最大额偿还方式。这种偿还方式是指在项目投产运营后,将获得的盈利中可用于还贷的资金全部用于还贷,以最大限度减少企业债务,使偿还期缩至最短的方式。

② 逐年等额还本、年末付息方式(亦称等额还本利息照付方式)。这种偿还方式是指将贷

款本金分若干年等额偿还并在年末计息的方式。

③ 本利等额偿还方式(亦称等额还本付息方式)。这种偿还方式是指将贷款本利和在偿还期内平均分摊到每年等额偿还的方式。

④ 年末付息、期末一次还本方式(也称等额利息方式)。这种偿还方式是指每年只支付利息而不还本金,到偿还期末一次性还本的方式。

⑤ 期末本利和一次付清方式(也称一次偿付方式)。这种偿还方式是指在贷款期满前一直不还款,到期末连本带利全部付清的方式。

项目评价中可以选择等额还本付息或者等额还本利息照付方式来计算长期借款利息。

借款还本付息表的结构包括两大部分,即借款及还本付息部分和偿债能力分析指标部分。借款还本付息表的填列,在项目的建设期,当期期初余额为上期期末借款余额,当期期末余额为当期期初余额与当期应计利息之和(在当期期间借款或发行债券时,还应加上当期期间借款或债券额),当期还本、付息均为零。在项目的生产期,当期还本和付息额度应区别不同的还本付息方式采用不同的计算方法。例如采用等额还本利息照付方式还款:

$$生产期当期还本额 = \frac{建设期末借款余额(或运营期初借款余额)}{计划还本年限}$$

当期付息额度可以根据期初借款余额结合贷款年利率求得。

6. 财务外汇平衡表

财务外汇平衡表主要适用于有外汇收支的项目,用以反映项目计算期内各年外汇余额程度,进行财务外汇平衡。报表格式与内容如表 2-13 所列。

表 2-13　财务外汇平衡表
单位:万元

序　号	项　　目	合　计	计算期/年份							
			建设期		投产期		达到设计能力生产期			
			1	2	3	4	5	6	…	n
	生产负荷									
1	外汇来源									
1.1	产品销售外汇收入									
1.2	外汇借款									
1.3	其他外汇收入									
2	外汇运用									
2.1	固定资产投资中外汇支出									
2.2	进口原材料									
2.3	进口零部件									
2.4	技术转让费									
2.5	偿付外汇借款本息									
2.6	其他外汇支出									
2.7	外汇余缺									

注:1. 其他外汇收入包括自筹外汇等。

　　2. 技术转让费是指生产期支付的技术转让费。

"外汇余缺"可由表中其他各项数据按照外汇来源等于外汇运用的等式直接推算。

其他各项数据分别来自与收入、资金筹措、成本费用、借款偿还等相关的估算报表或估算资料。

2.5.6 建设项目财务评价指标的计算与评价

1. 项目盈利能力评价指标的计算与评价

盈利能力评价是通过对"现金流量表""利润及利润分配表"的计算，考察项目计算期内各年的盈利能力。盈利能力评价指标主要是项目投资财务净现值、财务内部收益率和资本金财务内部收益率、投资回收期、总投资收益率、项目资本金净利润率、投资利税率等，可根据项目的特点及财务分析的目的、要求等选用。

（1）投资财务净现值

项目投资财务净现值（FNPV）是指按设定的折现率（一般采用基准收益率 i_c）计算的项目计算期（n）内各年净现金流量折现到建设期初的现值之和。可根据现金流量表计算得到。其表达式为

$$\text{FNPV} = \sum_{t=1}^{n} (C_I - C_O)_t (1 + i_c)^{-t}$$

式中：FNPV——财务净现值；

C_I——年现金流入量；

C_O——年现金流出量；

$(C_I - C_O)_t$——第 t 年的净现金流量；

n——计算期；

i_c——基准收益率或设定的折现率。

一般情况下，财务盈利能力评价中，财务净现值只计算项目投资财务净现值，可根据需要选择计算所得税前财务净现值或所得税后财务净现值。在多方案比选中，取财务净现值大者为优，如果 FNPV 大于或等于零，说明项目的获利能力达到或超过了基准收益率的要求，项目在财务上可以考虑被接受。

（2）投资财务内部收益率

项目投资财务内部收益率（FIRR）是指项目在整个计算期内各年净现金流量现值累计等于零时的折现率。它的经济含义是在项目终了时，保证所有投资被完全收回的折现率。它代表了项目占用资金预期可获得的收益率，可以用来衡量投资的回报水平。其表达式为

$$\sum_{t=1}^{n} (C_I - C_O)_t (1 + \text{FIRR})^{-t} = 0$$

对于具有常规现金流量（即在计算期内，项目的净现金流量序列的符号只改变一次的现金流量）的投资项目，其净现值的大小与折现率的高低有直接的关系。选用的折现率越大，净现值就越小；折现率越小，净现值就越大。随着折现率的逐渐增大，净现值将由大变小，由正变负。当折现率等于财务内部收益率时，财务净现值为零。

由于财务内部收益率是净现值为零时的收益（折现）率，在计算财务内部收益率时，要经过多次试算，使得净现金流量现值累计等于零。因此，财务内部收益率的计算应先采用试算法，

后采用内插法求得。首先按基准收益率或目标收益率求得项目的财务净现值,如为正,则表明 FIRR>i_c,应采用更高的折现率试算,最终采用更高的两个折现率(i_1、i_2)使净现值为接近于零的正值(采用 i_1 计算的 $FNPV_1$)和负值(采用 i_2 计算的 $FNPV_2$)各一个,最后用内插公式求出,计算公式为

$$FIRR=i_1+\frac{|FNPV_1|}{|FNPV_1|+|FNPV_2|}(i_2-i_1)$$

式中:FNPV——财务净现值。

由此计算出的财务内部收益率通常为一近似值,为控制误差,i_1 与 i_2 之差不超过 2%;否则,折现率 i_1、i_2 和净现值之间不一定呈线性关系,从而使求得的财务内部收益率失真。项目投资财务内部收益率、项目资本金财务收益率和投资各方财务内部收益率都依据上式计算,但所用的现金流入和现金流出不同。

财务内部收益率越大,说明项目的获利能力越大;当财务内部收益率大于或等于所设定的判别基准 i_c(通常称为基准收益率)时,项目方案在财务上可考虑接受。项目投资财务内部收益率、项目资本金财务收益率和投资各方财务内部收益率可有不同的判别基准。

【例 2-9】 某投资者在市区购买了 30000 m² 的写字楼拟用于出租经营,购买价格为 10000 元/m²,同时按照购买价格 4% 的比例支付契税、0.5% 的比例支付手续费、0.5% 的比例支付律师费、0.3% 的比例支付其他费用。其中,30% 的购房费用和各种税费均由投资者的自有资金支付,70% 的购房费用使用商业贷款,贷款期限为 15 年,年利率为 7.5%(假设在还款期内利率不变),按照每年末等额还本付息的方式归还贷款。目前,同一商圈内同等类型写字楼的出租价格为 4.5 元/m²·天,据分析,这一价格在 5 年内以 2% 的年增长率上升,从第 6 年开始保持与第 5 年相同的价格水平。该写字楼前 3 年的出租率分别为 65%、75% 和 85%,从第 4 年开始出租率达到 95%,且在此后的出租经营期内始终保持该出租率。出租经营期间的经营成本为经营收入的 10%,税费为经营收入的 17.5%。如果购买投资发生在第 1 年的年初,每年的净经营收入和抵押贷款还本付息支出均发生在年末,土地使用年限为 50 年,建设期已使用 2 年,土地使用年限止建筑物的残值收入约为其建安造价的 50%。该建筑物的建安造价约为 4500 元/m²。投资者期望的目标收益率为 12%。

要求:编制该项投资的项目资本金现金流量表并计算所得税前的财务净现值和财务内部收益率,判断该项目的可行性。

【解】 项目计算期为 50 年-2 年=48 年,投资者期望的目标收益率(基准收益率)为 12%。

① 现金流入。营业收入,指写字楼的租赁收入:

第 1 年:(30000×4.5×30×12×65%/10000)万元=3159.00 万元

第 2 年:(30000×4.5×(1+2%)×30×12×75%/10000)万元=3717.90 万元

第 3 年:(30000×4.5×(1+2%)²×30×12×85%/10000)万元=4297.89 万元

第 4 年:(30000×4.5×(1+2%)³×30×12×95%/10000)万元=4899.60 万元

第 5~48 年:(30000×4.5×(1+2%)⁴×30×12×95%/10000)万元=4997.59 万元

回收固定资产余值:

第 48 年:(4500×30000×50%/10000)万元=6750.00 万元

② 现金流出。

项目资本金流出＝30000 万元×(30%＋4%＋0.5%＋0.5%＋0.3%)
＝10590.00 万元

借款还本付息采用等额资金回收的公式计算,计算公式为

$$A = P \times \frac{i(1+i)^n}{(1+i)^n - 1} = P \times \frac{i}{1-(1+i)^{-n}}$$

故有

借款还本付息＝30000 万元×70%×7.5%/$[1-(1+7.5\%)^{-15}]$＝2379.03 万元

经营成本＝营业收入×10%

营业税金及附加＝营业收入×17.5%

具体数据如表 2-14 所列。

③ 净现金流量。

净现金流量＝现金流入－现金流出

④ 指标计算。

项目资本金财务净现值(折现净现金流的累计),如项目资本金现金流量表(见表 2-14)中所示,项目资本金财务净现值为 962.76 万元。

项目资本金财务内部收益率(FIRR):该项目资本金财务净现值大于零,则其资本金财务内部收益率一定大于所选的折现率,故取 13%的折现率进行试算。当折现率为 13%时,计算所得的项目资本金财务净现值为－454.21 万元,故项目资本金财务内部收益率在 12%～13%之间,计算过程为

$$FIRR = 12\% + \frac{|962.76|}{|962.76| + |-454.21|} \times (13\% - 12\%) = 12.68\%$$

⑤ 评价结论。

因为该项目资本金财务净现值(FNPV)962.76＞0,项目资本金财务内部收益率(FIRR)12.68%＞投资者期望的目标收益率(基准收益率)12%,故该项目可行。

(3) 投资回收期

投资回收期 P_t 是以项目的净收益回收项目投资所需要的时间,一般以年为单位。项目投资回收期宜从项目建设开始年算起,若从项目投产开始年计算,应予以特别说明。项目投资回收期可借助项目投资现金流量表计算。项目投资现金流量表中累计净现金流量由负值变为零的时点,即为项目的投资回收期,其表达式为

$$\sum_{t=1}^{P_t} (C_I - C_O)_t = 0$$

其具体计算公式为

$$P_t = (T-1) + \frac{\left| \sum_{i=1}^{T-1} (C_I - C_O)_i \right|}{(C_I - C_O)_T}$$

式中:T——各年累计净现金流量首次为正值或零的年数。

式中的小数部分也可以折算成月数,以年和月表示。

在项目评价中,投资回收期越小,说明项目投资回收快,抗风险能力强;投资回收期 P_t 与基准回收期 P_C 相比较,如果 $P_t \leqslant P_C$,表明项目投资能在规定的时间内收回,则项目在财务上可以考虑被接受。

表 2 - 14　项目资本金现金流量表

单位:万元

序号	项目	计算期/年份												
		0	1	2	3	4	5	6~10	11	12~15	16~29	30	31~47	48
1	现金流入		3159.00	3717.90	4297.89	4899.60	4997.59	4997.59 ×5	4997.59	4997.59 ×4	4997.59 ×14	4997.59	4997.59 ×17	11747.59
1.1	营业收入		3159.00	3717.90	4297.89	4899.60	4997.59	4997.59 ×5	4997.59	4997.59 ×4	4997.59 ×14	4997.59	4997.59 ×17	4997.59
1.2	回收固定资产余值													6750.00
2	现金流出	10590.00	3247.76	3401.45	3560.95	3726.42	3753.37	3753.37 ×5	3753.37	3753.37 ×4	1374.34 ×14	1374.34	1374.34 ×17	1374.34
2.1	项目资本金	10590.00												
2.2	借款还本付息		2379.03	2379.03	2379.03	2379.03	2379.03	2379.03 ×5	2379.03	2379.03 ×4				
2.3	经营成本		315.90	371.79	429.79	489.96	499.76	499.76 ×5	499.76	499.76 ×4	499.76 ×14	499.76	499.76 ×17	499.76
2.4	营业税金及附加		552.83	650.63	752.13	857.43	874.58	874.58 ×5	874.58	874.58 ×4	874.58 ×14	874.58	874.58 ×17	874.58
3	所得税前净现金流量	-10590.00	-88.76	316.45	736.94	1173.18	1244.22	1244.22 ×5	1244.22	1244.22 ×4	3623.25 ×14	3623.25	3623.25 ×17	10373.25
4	所得税前净现金流量累计	-10590.00	-10678.76	-10362.31	-9625.37	-8452.19	-7207.97	-986.85	257.37	5234.26	55959.79	59583.04	121178.33	131551.58
5	折现系数 (i=12%)	1.00	0.8929	0.7972	0.7118	0.6355	0.5674	0.5066~ 0.3220	0.2875	0.2567~ 0.1872	0.1631~ 0.0374	0.0334	0.0298~ 0.0049	0.0043
6	折现净现金流量	-10590.00	-79.25	252.27	524.54	745.58	706.01	630.36~ 400.61	357.68	319.36~ 227.31	591.03~ 135.45	120.94	107.98~ 17.61	45.02
7	折现净现金流量累计	-10590.00	-10669.25	-10416.98	-9892.43	-9146.86	-8440.85	-5895.86	-5538.18	-4451.77	-64.22	56.72	917.74	962.76
评价指标	财务内部收益率/%							12.68						
	财务净现值 (i=12%)							962.76						

（4）总投资收益率

总投资收益率（ROI）表示总投资的盈利水平，系指项目达到设计能力后正常年份的年息税前利润或运营期内年平均息税前利润（EBIT）与项目总投资（TI）的比率。它是考虑项目单位投资盈利能力的静态指标。计算公式为

$$ROI=\frac{EBIT}{TI}\times100\%$$

式中：EBIT——项目正常年份的年息税前利润或运营期内年平均息税前利润；

TI——项目总投资。

总投资收益率可根据利润及利润分配表中有关数据计算求得，其数值越大越好。在财务评价中，当总投资收益率大于或等于同行业总投资收益率参考值时，表明用总投资收益率表示的盈利能力满足要求。

（5）资本金净利润率

资本金净利润率（ROE）表示项目资本金的盈利水平，系指项目达到设计能力后正常年份的年净利润或运营期内年平均净利润（NP）与项目资本金（EC）的比率。计算公式为

$$ROE=\frac{NP}{EC}\times100\%$$

式中：NP——项目正常年份的年净利润或运营期内年平均净利润；

EC——项目资本金。

项目资本金净利润率可根据利润及利润分配表中有关数据计算求得，其数值越大越好。在财务评价中，资本金净利润率大于或等于同行业资本金净利润率参考值时，表明用项目资本金净利润率表示的盈利能力满足要求。

（6）投资利税率

投资利税率是反映项目单位投资盈利能力和对财政所做贡献的指标，其计算公式为

$$投资利税率=\frac{年利税总额或年平均利税总额}{项目总投资}\times100\%$$

$$年利税总额=年产品销售（营业）收入-年总成本费用$$

或

$$年利税总额=年利润总额+年销售税金及附加$$

投资利税率可根据利润及利润分配表中的有关数据计算求得。在财务评价中，将投资利税率与同行业平均投资利税率对比，以判别项目单位投资对国家积累的贡献水平是否达到同行业的平均水平。当投资利税率大于或等于同行业投资利税率参考值时，则项目在财务上可以考虑被接受。

2. 项目清偿能力评价指标的计算与评价

清偿能力评价是通过对"资金来源与运用表""借款还本付息计划表""资产负债表"的计算，考察项目计算期内各年的偿债能力。清偿能力评价指标主要是利息备付率、偿债备付率、资产负债率和借款偿还期等。

（1）利息备付率

利息备付率（ICR）是指在借款偿还期内的息税前利润（EBIT）与应付利息（PI）的比值，它从付息资金来源的充裕性角度反映项目偿付债务利息的保障程度，计算公式为

$$ICR=\frac{EBIT}{PI}$$

式中：EBIT——息税前利润（息税前利润=利润总额+计入总成本费用的利息费用）；

PI——当期应付利息,指计入总成本费用的全部利息。

利息备付率应分年计算。利息备付率高,表明利息偿付的保障程度高。利息备付率应当大于 1,并结合债权人的要求确定。

(2) 偿债备付率

偿债备付率(DSCR)是指在借款偿还期内计算还本付息的资金(EBITDA$-T_{AX}$)与应还本付息金额(PD)的比值,它表示可用于还本付息的资金偿还借款本息的保障程度,计算公式为

$$DSCR = \frac{EBITDA - T_{AX}}{PD}$$

式中:EBITDA——息税前利润加折旧和摊销;

　　　T_{AX}——企业所得税;

　　　PD——应还本付息金额,包括当期还本金额和计入总成本费用的全部利息。

融资租赁费用可视同为借款偿还。运营期间的短期借款本息也应纳入计算。

可用于还本付息的资金包括:可用于还款的折旧和摊销,成本中列支的利息费用,可用于还款的利润等。如果项目在运行期内有维持运营的投资,可用于还本付息的资金应扣除维持运营的投资。

偿债备付率应分年计算。偿债备付率高,表明可用于还本付息的资金保障程度高。偿债备付率应当大于 1,并结合债权人的要求确定。

(3) 资产负债率

资产负债率(LOAR)是指各期末负债总额(TL)与资产总额(TA)的比率,计算公式为

$$LOAR = \frac{TL}{TA} \times 100\%$$

式中:TL——期末负债总额;

　　　TA——期末资产总额。

适度的资产负债率,表明企业经营安全、稳健,具有较强的筹资能力,也表明企业和债权人的风险较小。对该指标的评价,应结合国家宏观经济状况、行业发展趋势、企业所处的竞争环境等具体条件判定。项目财务评价中,在长期债务还清后,可不再计算资产负债率。

(4) 借款偿还期

借款偿还期(P_d)是指根据国家财政规定及投资项目的具体财务条件,以项目可作为偿还贷款的项目收益(利润、折旧及其他收益)来偿还项目投资借款本金和利息所需要的时间。对于筹措了债务资金的项目,通过计算利息备付率和偿债备付率指标,判断项目的偿债能力。如果能得知或根据经验设定所要求的借款偿还期,可以直接计算利息备付率和偿债备付率指标;如果难以设定借款偿还期,也可以先大致估算出借款偿还期,在采用适宜方法计算出每年需要还本付息的金额,代入公式计算利息备付率和偿债备付率指标。

借款偿还期以年表示。其具体推算公式为

$$P_d = T - t + \frac{R'_T}{R_T}$$

式中:P_d——借款偿还期;

　　　T——借款偿还后开始出现盈余年份数;

　　　t——开始借款年份数(从投产年算起时,为投产年年份数);

　　　R'_T——第 T 年偿还借款额;

　　　R_T——第 T 年可用于还款的资金额。

借款偿还期满足贷款机构的要求期限时,即认为是有清偿能力的。值得注意的是,借款偿

还期指标只是为估算利息备付率和偿债备付率指标所用,不应与利息备付率和偿债备付率指标并列。

2.5.7 建设项目财务评价实例

【实例三】 拟建某工业生产项目,基础数据如下:

① 建设投资 5058.90 万元(其中,含无形资产投资 600 万元)。建设期 2 年,运营期 8 年。

② 本项目建设投资资金来源为贷款和资本金。贷款总额为 2000 万元,在建设期内每年贷入 1000 万元,贷款年利率为 10%(按年计息),在运营期前 3 年内等额还本,建设期不付息,运营期每年年末付息。运营期各年可供分配利润在提取法定和任意盈余公积金后,首先满足借款还本需求,剩余资金全部用于投资方利润分配。无形资产在运营期 8 年中,均匀摊入成本。固定资产残值 300 万元,按照直线法折旧,折旧年限为 12 年。资本金在建设期内均匀投入。

③ 本项目第 3 年投产,当年生产负荷达到设计生产能力的 50%,第 4 年达到设计生产能力的 80%,以后各年均达到设计生产能力的 100%。流动资金全部为资本金。

④ 建设项目的资金投入、收益、成本费用表见表 2-15。

表 2-15　建设项目的资金投入、收益、成本费用表　　　　　　　　　单位:万元

序 号	项 目	计算期/年份						
		1	2	3	4	5	6	7~10
1	建设投资							
1.1	其中:资本金	1529.45	1529.45					
1.2	贷款	1000.00	1000.00					
2	营业收入			2500.00	4000.00	5000.00	5000.00	5000.00
3	营业税金及附加			150.00	240.00	300.00	300.00	300.00
4	总成本费用			1500.00	2400.00	3000.00	3000.00	3000.00
5	流动资产(应收账款+现金+存货+预付账款)			380.00	608.00	760.00	760.00	760.00
6	流动负债(应付账款+预收账款)			64.16	102.66	128.33	128.33	128.33
7	流动资金			315.84	505.34	631.67	631.67	631.67
8	本年新增流动资金			315.84	189.50	126.33		

⑤ 任意盈余公积金按照净利润的 5% 提取。行业基准收益率为 12%,行业的总投资收益率为 20%,资本金净利润率为 25%。

要求:

1. 编制本项目的借款还本付息计划表、利润及利润分配表、项目投资现金流量表和项目资本金现金流量表。

2. 计算项目的盈利能力指标和清偿能力指标。

3. 分别从盈利能力角度和清偿能力角度评价项目的可行性。

【解】 1. 编制本项目的借款还本付息计划表、利润及利润分配表、项目投资现金流量表

和项目资本金现金流量表。

（1）根据所给的贷款利率计算建设期与运营期贷款利息，编制项目还本付息计划表，见表 2－12。

第 1 年应计利息＝（0＋1000/2）万元×10％＝50 万元

第 1 年期末借款余额＝1000 万元＋50 万元＝1050 万元

第 2 年期末借款余额＝1050 万元＋1000 万元＋（1050＋1000/2）万元×10％＝2205 万元

第 3～5 年还本＝2205 万元/3＝735 万元

第 3 年付息＝2205 万元×10％＝220.50 万元

第 3 年期末借款余额＝2205 万元－735 万元＝1470 万元

依此类推。

（2）根据表 2－15 和表 2－12 中的数据，列表计算各项费用，编制利润及利润分配表，见表 2－9。

$$所得税＝利润总额×所得税税率$$

第 3 年所得税＝850 万元×25％＝212.50 万元

第 4 年所得税＝1360 万元×25％＝340 万元

第 5～10 年所得税＝1700 万元×25％＝425 万元

$$法定盈余公积金＝净利润×10％$$

$$任意盈余公积金＝净利润×5％$$

提取法定盈余公积金和任意盈余公积金后的余额，首先要用于偿还长期借款本金，将偿还借款本金后的余额用于分配投资方利润。根据借款还本付息计划表的计算，第 3～5 年每年需偿还 735 万元本金，偿还本金资金来源包括折旧、摊销和未分配利润，即

$$未分配利润＝还本额度－折旧－摊销$$

$$固定资产折旧＝（建设投资＋建设期贷款利息－无形资产投资－残值）/折旧年限$$

$$＝（5058.90 万元＋205 万元－600 万元－300 万元）/12＝363.66 万元$$

无形资产摊销费＝无形资产/摊销年限＝600 万元/8＝75 万元

第 3～5 年未分配利润＝735 万元－363.66 万元－75 万元＝296.34 万元

第 3 年各投资方利润分配＝637.50 万元－63.75 万元－31.88 万元－296.34 万元

$$＝245.53 万元$$

第 4 年各投资方利润分配＝1020 万元－102－51 万元－296.34 万元＝570.66 万元

第 5 年各投资方利润分配＝1275 万元－127.50 万元－63.75 万元－296.34 万元

$$＝787.41 万元$$

第 6 年开始，借款本金已偿还完毕，提取法定盈余公积金和任意盈余公积金后的所有余额都用于投资方利润分配。故：

第 6～10 年各投资方利润分配＝可供分配利润－法定盈余公积金－任意盈余公积金

（3）根据表 2－9 的计算，编制项目投资现金流量表和项目资本金现金流量表，见表 2－7、表 2－8。

由于项目运营期只有 8 年，而固定资产的折旧年限却为 12 年，因此运营期末固定资产的余值应按以下公式计算：

运营期末固定资产余值＝363.66 万元×4＋300 万元＝1754.64 万元

流动资金于运营期末全部收回：631.67 万元。

$$经营成本＝总成本－折旧－摊销－应计利息$$

第 3 年经营成本＝1500 万元－363.66 万元－75 万元－220.50 万元＝840.84 万元

第 4 年经营成本＝2400 万元－363.66 万元－75 万元－147 万元＝1814.34 万元

第 5 年经营成本＝3000 万元－363.66 万元－75 万元－73.50 万元＝2487.84 万元

第 6～10 年经营成本＝3000 万元－363.66 万元－75 万元－0 万元＝2561.34 万元

流动资金:流动资金总额为 631.67 万元,第 3 年投入额为 315.84 万元,第 4 年追加额为 189.50 万元,第 5 年追加额为 126.33 万元。

借款本金偿还和利息偿还见表 2－12。

2. 计算项目的盈利能力指标和清偿能力指标。

(1) 计算盈利能力指标,包括动态指标和静态指标。

① 计算动态指标。

项目投资(税前)财务内部收益率:

由项目投资现金流量表可知,当 $i=28\%$ 时,FNPV(税前)＝88.44 万元;当 $i=29\%$ 时, FNPV(税前)＝－33.37 万元,所以项目投资(税前)财务内部收益率为:

FIRR(税前)＝28%＋88.44/(88.44＋33.37)×(29%－28%)＝28.73%

FNPV(税前)＝4016.95 万元

项目投资(税后)财务内部收益率:

由项目投资现金流量表,当 $i=22\%$ 时,FNPV(税后)＝109.78 万元;当 $i=23\%$ 时, FNPV(税后)＝－37.34 万元,所以项目投资(税后)财务内部收益率为

FIRR(税后)＝22%＋109.78/(109.78＋37.34)×(23%－22%)＝22.75%

由项目投资现金流量表可得财务净现值 FNPV(税后)＝2466.13 万元。

资本金财务内部收益率:

由资本金现金流量表可知,当 $i=25\%$ 时,FNPV＝74.98 万元;当 $i=26\%$ 时,FNPV＝ －25.76 万元,所以资本金财务内部收益率为

FIRR＝25%＋74.98/(74.98＋25.76)×(26%－25%)＝25.74%

② 计算静态指标。

由项目投资现金流量表可得

$$投资回收期(税前)＝5 年＋\frac{|-23.59|}{|-23.59|＋|2115.07|}年＝5.01 年$$

$$投资回收期(税后)＝5 年＋\frac{|-1111.34|}{|-1111.34|＋|602.32|}年＝5.65 年$$

由利润及利润分配表可得

总投资收益率＝年平均息税前利润/项目总投资

＝(12851/8)/(5058.90＋205＋631.67)×100%＝27.25%

资本金净利润率＝年平均净利润/项目资本金

＝(9307.50/8)/(1529.45×2＋631.67)×100%＝31.52%

(2) 计算清偿能力指标。

根据借款还本付息计划表和利润及利润分配表:

利息备付率＝息税前利润/当期应付利息

第 3 年利息备付率＝1070.50/220.50＝4.85,其他年度按相同方法计算。

偿债备付率＝(息税前利润加折旧和摊销－所得税)/应还本付息金额

第 3 年偿债备付率＝(1509.15－212.50)/955.50＝1.36,其他年度按相同方法计算。

3. 评价项目的可行性

项目的财务净现值 FNPV 大于零,财务内部收益率 FIRR 大于基准收益率 12%,总投资

收益率大于行业总投资收益率的 20%,资本金净利润率大于行业资本金净利润率的 25%,盈利能力指标都较高,高于其各自的基准判别标准;投资回收期较短,利息备付率和偿债备付率均大于 1。反映了该项目既有较强的盈利能力,也具有较强的清偿能力,从财务角度进行评价,该项目是可行的。

本章重点回顾

● 实战训练

○ 专项能力训练　　　　**建设项目财务评价**

背景资料

某企业拟投资兴建一生产项目。预计该生产项目的生命周期为 12 年。其中:建设期为 2 年,生产期为 10 年。项目投资现金流量部分数据如表 2-16 所列。项目的折现率按照银行贷款年利率 6.72% 计算(按季计息)。

表 2-16　某项目投资现金流量表　　　　　　　　　单位:万元

| 序号 | 项目 | 计算期/年份 | | | | | | | | | | |
| | | 建设期 | | 生产期 | | | | | | | | |
		1	2	3	4	5	6	7	8	9	10	11	12
1	现金流入												
1.1	营业收入			2600	4000	4000	4000	4000	4000	4000	4000	4000	2600
1.2	补贴收入												
1.3	回收固定资产余值												500
1.4	回收流动资金												900
2	现金流出												
2.1	建设投资	1800	1800										
2.2	流动资金			500	400								
2.3	经营成本			1560	2400	2400	2400	2400	2400	2400	2400	2400	1560
2.4	营业税金及附加												
2.5	维持运营投资				5	5	5	5	5	5	5	5	5
3	所得税前净现金流量(1-2)												
4	累计所得税前净现金流量												
5	调整所得税												
6	所得税后净现金流量(3-5)												

序　号	项　目	计算期/年份											
		建设期		生产期									
		1	2	3	4	5	6	7	8	9	10	11	12
7	累计所得税后净现金流量												
8	折现系数												
9	所得税后折现净现金流量(6×8)												
10	累计所得税后折现净现金流量												

训练要求

① 分别按 6%、25% 的税率列式计算第 3、4 年的营业税金及附加和调整所得税（第 3、12 年息税前总成本为 2400 万元，其余各年息税前总成本均为 3600 万元）。

② 将银行贷款利率换算成年实际利率。

③ 编制表 2-16 所列的项目投资现金流量表。

④ 计算该项目的投资回收期。

⑤ 根据计算结果，评价该项目的可行性。

训练路径

① 教师事先对学生按照 3 人进行分组，分工协作，完成训练任务。

② 分组讨论形成训练报告，班级交流，教师对各组训练情况进行点评。

○ 综合能力训练　　　　　建设项目可行性研究调查

训练目标

组织学生开展建设项目可行性研究调查；掌握建设项目可行性研究报告的格式与内容，提高学生对建设项目决策阶段工程造价管理的认识。

训练内容

组织学生赴工程造价管理单位（如建设单位、施工单位、造价咨询公司等）见习，选择 1～2 个建设项目开展可行性研究调查，一方面了解撰写建设项目可行性研究报告的相关准备工作，另一方面掌握建设项目可行性研究报告的撰写方法与技巧。

训练步骤

① 聘用实训基地 1～2 名建设项目管理从业人员为本课程的兼职教师，结合建设项目实际案例，引导学生进行见习，并现场讲解。

② 将班级每 5～6 位同学分成一组，每组指定 1 名组长，每组对见习和调查情况进行详细记录。

③ 归纳总结，每组撰写一份调查报告。

④ 各组在班级进行交流、讨论。

训练成果

见习；建设项目可行性研究调查报告。

● 思考与练习

一、名词解释

规模效益   项目建议书   可行性研究   建设项目投资估算
静态投资   动态投资   建设项目财务评价   项目投资财务净现值
项目投资财务内部收益率   投资回收期   借款偿还期

二、单项选择题

1. 建设项目或单项工程全部建筑安装工程建设期在 12 个月以内的,其工程价款适合采用的结算方式是(   )。

    A. 按月结算   B. 分段结算   C. 竣工后一次结算   D. 按旬结算

2. 某一项目建设期总投资为 1500 万元,建设期 2 年,第 2 年计划投资 40%,年价格上涨为 3%,则第 2 年的涨价预备费是(   )万元。

    A. 20.00   B. 36.54   C. 63.54   D. 66.54

3. 在进行建设项目财务评价时,(   )是财务内部收益率的基准判据。

    A. 社会贴现率   B. 行业基准收益率
    C. 行业平均投资利润率   D. 行业平均资本金利润率

4. 某项目总投资 1300 万元,分 3 年均衡发放,第 1 年投资 300 万元,第 2 年投资 600 万元,第 3 年投资 400 万元,建设期内年利率为 12%,则建设期应付利息为(   )万元。

    A. 187.5   B. 235.22   C. 290.25   D. 315.25

5. 某项目建设期 1 年,建设投资为 800 万元。第 2 年末净现金流量为 220 万元,第 3 年为 242 万元,第 4 年为 266 万元,第 5 年为 293 万元。该项目静态投资回收期为(   )年。

    A. 4   B. 4.25   C. 4.67   D. 5

6. 静态投资的估算一般以(   )为基准年。

    A. 编制年   B. 开工前 1 年   C. 开工年   D. 设计开始年份

7. 下列项目中,不属于项目决策阶段影响工程造价因素的是(   )。

    A. 项目规模合理性   B. 项目建设标准水平
    C. 厂址选择   D. 建筑结构选择

8. 某一项目投产后的年产值是 2000 万元,同类企业每千元产值的流动资金占用额是 12 元,则该项目流动资金为(   )万元。

    A. 2000   B. 24000   C. 2400   D. 24

9. 考察建设项目在财务上的投资盈利能力的静态指标是(   )。

    A. 财务净现值   B. 投资回收期   C. 投资利润率   D. 借款回收期

10. 某产品的生产系统,年产 120 万吨,投资额为 85 万元,用生产能力指数法估算年产 360 万吨该产品的生产系统的投资额为(   )万元(假设 $n=0.5, f=1$)。

    A. 120.5   B. 127.5   C. 147.2   D. 255.3

11. 在国外对投资估算的阶段划分中,项目投资机会研究阶段的投资估算精度要求为误差控制在(   )以内。

    A. ±30%   B. ±20%   C. ±10%   D. ±5%

12. 总成本费用中扣除折旧费、摊销费、维简费和利息支出得到(   )。

A. 经营成本　　　B. 销售收入　　　　C. 销售税金　　　　　D. 销售利润

13. 某新建企业的年生产能力为 400 件,每件产品价格为 5000 元,单位变动成本为 2000 元,单位产品税金为 500 元,年固定成本为 40 万元,则盈亏平衡点是(　　)件。

　　A. 133　　　　　B. 160　　　　　C. 80　　　　　　D. 100

14. 在利用主体专业系数法编制投资估算时,通常用(　　)为基数。

　　A. 设备费　　　B. 工艺设备投资　　C. 直接建设成本　　D. 建筑安装工程费

15. 产品制造成本＝(　　)。

　　A. 直接材料费＋直接工资与福利费＋制造费用

　　B. 直接材料费＋直接工资与福利费＋折旧费

　　C. 直接材料费＋直接工资与福利费＋维简费

　　D. 直接材料费＋直接工资与福利费＋工资

16. 可行性研究工作主要在(　　)进行。

　　A. 投资前时期　B. 投资时期　　　C. 生产时期　　　　D. 后评估时期

17. (　　)可以说明企业的偿债能力。

　　A. 投资利润率　B. 内部收益率　　C. 速动比率　　　　D. 净现值率

18. 对同一财务报表进行分析,速动比率与流动比率的关系是(　　)。

　　A. 速动比率等于流动比率　　　　　B. 速动比率大于流动比率

　　C. 速动比率小于流动比率　　　　　D. 两者之间没有必然关系

19. 流动资金估算一般采用的方法是(　　)。

　　A. 生产能力指数法　　　　　　　　B. 朗格系数法

　　C. 扩大指数估算法　　　　　　　　D. 指标调整法

20. 建设项目可行性研究的核心内容是(　　)。

　　A. 投资估算与资金筹措　　　　　　B. 需求预测和拟建规模

　　C. 建设条件与厂址方案　　　　　　D. 项目经济评价

21. 财务评价的实质是对基础数据进行加工,使其系统化、表格化、以最终计算(　　)来反映项目的本质情况。

　　A. 效益指标　　B. 费用指标　　　C. 价值指标　　　　D. 评价指标

22. 在现金流量表的现金流入中,有一项目是流动资金回收。该项现金流入发生在(　　)。

　　A. 计算期每一年　B. 生产期每一年　C. 投产期第 1 年　　D. 计算期最后一年

23. 动态投资估算的基础是(　　)。

　　A. 编制年的静态投资额　　　　　　B. 基准年静态投资资金使用计划额

　　C. 编制年度静态投资资金使用计划额　D. 编制年的总投资额

24. 在建设项目财务评价中,当 NPV(　　)时,项目是可行的。

　　A. ≤0　　　　　B. ≥0　　　　　C. ≤行业基准 NPV　D. ≥行业基准 NPV

25. (　　)指标反映清偿能力。

　　A. 投资回收期　B. 流动比率　　　C. 财务净现值　　　D. 资本金利润率

26. 下列项目中,属于项目投资现金流量表中现金流出的是(　　)。

　　A. 自有资金　　B. 经营成本　　　C. 借款本金偿还　　D. 借款利息支出

27. 静态投资是以某一基准年、月的建设要素的价格为依据所计算出的建设项目投资的瞬时值,下列费用中,属于静态投资的是(　　)。
    A. 基本预备费　　　　　　　　　B. 涨价预备费
    C. 建设期贷款利息　　　　　　　D. 投资方向调节税

28. 某项目建设期为 3 年,在建设期内每年初贷款均为 300 万元,年利率为 6%。若在运营期第 5 年末开始分 3 年等额偿还贷款,则在 3 年等额偿还贷款期内每年偿还贷款为(　　)万元。
    A. 425.59　　　　B. 492.49　　　　C. 451.13　　　　D. 357.33

29. 某建设项目投资构成中,设备购置费为 1000 万元,工具、器具及生产家具购置费为200 万元,建筑工程费为 800 万元,安装工程费为 500 万元,工程建设其他费用为 400 万元,基本预备费为 150 万元,涨价预备费为 350 万元,建设期贷款为 2000 万元,应计利息为 120 万元,流动资金为 400 万元,则该建设项目的工程造价为(　　)万元。
    A. 3520　　　　B. 3920　　　　C. 5520　　　　D. 5920

30. 下列各项属于可行性研究报告内容的是(　　)。
    A. 投资估算和资金筹措设想　　　B. 建厂条件与厂址方案
    C. 经济效益和社会效益的估计　　D. 产品方案的初步设想

三、多项选择题

1. 建设项目财务评价内容包括(　　)。
    A. 市场调查和预测　　　　　　　B. 财务评价指标的计算与评价
    C. 财务收益和支出的识别与计算　D. 财务报表的编制

2. 流动资产估算时,一般采用分项详细估算法,其正确的计算公式是(　　)。
    A. 流动资金＝流动资金＋流动负债
    B. 流动资金＝流动资产－流动负债
    C. 流动资金＝应收账款＋存货－现金
    D. 流动资金＝应收账款＋存货＋现金－应付账款

3. 项目清偿能力的主要指标有(　　)。
    A. 净现值率　　　B. 动态投资回收期　C. 速动比率　　　　D. 资产负债率

4. 系数估算法具体分为(　　)。
    A. 设备厂房系数法　　　　　　　B. 生产能力指数法
    C. 主要车间系数法　　　　　　　D. 朗格系数法

5. 固定资产投资中动态投资部分包括(　　)。
    A. 工程建设其他费用　　　　　　B. 基本预备费
    C. 涨价预备费　　　　　　　　　D. 建设期贷款利息

6. 在对建厂条件和厂址方案分析时,应考虑的因素是(　　)。
    A. 项目投资规模　　　　　　　　B. 社会需求状况
    C. 社会经济状况　　　　　　　　D. 交通运输条件

7. 盈利能力分析需要用到的基本报表有(　　)。
    A. 项目投资现金流量表　　　　　B. 资产负债表
    C. 资金来源与运用表　　　　　　D. 利润及利润分配表

8.下列费用中,属于涨价预备费的是(　　　)。

A. 人工、设备、材料的价差费

B. 建筑安装工程费调整

C. 利率、汇率调整增加的费用

D. 工程建设其他费用调整

四、计算题

1. 某项目的设备、工器具购置费和建筑安装工程费投资计划为 5000 万元,按本项目进度计划,项目建设期为 3 年,3 年的投资分年使用比例为第 1 年 40%,第 2 年 40%,第 3 年 20%,建设期内年平均价格变动率预测为 4%。试估算该项目建设期的涨价预备费。

2. 某新建项目,建设期为 3 年,分年均衡贷款,第 1 年发放贷款 700 万元,第 2 年发放贷款 700 万元,第 3 年发放贷款 600 万元,年利率为 10%。试计算建设期贷款利息。

3. 某建设项目有关数据如下:

(1) 建设期 2 年,运营期 8 年,固定资产投资总额 5000 万元(不含建设期贷款利息),其中包括无形资产 600 万元。项目固定资产投资资金来源为自有资金和贷款,贷款总额 2200 万元,在建设期每年贷入 1100 万元,贷款年利率为 6%(按季计息)。流动资金为 900 万元,全部为自有资金。

(2) 无形资产在运营期 8 年中,均匀摊入成本。固定资产使用年限为 10 年,残值为 200 万元,按照直线法折旧。

(3) 固定资产投资贷款在运营期前 3 年按照等额本息法偿还。

(4) 项目运营期的经营成本见表 2-17。

(5) 项目还本付息表格式见表 2-18。

(6) 项目净现金流量表见表 2-19。

表 2-17　某建设项目总成本费用表　　　　　单位:万元

序　号	项　目	计算期/年份			
		3	4	5	6~10
1	经营成本	1960	2800	2800	2800
2	折旧费				
3	摊销费				
4	长期借款利息				
5	总成本费用				

表 2-18　某建设项目还本付息表　　　　　单位:万元

序　号	项　目	计算期/年份				
		1	2	3	4	5
1	年初累计借款					
2	本年新增借款					
3	本年应计利息					
4	本年应还本息					
4.1	本年应还利息					
4.2	本年应还本金					

表 2 - 19 项目净现金流量表   单位:万元

年 份	1	2	3	4	5	6	7
净现金流量	−100	−80	50	60	70	80	90

要求:

(1) 计算建设期贷款利息、运营期固定资产年折旧费和期末固定资产余值。

(2) 按照表 2 - 17、表 2 - 18 的格式编制总成本费用表和还本付息表。

(3) 计算该项目的财务内部收益率。

五、简述题

1. 建设项目决策阶段影响工程造价的因素有哪些?

2. 建设项目投资估算的阶段划分与精度要求如何?

3. 建设项目财务评价涉及哪些报表?

项目3　建设项目设计阶段工程造价管理

学习任务3.1　概　述

3.1.1　建筑设计与经济规律

通常,在建筑过程中需要消耗极其庞大的物质资料,所以在对建筑的物质适用性提出要求的同时,也对建筑设计提出了经济合理性的要求,使建筑应在经济规律的制约下进行。在建筑设计领域内,建设项目在经济方面会进行一系列的预测、决策、估计等相关活动,形成建筑经济。

【知识链接】
英国设计阶段
的程序划分

市场经济中,商品价格是由市场机制形成的,建筑设计也不例外。因此,建筑设计的价格是客观存在的价值规律、供求规律和竞争规律综合作用的结果。

1. 建筑设计与价值规律

价值规律是人类社会普遍适用的经济规律。它揭示了商品经济变化和发展的奥秘,推动了生产力的发展。价值规律的基本内容是:商品的价值量是由生产商品的社会必要劳动时间决定的,商品交换以价值为基础,实行等价交换。

在某种意义上讲,建筑设计等同于建筑产品,它是艺术创作与科学技术的合体,是具有美学价值的。好的建筑设计可以给人一种非常愉悦的感受,创造一个愉悦的空间,也创造了一种无形的价值。国外的设计大师,如西班牙的高迪,他设计的大教堂已经 300 年了还在继续使用,其价值到现在都是非常令人敬佩的。当然,建筑设计的价值并非由固定的标准去衡量,即使达到建筑设计规范、标准和规程,也不一定是优良品或设计精品。建筑设计质量的优劣,确切地说是一个目标范围的界定,建筑设计精品是在设计运行过程中优化取舍。因此,完成一项建筑设计所应收取的设计费,由完成这项设计任务的社会必要劳动时间确定的。

建筑设计运行过程是由部分到整体、由方案图到施工图,这些工作都要逐步细化优化、不断筛选。这样的优化筛选工作进行得越充分,建筑设计才有可能越优秀。因此,设计质量的优化管理是十分值得重视的。所以,按照等价交换的原则,优秀的建筑设计需要消耗更多的劳动,产生更大的效果,其设计消耗费用会高于一般设计。

2. 建筑设计与供求规律

供求规律是指产品的供求关系与价格变动之间的相互制约的必然性。它是商品经济的规律,其基础是生产某产品的社会劳动量必须与社会对其需求量相适应。供求规律通常包括两方面内容:供不应求,价格上涨;而供过于求,价格下降。

对建筑设计来讲,供求关系就是指建筑市场的建筑设计任务总量与承包商力量之间的关系,两者之间的差距越大,市场竞争程度越激烈。在这个矛盾中,工程建筑设计任务总量受国民经济发展状况的制约,同时又受到工程建设所需资源的制约。从设计单位的角度来讲,在相同的市场经济条件下,进行相同建筑项目设计时,若设计单位级别越高,收取的设计费用越高,设计任务会相对较少;而设计单位级别较低,收取的设计费用较低,该设计单位的设计任务会相对增多。

3. 建筑设计与竞争规律

竞争,从实质上来说就是产品生产过程中劳动消耗的比较。竞争规律就是各个利益主体为各自获取经济效益,互相采取措施争夺有利条件和经济利益的客观必然性。它能实现产品的价值与市场价格,促使产品生产实现优胜劣汰,从而推动社会进步、企业创新。

从建筑设计角度来讲,建筑设计界历来没有常胜将军,也不可能有让人百分百满意的作品。若在相同的市场经济条件下,进行相同建筑设计项目的设计,设计费用低,质量高,服务周到,能在各方面满足业主任何要求的设计单位竞争力相对较强;反之,相对较弱。

3.1.2　建设项目设计阶段工程造价管理的意义

1. 建设项目设计阶段工程造价管理的特点

(1) 设计阶段是建设项目建设过程中承上启下的重要阶段

建设项目设计阶段位于投资决策阶段和施工阶段之间,既要准确地表达建设项目投资决策阶段的思想和理念,也要形成专业的图纸文件负责指导项目的具体操作。设计阶段在项目建设过程中起着承上启下的作用。

(2) 设计阶段是工程造价管理的关键环节

设计阶段对建设项目的工期、造价以及经济效益起着决定性作用。通过相关资料调查表明:设计阶段对工程造价的影响程度可达 80%,在建设过程中,设计质量、深度欠缺均会造成工程变更增多,从而影响工程造价。因此,设计阶段是工程造价管理的关键环节。

(3) 设计阶段是工程造价管理最有效也是最难实现的阶段

设计阶段进行工程造价管理是最有效的阶段,但要控制好设计阶段的造价并不是一件容易的事。因为设计是一项创造性的劳动,其设计成果的好坏并没有标准尺度来衡量,同时受设计人员技术水平、知识结构等因素的影响,很难设计出优秀方案,有效地实现控制造价。

2. 设计阶段工程造价管理的意义

建筑工程设计是建设项目进行全面规划和具体描述实施意图的过程,是处理技术与经济关系的关键性环节,是工程建设全过程造价控制的重点。建筑工程设计阶段是建设项目由计划变为现实具有决定意义的工作阶段,设计文件是建筑安装施工的依据。拟建工程在建设过程中能否保证质量、进度和节约投资,在很大程度上取决于设计质量的优劣。工程建成后,能否获得满意的经济效果,除了项目决策之外,设计阶段起着决定性作用。一般是由施工图纸来表达具体设计方案。在这个阶段,项目成果的功能、基本实施方案和主要投入要素就基本确定了。这个阶段的成果对总投资的影响,一般工业建设项目的经验数据为20%~30%,对项目使用功能的影响为10%~20%。这表明项目设计阶段对项目投资和使用功能具有重大影响。

(1) 在设计阶段进行造价分析控制,可以使造价构成更合理,提高资金利用率

设计阶段工程造价的表现形式是设计概算,通过编制设计概算,可以了解工程造价的结构构成,分析造价中资金分配的合理性。在项目的设计阶段,可以利用价值工程分析项目各个组成部分功能与成本的匹配程度,调整项目功能与成本,使工程造价构成更加趋于合理,提高资金的利用效率。此外,通过对设计概算、预算的分析,可以了解工程各组成部分的投资比例,进而将投资比例比较大的部分作为投资控制的重点,提高投资控制效率。

(2) 在设计阶段进行造价控制,可以提高投资控制效率,使控制工作更主动

建设项目在设计阶段,确定工程造价是实现设定项目投资期望值的具体表现。长期以来,人们把控制理解为比较目标值与实际值,以及当实际值偏离目标值时分析产生差异的原因,确定下一步对策。对于建筑业而言,由于建筑产品的生产具有单件性的特点,这种管理方法只能发现差异,不能消除差异,也不能预防差异,而且差异一旦发生,损失往往很大,因此是一种被动控制的方法。在设计阶段进行工程造价控制,可以事先进行建设项目计划支出费用的报表,即投资计划。编制设计概算并进行分析,可以了解工程各个组成部分之间的投资比例。将投资比例较大的部分作为投资控制的重点,这样就可以提高投资控制的效率。在设计方案制订出来以后,可以进行方案与计划的对比,预先发现方案与计划之间的差异性,从而主动采取一些控制手段和方案消除差异,使设计方案更经济,更合理。

(3) 在设计阶段进行造价控制,便于技术与经济相结合

由于体制和传统习惯的原因,建筑设计工作往往是由建筑师等专业人员来进行的,他们在设计中更为注重建设项目的使用功能,追求的是用先进的技术手段实现建设项目的各项功能,相对的,他们对经济因素的考虑通常位于次席。要解决这样的矛盾,就需要将建筑设计建立在健全的经济基础之上。在设计阶段让造价工程师参与进来,提出相关建议,有利于选择一种经济的方式实现技术目标,会使投资发挥更大的效益,既体现了技术的先进性,又体现了经济的合理性,做到技术与经济相结合。

（4）在设计阶段进行造价控制，使控制效果更为显著

长期以来，人们普遍对建设项目前期阶段的造价控制不够重视，把控制工作的重心放在施工阶段的施工图预算、施工结算以及算细账上。实际上，设计费仅占建设项目全寿命费用的1%，但是初步设计阶段对投资的影响约为 20%，技术设计阶段对投资的影响约为 40%，施工图设计阶段对投资的影响约为 25%。显然，从造价管理系统的环节来看，无论从投资利用、投资控制等各方面来看，设计阶段的工程造价管理不但必要而且很重要，是控制建设投资的关键。

3.1.3　建筑设计、设计阶段及设计程序

1. 建筑设计

建筑设计是指在工程施工之前，设计者根据建设工程批复的设计任务书要求，对工程项目的建设提供有技术依据的设计文件和图纸的整个活动过程。

在建筑设计的过程中，设计者需要按照设计任务，把即将在施工过程和工程使用过程中所有可能存在或可能发生的问题，进行全盘的构思，预先拟定好这些问题的解决方案并以专业的施工图纸和文件表达出来。施工过程中，这些施工图纸和文件，通常运用在材料采购、施工组织工作、各工种施工、建造工作中，用于相互协调施工各环节，让整个建设项目在预定的投资限额范围内，按预定的设计方案顺利完工，并能充分满足使用者的各种要求。

建筑设计的主要意义如下：

① 建筑设计是建设项目生命期中的重要环节，是建设项目进行整体规划、体现具体实施意图的重要过程，是确定和控制工程造价的重点阶段。

② 建筑设计是现代社会工业文明的最重要的支柱，也是现代社会生产力的龙头。建筑设计的水平和能力是衡量一个国家和地区竞争能力的决定性因素之一。

总而言之，建筑设计是一种需要预见性的工作。它要求设计人员在设计初期预见到拟建工程存在的或可能发生的各种问题，而这种预见，是随着设计过程的进展逐步清晰的。为此，设计工作可以分为几个工作阶段循序渐进，这就是基本的设计阶段。

2. 设计阶段

为了保证工程建设和设计工作有机的配合和衔接，将建筑设计过程按工程复杂程度、规模大小及审批要求划分为不同的设计阶段，一般分"两阶段设计"或"三阶段设计"。对于技术复杂且缺乏设计经验的建设项目，经主管部门指定按"三阶段设计"；而一般工业与民用建筑项目通常采用"两阶段设计"；有的小型项目，如建筑工地外部的临时围墙、工厂大门等，可直接进行施工图设计。

所谓"三阶段设计"，包括初步设计、技术设计、施工图设计。

所谓"两阶段设计"，包括初步设计、施工图设计。

（1）初步设计阶段

一般情况下，初步设计是指根据核准的项目申请报告、批准的可行性研究报告和设计任务书，按照一定的文件内容和设计深度要求编制和完成设计图纸和文件。建设项目在这个阶段用于确定建设费用的文件，称之为初步设计概算。

初步设计是技术设计和施工图设计的前身，相当于一份作业的草稿，其内容和总概算经批

准后,是确定建设项目合同、控制工程造价、进行施工准备及编制技术设计文件等的依据。初步设计的内容一般包括方案设计说明、设计图纸、主要设备材料表、初步设计概算书4部分。

1）方案设计说明

这部分内容主要涉及设计指导思想及主要依据,设计意图及方案特点,建筑结构方案及构造特点,建筑材料及装修标准,主要技术经济指标以及结构、设备等系统的说明。

2）设计图纸

设计图纸是指采用适合的比例,从各方位表现建筑物的各方面尺寸及细部处理方式的图纸。它应该包括有特殊要求的厅、室的具体布置,立面处理,结构方案等。

3）主要设备材料表

由于建筑材料是建设项目中重要的组成部分之一,通常会采用列表的方式,分列表示出建设项目所需要耗费的各类主要建筑材料的选用、用量等情况,以及单位消耗量。

4）初步设计概算书

初步设计概算书一般是建设项目在初步设计阶段计算工程投资与造价的文件。

（2）技术设计阶段

技术设计也称为扩大初步设计。其主要工作任务是在初步设计的基础上进一步解决各种技术问题。在技术设计阶段,由于设计内容与初步设计的差异,设计单位应对投资金额进行具体核算,对初步设计概算进行修正而形成修正概算。

技术设计的图纸和文件与初步设计大致相同,但内容更为详细。它的具体内容包括整个建筑物和各个局部的具体做法,各部分确切的尺寸关系,内外装修的设计,结构方案的计算和具体内容、各种构造和用料的确定,各种设备系统的设计和计算,各技术工种之间各种矛盾的合理解决,修正概算的编制等。

（3）施工图设计阶段

施工图设计阶段是建筑设计的最后阶段,提交施工单位进行施工的设计文件。在这个阶段,设计人员的主要任务是满足施工要求,解决施工中的技术措施、用料及具体做法。该阶段的成果性文件包括:设计说明书,建筑、结构、水电、采暖通风等工种的施工图设计图纸,结构计算书和设计概算书。

1）设计说明书

设计说明书在方案设计说明书的基础上进行扩充,并进一步细化。它包括施工图设计依据、设计规模、面积、标高定位、用料说明等。

2）施工图设计图纸

施工图设计图纸包括各工种相应配套建筑总平面图、各专业施工图、建筑构造详图等。

① 建筑总平面图与初步设计基本相同。

② 各专业施工图按各个专业划分为建筑施工、结构施工、水电施工、建筑防雷接地平面图等,绘制时,会涉及建筑物各层平面图、剖面图、立面图,以及部分特殊部位建筑构造详图,除表达初步设计或技术设计内容以外,还应详细标出门窗洞口、墙段尺寸及必要的细部尺寸、详图索引。通常采用的比例是 1∶50、1∶100 或 1∶200。

③ 建筑构造详图应详细表示各部分构件关系、材料尺寸及做法、必要的文字说明。根据节点需要,比例可分别选用 1∶20、1∶10、1∶5、1∶2、1∶1 等。

3）结构计算书

建筑是一个复杂的空间结构，它不仅平面形状多变，立面体型也各种各样，而且结构形式和结构体型各不相同。这样一种三维空间结构，要进行模型的简化，引入不同程度的计算假定，然后进行内力和位移计算。这样得出的计算过程，按照相应步骤秩序总结形成结构计算书。结构计算书是整个建设项目结构形成的计算依据，是施工图文件的重要组成部分。

4）设计概算书

设计概算书是在投资估算的控制下，由设计单位根据初步设计图纸，概算定额、指标，工程量计算规则，材料、设备的预算单价，建设主管部门颁发的有关费用定额或取费标准等资料预先计算工程从筹建至竣工验收交付使用全过程建设费用的经济文件，简言之，即计算建设项目总费用的经济文件。

3. 设计程序

(1) 设计准备

设计之前，设计单位根据主管部门或者业主的委托书进行可行性研究，首先要掌握有关工程的各种外部条件和客观情况，包括地形、气候、地质、自然环境等自然条件，城市规划对建筑物的要求，交通、水、电、气、通信等基础设施状况，业主对工程的要求，工程使用的资金、材料、施工技术和设备等，以及其他可能影响工程的客观因素。

(2) 初步设计

初步设计也称方案设计，是指在设计准备的基础上，设计者对于拟建项目的主要内容有了大概的布局构想，并综合考虑周边环境情况，根据已经批准的可行性研究报告和设计合同及其他相关基础资料进行初步设计，并编制初步设计文件，其中包括编制设计概算。

初步设计是整个设计构思基本形成的阶段，通过初步设计规定主要技术方案、工程总造价和主要技术经济指标，以利于在项目建设和使用过程中最有效地利用人力、物力和财力。

(3) 技术设计

技术设计是对初步设计的文件进行详细和补充的过程，并编制扩大初步设计文件，其中包括修正概算。

技术设计多用于技术复杂而又无设计经验或其他特殊场合的建设工程。对于不太复杂的工程，技术设计阶段可以省略，把这一阶段的一部分工作纳入初步设计，另一部分工作纳入下一个施工图设计阶段进行。

(4) 施工图设计

设计单位根据批准的初步设计文件，或扩大初步设计文件，通过图纸把设计者的意图和全部设计结果表达出来，并编制施工图设计文件，其中包括施工图预算。

施工图为施工提供图纸依据。施工图设计是设计工作和施工工作的桥梁。施工图设计的深度应能满足设备材料的选择与确定、非标准设备的设计与加工制作、施工图预算的编制、建筑工程施工和安装的要求。

(5) 设计交底和配合施工

施工图发出后，根据施工需要，设计单位应该委派相应负责设计人员前往施工现场，交代施工意图，进行技术交底，介绍和解释设计文件，及时解决施工中设计文件出现的问题，并与建设单位、施工单位共同会审施工图。参加建筑项目设备的试运转和竣工验收，并解决其过程中出现的技术问题，进行全面的工程设计总结。

3.1.4 设计阶段与工程造价的关系

工程造价具有多次性计价的特点,这是由基本建设程序所决定的。建设项目周期长,资源消耗数量大,造价高。因此,其建设过程必须按照基本的建设程序来进行,应相应地在不同的建设阶段多次计价,以保证工程造价管理的准确性和有效性。随着建设工程的进展与逐步详化,工程造价也在逐步深化、细化,逐步接近实际工程造价。在不同的建设阶段,工程造价有着不同的名称,包含了不同的工程内容,发挥不同的作用。对于设计阶段,其造价计算过程如图3-1所示。

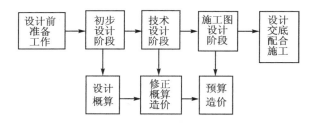

图3-1 设计阶段与工程造价的关系图

1. 设计概算

设计概算是指在初步设计阶段,由设计单位根据初步设计和技术设计图纸,参考概算定额或者概算指标及各项费用定额或取费标准,建设地区的自然、技术经济条件和设备预算价格等资料,预先计算确定建设项目从筹建到竣工验收、交付使用的全部建设费用的文件。

2. 修正概算造价

修正概算造价是指采用三阶段设计时,在技术设计阶段,随着建筑设计内容的深化,可能会发现建设规模、结构性质、设备类型等与初步设计内容相比有出入,为此设计单位根据技术设计的图纸,参考概算定额或概算指标,以及各项费用取费标准等资料,对初步设计总概算进行修正而形成的经济文件。修正概算比设计概算更准确,但受设计概算控制。

3. 预算造价

预算造价也称为施工图预算,是指根据施工图设计成果、施工组织设计和国家规定的现行工程预算定额、单位估价表及各项费用的取费标准、建筑材料预算价格、建设地区的自然和技术经济条件等资料,计算和确定单位工程或单项工程建设费用的经济文件。

施工图预算比设计概算或者修正概算更为详尽和准确,但同样要受前一阶段所确定的工程造价的控制。

学习任务3.2 设计方案评价

3.2.1 设计方案评价原则

建筑设计的首要任务是本着"适用、安全、经济、美观"的方针和"以人为本"的设计原则进行创作,以满足人们不断发展的需求,为人们创造良好的生存环境。它是指用户对功能的要求,具体确定建筑形式、结构形式、建筑物的空间和平面布置及建筑群体组合的设计。它是完成建筑物、建筑群的环境与设施设备等各类建筑产品的首要环节。

设计方案质量的好坏,不仅决定建设费用的大小和建设时间的长短,而且决定着项目建成以后长期的使用价值和经济效益。由于建筑产品一次性投资大,建成后可变性小,所以做好设计方案的技术经济评价,选用最佳设计方案,排除方案中的盲目性,可以为社会节省大量的人力、物力和财力。技术经济合理的设计方案,可以降低工程造价的5%~10%。

1. 建筑设计方案评价的基本原则

对建设项目进行设计方案评价时,应系统分析、计算效益和费用、多方案比选,并综合考虑项目建设的必要性、经济可行性、投资风险等,从而寻求到最合理的经济和技术方案。因此,建筑设计方案评价应遵循如下基本原则。

(1) 设计方案必须处理好经济合理性与技术先进性之间的关系

在进行建筑设计方案的评价与比选时,要考虑建设项目应满足其基本设计功能,在满足项目功能要求的前提下,尽可能地协调好技术先进性和经济合理性的关系,从而达到降低投资的目的。但是,若某建设项目的投资资金有限,那么应该在这个资金限制范围内,尽可能采用先进、合理技术的条件下,尽可能提高项目的功能水平。

(2) 建设项目的功能设计必须兼顾近期与远期的要求

建设项目在建筑设计方案评价阶段,应考虑长远的发展规划,建设项目的功能和规模应根据国家和地区远景发展规划,适当留有发展的空间。

(3) 设计方案必须兼顾建设与使用,考虑项目全寿命周期运营过程中的费用

建设项目在综合多方面因素进行设计方案比选时,除了应该考虑一次性的初始建设投资,还应该考虑该建设项目在其运营过程中的费用。所以,在进行建筑设计方案评价时,应分析工程造价、使用成本与项目功能水平之间的关系,进行建设项目寿命期的总费用比选。图3-2所示为工程造价、使用成本与项目功能水平之间的关系。

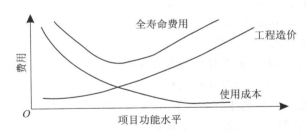

图3-2 工程造价、使用成本与项目功能水平之间的关系图

2. 建筑设计方案评价的基本要求

(1) 适用、安全和经济的统一

适用、安全、经济、美观的方针,是指导建筑设计的基本方针,也是评价一个建筑物的根本尺度。评价一个建筑物是否经济,首先要看它是否适用、安全。一个不适用、不安全的建筑,将产生不经济的后果。因此,适用、安全和经济是统一的,离开了适用的前提,就很难达到经济的目的。

（2）美观和经济的统一

任何一座提供有效空间的建筑物,都必须付出经济上的代价,在评价任何一个建筑产品时,既要有适用功能和技术性能的指标,也要有消耗指标,还要有建筑美观效果的评价。建筑艺术的创造与经济之间不应是对立的,一个好的建筑产品,应当是适用的、安全的、经济的、建筑艺术效果好的,应当是美观和经济的统一。表现崇高民族精神和文化的建筑艺术,不应当是金钱堆砌起来的,而应是才华创造的。

（3）要有可比性

几个相近的设计方案之间进行比较,是方案评价的重要环节。没有比较,就无法鉴别,就不知优劣,也无法进行择优录取。对不同的设计方案进行适用性、安全性、经济性和美观方面的比较时,要注意找到各个不同方案的可比性。如果使用功能不同,建筑标准不同,它们之间就不存在相互替代的可能性,不具备对比的条件,就没有可比性。

（4）突出主要指标

对不同的方案进行技术经济评价时,一定要注意突出主要指标。设计方案评价指标有很多,有些是属于主要指标,而有些属于辅助指标。主要指标可以集中反映工程设计和施工的经济性,比如工程造价、工期、质量等。在进行方案技术经济评价时应注意权衡主次,突出主要指标,不能等同视之。

（5）经济效益与社会效益、环境效益相一致

对建筑设计方案进行评价时,并非单单只考虑经济效益,还要综合考虑社会效益和环境效益,使经济效益与社会效益、环境效益相一致,才能更好地综合各方面因素进行综合评价。

3.2.2 与建筑设计有关的技术经济评价指标及其计算

1. 建筑面积

（1）建筑面积的基本概念

建筑面积亦称建筑展开面积,是指建筑物外墙勒脚以上各层水平投影面积的总和,也就是建筑物各层水平平面面积的总和。建筑面积包括使用面积、辅助面积和结构面积3部分。通常,我们把使用面积与辅助面积的总和称为有效面积。其中,使用面积是指建筑物各层平面布置中可以直接为生产、生活使用的净面积之和,如居民住宅内的客厅、起居室等。辅助面积是指建筑物各层平面布置中为辅助生产或生活服务所占的净面积总和,如居民住宅的楼梯、电梯、走道等。结构面积是指建筑物各层平面布置中的墙体、柱等建筑结构所占的净面积总和。

上述各面积之间的关系表达如下:

$$建筑面积＝使用面积＋辅助面积＋结构面积$$
$$＝有效面积＋结构面积$$
$$＝建筑净面积＋结构面积$$

（2）建筑面积的作用

建筑面积是以平方米(m^2)为计量单位反映房屋建筑规模的实物量指标。它广泛应用于基本建设的计划、统计、设计、施工和工程概预算等各个方面,在建设工程造价管理方面起着非常重要的作用,是衡量建筑技术经济效果的重要指标之一。它的作用主要表现在以下几个方面:

1）建筑面积是控制工程进度和竣工任务的重要指标

建筑面积是计算开工面积、竣工面积、优良工程率等指标的依据。例如,已完工面积、已竣工面积和在建面积等都是以建筑面积指标来表示的。

2）建筑面积是确定各项技术经济指标的基础

建筑面积是建设项目投资、建设项目可行性研究、建设项目勘察设计、工程施工和竣工验收过程中,每平方米造价指标、每平方米人工、材料消耗量指标等技术经济指标的计算依据。例如:

$$单方造价＝总造价/建筑面积$$
$$平方米用工量＝总用工量/建筑面积$$
$$平方米某材料用量＝某材料总用量/建筑面积$$

3）建筑面积的计算是计算有关分项工程量的依据

在建筑工程计量过程中,许多分项工程量与建筑面积相关。例如,在计算平整场地、室内回填土工程量时,需用到底层建筑面积;在计算装饰用满堂脚手架工程量时,也需用到建筑面积等。

4）建筑面积是划分建筑工程类别的标准之一

建筑工程的类别是依据建筑面积、层高等因素来划分的。表3-1所列为某省建筑工程类别划分依据。

表 3-1 某省建筑工程类别划分依据

项 目			一类	二类	三类	四类
工业建筑	单层厂房	跨度/m	>24	>18	>12	≤12
		檐高/m	>20	>15	>9	≤9
	多层厂房	面积/m²	>8000	>5000	>3000	≤3000
		檐高/m	>36	>24	>12	≤12
民用建筑	住 宅	层数	>24	>15	>7	≤7
		面积/m²	>12000	>8000	>3000	≤3000
		檐高/m	>67	>42	>20	≤20
	公共建筑	层数	>20	>13	>5	≤5
		面积/m²	>12000	>8000	>3000	≤3000
		檐高/m	>67	>42	>17	≤17

(3) 建筑面积的计算规则

在我国,建筑面积的计算规则须遵循国家标准《建筑工程建筑面积计算规范》(GB/T 50353—2013)。该规范内容包括总则、术语、计算建筑面积的规定3部分以及规范条文说明。

第一部分:总则,阐述了该规范制定的目的、适用范围、建筑面积计算应遵循的原则。

第二部分:术语,主要对建筑面积计算规定中涉及的与建筑物有关部位的名词做了解释或定义。

第三部分:计算建筑面积的规定,包括建筑面积的计算范围、计算方法和不计算建筑面积的范围。

下面列举一些重要的计算规则。

1)计算建筑面积的范围

① 单层建筑物高度在 2.20 m 及以上者应计算全面积;高度不足 2.20 m 的应计算 1/2 面积,如图 3-3 所示。

② 利用坡屋顶内空间时净高超过 2.10 m 的部位应计算全面积;净高在 1.20～2.10 m 的部位应计算 1/2 面积;净高不足 1.20 m 的部位不应计算面积,如图 3-4 所示。

图 3-3 勒脚示意图

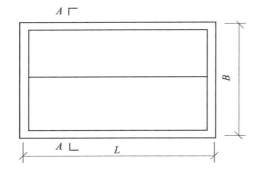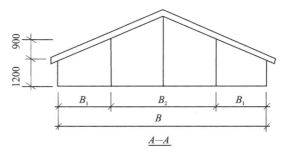

图 3-4 坡屋顶内空间利用

③ 多层建筑物首层应按其外墙勒脚以上结构外围水平面积计算;二层及以上楼层应按其外墙结构外围水平面积计算。层高在 2.20 m 及以上者应计算全面积;层高不足 2.20 m 的应计算 1/2 面积。

④ 建筑物顶部有围护结构的楼梯间、水箱间、电梯机房等,层高在 2.20 m 及以上者应计算全面积;层高不足 2.20 m 的应计算 1/2 面积。

⑤ 建筑物内的室内楼梯间、电梯井、观光电梯井、提物井、管道井、通风排气竖井、垃圾道、附墙烟囱,应按建筑物的自然层计算建筑面积。图 3-5 所示为室内电梯井建筑面积计算示意图。

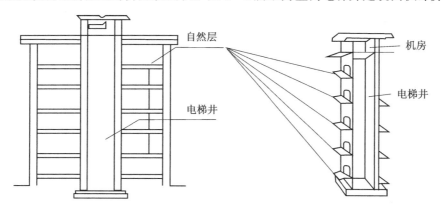

图 3-5 室内电梯井建筑面积计算示意图

⑥ 雨篷结构的外边线至外墙结构外边线的宽度超过 2.10 m 的,应按雨篷结构板的水平

投影面积的 1/2 计算建筑面积。

⑦ 建筑物的阳台均应按其水平投影面积的 1/2 计算建筑面积。

⑧ 高低联跨的建筑物,应该以高跨结构外边线为界分别计算建筑面积;其高低跨内部连通时,其变形缝应计算在低跨面积内。图 3-6 所示为高低联跨建筑面积计算示意图。

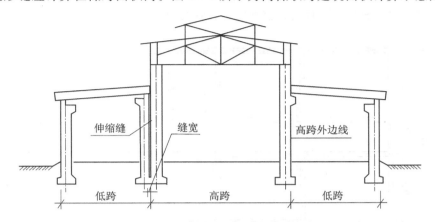

图 3-6　高低联跨建筑面积计算示意图

⑨建筑物内的变形缝应按其自然层合并在建筑面积内计算。

2) 不计算建筑面积的范围

① 建筑物的通道(骑楼、过街楼的底层)。

② 建筑物内的设备管道夹层。

③ 建筑物内分隔的单层房间,舞台及后台悬挂幕布、布景的天桥、挑台等。

④ 屋顶水箱、花架、凉棚、露台、露天游泳池。

⑤ 建筑物内的操作平台、上料平台、安装箱和罐体的平台。

⑥ 勒脚、附墙柱、垛、台阶、墙面抹灰、装饰面、镶贴块料面层、装饰性幕墙、空调机外机搁板(箱)、飘窗、构件、配件、宽度在 2.10 m 及以内的雨篷,以及与建筑物内不相连通的装饰性阳台、挑廊。

⑦ 无永久性顶盖的架空走廊、室外楼梯和用于检修、消防等的室外钢楼梯、爬梯,如图 3-7 和图 3-8 所示。

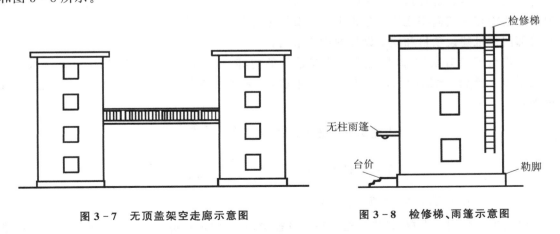

图 3-7　无顶盖架空走廊示意图　　　　图 3-8　检修梯、雨篷示意图

⑧ 自动扶梯、自动人行道。

⑨ 独立烟囱、烟道、地沟、油(水)罐、气柜、水塔、贮油池、贮仓、栈桥、地下人防通道、地铁隧道等。

【例3-1】 图3-9为一栋单层建筑物的建筑平面图,其中墙厚240 mm,轴线居中。试计算该建筑物的建筑面积、使用面积、辅助面积、结构面积。(单位:mm)

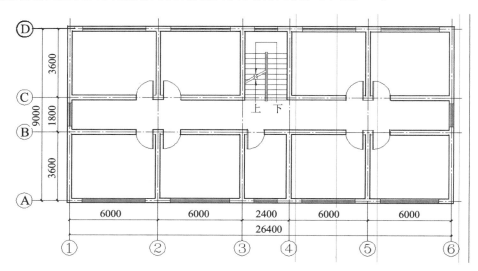

图3-9 建筑面积计算示意图

【解】 $S_{建} = (26.4 \text{ m} + 0.24 \text{ m}) \times (9 \text{ m} + 0.24 \text{ m}) = 246.15 \text{ m}^2$

$S_{使} = (6 \text{ m} - 0.24 \text{ m}) \times (3.6 \text{ m} - 0.24 \text{ m}) \times 8 + (3.6 \text{ m} - 0.24 \text{ m}) \times (2.4 \text{ m} - 0.24 \text{ m})$
$= 162.08 \text{ m}^2$

$S_{结构} = [(26.4 \text{ m} + 9 \text{ m}) \times 2 + (3.6 \text{ m} - 0.24 \text{ m}) \times 8 + 26.4 \text{ m} - 0.24 \text{ m} + 24 \text{ m}] \times 0.24 \text{ m}$
$= 35.48 \text{ m}^2$

$S_{辅} = (26.4 \text{ m} - 0.24 \text{ m}) \times (1.8 \text{ m} - 0.24 \text{ m}) + (2.4 \text{ m} - 0.24 \text{ m}) \times 3.6 \text{ m} = 48.59 \text{ m}^2$

2. 建筑平方米造价

建筑平方米造价是指建筑工程完工后,建设项目每平方米建筑面积所花费的建筑费用,即建筑总造价与建筑面积之比。建筑平方米造价是衡量建筑工程经济合理性的重要指标,也是有关部门审批建设项目和建筑设计的主要依据。

在进行建筑方案比选时,建筑平方米造价的内容通常包括土建工程平方米造价和专业工程平方米造价(比如给水排水工程平方米造价、采暖工程平方米造价、通风工程平方米造价等)。

$$土建工程平方米造价 = \frac{土建工程总造价}{建筑面积}$$

$$专业工程平方米造价 = \frac{专业工程总造价}{建筑面积}$$

3. 平方米用工人数及实物消耗量

建筑平方米用工人数,是指在建筑施工过程中,建设项目在每平方米建筑面积上所消耗掉的人工工日数量。建筑平方米实物消耗量,是指建设工程完工后,建设项目在每平方米建筑面积上所消耗掉的钢材、木材、水泥、砂、石、砖等各种建筑实物材料的数量。

二者均考虑建筑面积这一参数,将相对应各消耗总量除以建筑面积,得到平方米用工人数及实物消耗量。这两个指标反映了建筑设计的技术先进性和经济合理性。

$$建筑平方米用工人数 = \frac{单位工程用工总量}{建筑面积}$$

$$建筑平方米实物消耗量 = \frac{单位工程实物材料消耗总量}{建筑面积}$$

4. 建筑面积系数

建筑面积系数是指反映建筑设计平面布置合理性的指标体系,通常包括使用面积系数、辅助面积系数、结构面积系数。一般来讲,在满足功能的前提下,使用面积系数越大越好,而结构面积系数和辅助面积系数越小越好。但是,在设计过程中,也不能一味单纯地追求指标值,而忽视建筑方案其他方面的合理性。

(1) 使用面积系数

使用面积系数是指建筑物房间净面积占建筑面积的百分数,等于房间套内使用面积之和除以总建筑面积。使用面积系数越大,标志着建筑物公共交通及结构面积越小,也说明建筑物的使用面积大,建筑物的经济性好,设计方案的平面有效利用率越高。

$$使用面积系数 = \frac{使用面积}{建筑面积}$$

(2) 结构面积系数

结构面积系数是指建筑物中梁、板、柱等结构构件所占建筑面积的百分数,等于建筑物各层结构面积之和除以总建筑面积。结构面积系数越小,说明有效面积越多。它是评价采用新材料、新结构的重要指标。

$$结构面积系数 = \frac{结构面积}{建筑面积}$$

(3) 辅助面积系数

辅助面积系数是指建筑物中为辅助生产或辅助生活所用的净面积占建筑面积的百分数,等于建筑物辅助面积之和除以总建筑面积。辅助面积越小,说明设计方案在辅助面积上的浪费越小。

$$辅助面积系数 = \frac{辅助面积}{建筑面积}$$

5. 建筑体积系数

建筑体积系数是指建筑物的体积与它的有效面积之比。建筑体积系数是在符合使用和卫生条件下,控制建筑层高的有效指标,说明每一单位有效面积的体积越小越经济。

$$建筑体积系数 = \frac{建筑体积}{有效面积}$$

6. 建筑物占地面积空缺率

建筑物占地面积空缺率是用来表示建筑平面形状与建筑物占地面积之间的关系,反映了建筑物的土地利用率。该指标越小,说明该建设项目的土地利用率越高。

$$建筑物占地面积空缺率 = \left(1 - \frac{建筑物底面积}{占地面积}\right) \times 100\%$$

【例 3 - 2】 试计算图 3 - 10 中各图形的建筑物占地面积空缺率。

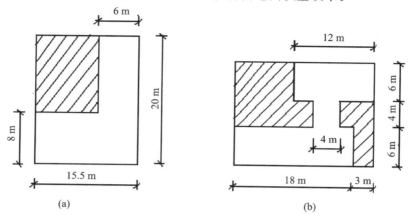

图 3 - 10 房屋平面形状与用地关系示意图

【解】 图(a):占地面积空缺率 = (1−196/310)×100% = 36.8%

图(b):占地面积空缺率 = (1−196/336)×100% = 41.7%

7. 容积率

建筑物的容积率又称为建筑面积毛密度,是指建设项目规划建设用地范围内全部建筑面积与建设项目规划建设总用地面积的比值。容积率是衡量建设用地强度的一项重要指标,它反映了合理用地、节约用地的程度。值得注意的是,容积率越低,居民的舒适度越高;反之,则舒适度越低。

$$容积率 = \frac{建筑面积}{规划建设总用地面积}$$

学习任务 3.3 工程造价的主要影响因素及控制方法

3.3.1 土地资源利用对工程造价的影响

我国土地资源情况现状不容乐观,主要表现在耕地数量锐减,人地矛盾加剧,土地集约利用不够,乱占滥用浪费土地问题突出,加上土地资源不能再生,适合人们建设需要、地段好的土地就相对缺乏。随着市场经济的发展,人们对高标准生活的追求,必然会增加对土地的需求。

1. 土地资源与建筑设计

合理利用土地、切实保护耕地是事关社会主义建设全局的重大问题,党中央、国务院对此一贯高度重视。由于土地资源的稀缺性,建设用地量的变化会直接影响可利用土地的供给量,从而增加土地供求矛盾。因此,在建筑设计的过程中,我们必须十分珍惜土地资源,充分、合理地利用每一寸土地。

2. 建筑设计影响土地利用效果的因素

(1) 建筑布局

在选择建筑布局方式时,除了根据该建筑物的功能需求、地段要求等具体条件及建筑物自身经济性外,还应考虑用地经济性。建筑布局通常可分为集中布置和分散布置,采用不同形式的建筑布局,必然会产生室外场地、道路、防火间距、各类管线布置等所需空间的不同,从而影响土地利用效果。

一般来说,采用集中布置的方式较为节省土地资源。因为采用集中布置的方式,道路、各类管线(给水排水、燃气、供暖、通信、电力)等所需空地可以较为集中,相对较少。在地形条件不允许而不能采用集中布置的情况下,应尽可能地根据情况灵活布置。

(2) 建筑层数

当今社会,我国城市住宅区建设正在经历前所未有的快速发展,住宅区建设与节约用地的矛盾日益突出。一般来讲,我们通常采用增加建筑层数的方法来节省用地。因为在建筑物面积规模一定的情况下,建筑层数越高,建筑物每平方米建筑面积所摊销的土地费用就越经济。当然,随着建筑层数的增加,房屋的日照间距、采光间距等要求也会随之增加,但总体来看,建筑层数的增加依然有利于节约土地。据统计测算,住宅建筑层数与用地效果的对比分析如表3-2所列。

其中,日照间距是指前后两排南向房屋之间,为了保证后排房屋在冬至日,底层获得不低于2 h的满窗日照而保持的最小间距,如图3-11中 L 所示。

表 3 - 2 住宅建筑层数与用地效果分析

层数	每户用地面积/m²	每户节约用地面积/m²	比第一层节约百分率/%	节约用地增长百分率/%
1	74.62	0	0	0
2	49.18	25.44	34.09	34.09
3	40.70	33.92	45.46	11.37
4	36.46	38.16	51.14	5.68
5	33.92	40.70	54.54	3.40
6	32.22	42.40	56.82	2.28
7	31.01	43.61	58.44	1.62
8	30.10	44.52	59.66	1.22

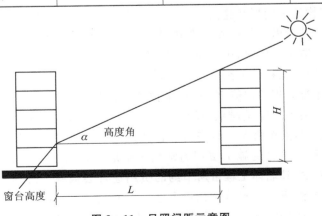

图 3 - 11 日照间距示意图

(3) 房屋进深

在相同的建设条件下,根据日照间距不变的原则,在房屋的平面布置中若加大房屋的进深也能节约土地资源。如图 3-12 所示,在层数与建筑面积相同的两幢建筑物中,图(a)由于进深较大,从而使建筑物长度较短。相较于图(b)而言,图(a)建设项目浪费在日照间距上的土地资源面积将大大减小。

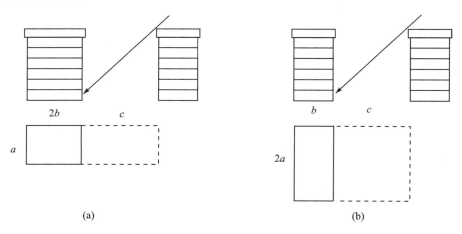

图 3-12 房屋进深与用地关系示意图

随着我国市场经济的高速发展,城市人口在不断增多,土地资源相对不足。而同样面积的土地,设计大进深的住宅能比设计小进深的住宅造出更大使用面积的房子。本着节约用地的原则,我们不得不选择大进深住宅来满足对住宅数量的不断需求。在今后一个很长时期,建设大进深住宅仍有必要,并有很大市场需求。至于进深过大出现的采光、通风不足等系列问题,则可通过优化住宅设计和采用相关的技术手段及设备加以解决。

3.3.2 建筑设计参数对工程造价的影响

不同类型的建设工程项目,在设计阶段影响工程造价的因素不完全相同,在建筑设计阶段,影响工程造价的建筑设计参数主要包括建筑平面形状、建筑层高、建筑层数和柱网布置。

1. 建筑平面形状

一般来讲,建筑物的平面形状越简单,则该建筑物的单位面积造价就会越低。若某建筑由于追求标新立异使其外形做得复杂而不规则,其周长与面积的比值就会随之增加,伴随而来的就是较高的单位工程造价。同时,由于不规则的建筑物外墙将会造成建筑物给水排水工程、室外工程、砌筑工程及屋面工程的复杂化,从而增加项目建设的总造价。

建筑物周长与建筑面积的比值 K,是指单位建筑面积所占的外墙长度,常用来描述建筑物平面形状与造价的关系。K 值越低,设计方案越经济。经过数学研究表明,K 值按照圆形、正方形、矩形、T 形、L 形依次增大。但是由于在建筑工程方面,圆形建筑物施工复杂,与矩形建筑物相比而言,圆形建筑物的施工费用通常高于矩形建筑物 20%~30%。由此可见,若采用圆形建筑物设计方案,其墙体工程量所节约的费用通常会被施工过程中所增加的各项施工费用所抵消。同样,虽然正方形建筑物比矩形建筑物 K 值小,但是不利于自然采光的需要,会因为采光费用的增加,而抵消施工、工程量方面节约的费用。因此,建筑物平面形状的设计,应在满足建筑物基本功能需求的前提下,降低 K 值,实现建筑物寿命周期成本最低的目标要求。

2. 建筑层高

建筑层高是指建筑物上下两层之间的高度差值。

随着建筑层高的增加,建筑物单位面积的造价明显增大。究其原因,主要是在建筑面积不变的情况下,若建筑物的层高增加将会引起建筑物的各项费用的增加。例如:墙与隔墙及其有关粉刷、装饰费用的提高;卫生设备、上下水管道长度的增加;由于施工垂直运输量的增加而引起屋面造价的增加;同时由于层高增加引起建筑物高度大幅度增加,从而使基础造价增加。据有关数据资料显示,当层高从 3 m 下降至 2.8 m 时,住宅的平均造价可下降约 4%。在相同建筑面积的方案中,一般来说层高降低,相应地也能减少墙体材料,减轻建筑物墙体自重;既可改善结构受力,又能缩小房屋间距,节约用地。

可以看出,层高与单位建筑面积的造价变化成正比。层高的增加对造价的影响体现在主要建筑材料的用量上,其中多层建筑最为明显。综上所述,建筑物层高对工程造价有突出性影响,但并不是说最低的层高、最低的价格是可取的。建筑物受到造价、功能的双重制约,其价格应该是造价、功能的平衡。

3. 建筑层数

建筑工程总造价是随着建筑物层数的增加而提高的。同时,在建筑面积规模一定的情况下,建筑层数越多,建筑物基地所占的用地面积就越小,建筑物每平方米建筑面积摊销的工程造价费用也越经济。但这种情况对工程的各个分部结构的影响程度不同,也会因建筑类型、形式和结构的不同而受到较大影响。例如,建筑物增高,电梯及楼梯的造价将有提高的趋势,建筑物的维修费用也将增加,但是采暖费用有可能会下降。综上所述,一般情况下,建筑层数与造价成正比关系,即总造价随建筑层数是递增的。随着建筑层数增加,单位建筑面积所分摊的土地费用及外部流通空间费用将有所降低,从而使建筑物单位面积造价降低。

在民用住宅项目中,按照层数的多少通常可划分为低层住宅、多层住宅(4～6层)和中高层住宅。其中,低层住宅不利于土地资源的节约,中高层住宅要增加电梯、消防、供水等设备,所以多层住宅得到了广泛推广。据统计资料分析,多层住宅楼层层数与造价关系如表 3-3 所列。

表 3-3　多层结构各部分所占造价百分比

层　数	各部分所占造价百分比/%								
	平方米造价	基础	地坪	墙体	门窗	楼板	屋盖	装饰	其他
1	100.00	26.20	6.10	24.70	8.30	—	28.00	3.90	2.80
2	91.60	16.10	3.73	30.50	10.00	10.50	17.30	4.87	7.00
3	86.90	14.50	2.60	32.50	10.60	14.70	12.30	5.10	7.70
4	81.90	11.40	2.08	34.20	11.70	17.70	9.65	5.43	8.34
5	79.50	9.90	1.71	35.30	11.20	19.70	7.85	5.64	8.70

由表 3-3 可得出结论,6 层内住宅的层数越多,平均造价越低,且相邻层次间造价差值也越小,多层住宅以 5～6 层为好。若住宅超过 7 层,就要增加电梯费用,需要较多的交通空间(过道走廊要加宽)和补充设备(供水设备和供电设备等)。理论上,如果增加一个楼层不影响建筑物的结构形式,单位建筑面积的成本可能会降低。

4. 工业建筑柱网布置

柱网布置是指工业厂房中,确定柱子之间的跨度以及柱距的科学依据。柱网布置包括跨度和柱距两个相互垂直方向的尺寸。柱网布置是否合理,对工程造价和厂房面积的利用率都有较大的影响。

柱网尺寸的选择与厂房中有无吊车、吊车类型等因素有关。对于单跨厂房,当厂房柱距不变时,随着厂房跨度的增加,厂房的建筑面积在不断增加。同时,除屋架外,其他结构分摊在单位面积上的平均造价随跨度的增加而减小,则该厂房的单位面积造价相应降低。对于多跨厂房,当跨度不变时,因为柱子和基础分摊在单位建筑面积的造价减少的关系,中跨数目越多越经济。

3.3.3 结构类型、施工方案及工期对工程造价的影响

1. 结构类型

对于同一建筑物来说,若采用不同建筑结构类型的方案会有完全不同的工程造价。建筑物的结构类型是指建筑工程中由梁、板、柱、基础等受力构件组成的建筑物骨架,它直接或间接承受房屋的所有荷载。建筑结构按照所使用的建筑材料不同,可以分为砌体结构、钢筋混凝土结构、钢结构和木结构等。据统计资料,砌体结构和钢筋混凝土结构的每平方米造价对比分析如表3-4所列。

表3-4 不同结构类型造价对比分析表

结构类型	每平方米造价/元			备 注
	教学楼	医院大楼	多层住宅	
砌体结构	100	100	100	以砌体结构平方米造价为100%
钢筋混凝土结构	165	155		

(1) 砌体结构

砌体结构是把墙砖、砌块等材料通过砂浆砌筑而成,在建筑物中承受荷载并起骨架作用的结构类型。砌体结构所用的主要材料来源方便,易就地取材,天然石材易于开采加工,黏土、砂等原材料随处可见,且块料易于生产,既有利于节约天然资源又有利于保护环境。砌体结构不仅比钢结构节约钢材,较混凝土结构节约水泥和钢材,而且砌筑砌体时不需要模板及特殊的技术设备,可以节约木材。有关资料表明,5层以下建筑物采用砌体结构是较为经济的选择。

(2) 钢筋混凝土结构

钢筋混凝土结构是指由钢筋和混凝土两种材料共同作用,形成骨架的结构类型。钢筋混凝土结构坚固耐用,强度、刚度较大,抗震、耐热、耐酸碱、耐火性能好,便于施工装配。钢筋混凝土结构中,钢筋和混凝土材料强度可以得到充分发挥,基本无局部稳定问题,同时混凝土所用的大量砂、石易于就地取材,结构可塑性好,维护费用也较低。对于一般工程结构,钢筋混凝土结构的经济指标优于钢结构。

(3) 钢结构

钢结构是由钢板和型钢等钢材,通过铆、焊、螺栓等工艺和材料连接而成的结构。多层房屋采用钢结构在经济上的主要优点有:可以使柱截面减小,柱子占用楼层空间相对变少;工程安装

精确,施工迅速,节约工期;结构自重减小,从而降低工程基础造价;钢结构柱网布置灵活性大,可以适应未来变化需要。总体来说钢结构造价偏高。

(4) 木结构

木结构是指全部或者大部分采用木材搭建的结构。木结构建筑物具有就地取材、制作简单、易加工等优点,但易燃、易腐蚀、易变形。木结构的采用,需要大量消耗木材资源,会对生态环境带来不利影响。因此,在各类建筑物中较少使用木结构。

从以上分析可以看出,建筑结构类型的选择是否合理,不仅直接影响到工程质量、使用寿命、耐火抗震性能,而且对施工费用、工程造价有很大影响。

2. 施工方案

施工方案和建设工程造价是相互依存、相互影响的。确切地说,工程造价的编制过程也是施工方案的设计过程。施工方案的选择决定着工程造价的高低;反过来,工程造价又在一定程度上制约了施工方案。二者辩证统一,是相辅相成的。

施工方案受结构类型影响较大,通常情况下,采用钢筋混凝土工程,现浇梁、现浇板、现浇柱等结构时,由于构件需要搭模版,现浇构件不够标准化、不规范,施工的规律性差,施工的复杂程度使得管理费用和技术措施费用随之增加。采用砌体结构时,所使用的材料是标准砖、一定配合比砂浆等材料,构件标准,施工的规律性强,施工的工期合理缩短,就可以节约施工管理费用的开支,从而降低工程造价。

3. 工期

工期短、造价低是人们对建设项目施工的美好憧憬。但是,工期与造价是相互关联,相互制约的。在劳动生产率一定的条件下,要缩短工期,就要集中相应的人力、物力于某项工程上,从而扩大现场、仓库的规模和数量,增加造价。

(1) 工期与经济效益

据不完全统计,按照我国目前生产性基本建设规模估计,若在建生产性项目的建设工期缩短 1 年,则国民经济可增加收益 50 亿元。对于某些具有紧迫性、时效性的项目来说,缩短建设工期、赢得建设时间往往成为建设单位头等关心的问题,不仅能提高项目的自身经济效益,还能够提高项目的社会效益。

(2) 工期与固定成本

缩短施工工期可以降低施工企业日常开支,从而降低建筑安装工程费用。例如,职工的基本工资、与施工工期有关的间接费等都会因为工期的缩短而大幅度降低。据不完全统计,我国在建项目施工工期每缩短 1 年,施工企业日常开支将减少 50 亿元。但是工期也并非越短越好。它应在满足计划或者合同规定的前提下,以最大限度地降低工程费用为标准。建设周期的长短对于建设费用有很大影响,在安排施工工期时,要合理处理工期与造价的辩证关系。

3.3.4　建筑材料对工程造价的影响

在建筑工程中,建筑材料费占工程总造价的 60%～70%,是整个建设工程费用的主体部分。根据相关资料统计,建筑材料费占土建工程造价的百分比分析如表 3-5 所列。

表 3-5　建筑材料费占土建工程造价百分比

工程名称	结构类型	建筑层数	建筑面积/m²	占造价百分比/%
教学楼	砌体	4	4903	68.51
办公楼	砌体	5	3540	65.34
宾馆	钢筋混凝土	13	10300	63.30
住宅	砌体	6	4260	67.28

由此可以看出,要有效地控制工程造价,就要有效地控制主要建筑材料的使用量。要节约材料使用量,可以从以下几点入手。

1. 简化结构设计方案

不同的结构设计方案,常常意味着不同的材料消耗量。因此,在设计人员进行结构方案设计时,就要在条件允许的情况下,尽可能地考虑节约材料的问题。一般来说,建筑物外墙周长系数越小,可以节约的墙体和门窗材料的用量越大。

$$外墙周长系数 = \frac{外墙周长}{底层建筑面积}$$

【例 3-3】　两个设计方案建筑面积同为 806 m²,其中,甲建筑物外墙周长为 205 m,则甲建筑物的外墙周长系数为 0.254;乙建筑物外墙周长为 125 m,外墙周长系数为 0.155。若按每平方米建筑面积的工程量进行对比,可以看出,甲建筑物的外墙要比乙建筑物的外墙多耗费 50% 左右的材料。在地形条件、地基承重条件许可的情况下,可以采用单元拼接和改变墙身厚度的方法来简化结构方案,节约材料用量。

2. 采用自重轻的材料

建筑物主体结构的材料消耗,占建筑材料消耗的绝大部分。而建筑物主体结构主要用于承受荷载,建筑物自身重量也是荷载的一大组成部分。这样看来,采用自重较轻的建筑材料,减轻结构自重,可以节约下部结构的材料消耗量,同时也可以节约建筑物下部基础材料及土方工程量。

3. 选用经济合理的材料

所谓选材,就是指在众多材料中,寻找既能满足工程要求,又能降低工程成本以获得最大经济利益,同时还能符合使用环境条件和环保与资源供应情况的材料。

设计阶段是建设项目成本控制的关键与重点,尽管设计费在建设工程全过程中所占费用比例不大,一般只能占建设成本的 1.5%～2%,但材料对于工程造价的影响却可达 65%。由此可见,设计中材料选择的价格直接影响建设费用的多少,也直接决定人力、物力和财力的投入多少。合理、科学地选材,能够对合理降低工程造价起决定性作用。

4. 就地取材,节约材料用量

就地取材是指在进行工程设计或编制施工组织设计时,根据工程质量标准的要求,因地制宜,采用施工对象所在地区的地方材料施工。就地取材,可以节约大量的材料运费。例如,砂、石等地方材料,其材料价格中有 30%～50% 是运杂费。因此,在进行建筑设计时,应该了解建设项目当地材料的供应情况,就地取材时才有更好的选择,才能节约材料用量。

5. 节约"建筑三材"用量

"建筑三材"是指钢材、木材、水泥。随着我国全面实现小康社会的经济发展,钢材、木材、水泥作为建筑主材,使用量大大增加。以木材为例,木材作为建筑材料优点很多,自重轻、构造简单,但由于其稀缺性,价格一再上涨。若在建筑结构中大量使用木材,不但会加大建造成本,还不利于保护环境。所以,节约"建筑三材",特别是节约木材,不仅可以降低工程造价,而且可以更好地保持环境的生态平衡。

学习任务 3.4　设计方案的优化

设计方案是为满足一定目的而进行的设计,是预先定出工作方案和计划而绘出的图案。设计方案的优化是设计阶段的重要步骤,建筑工程设计方案的优化是提高工程造价管理水平的关键。有关调查显示,科学的建筑工程设计方案优化能够有效降低工程施工成本的 30% 左右。因此,加强建筑工程设计方案优化已经成为现代工程建筑投资方的重要工作。

3.4.1　工程设计招投标和设计方案竞选

1. 工程设计招投标

设计招投标是指招标单位根据拟建工程的设计任务发布招标公告,以吸引设计单位参加竞争,经招标单位审查符合招标资格的设计单位按照招标文件要求,在招投标时间限期内填写投标文件,招标单位择优选择确定中标设计单位来完成设计任务的活动。

设计招投标旨在鼓励竞争,促进设计单位加强管理,促使设计人员改进技术,降低工程造价,提高设计质量。

(1) 设计招投标的方式

我国《招标投标法》第 10 条规定:招标分为公开招标和邀请招标两种方式。公开招标是指招标人以招标公告的方式邀请不特定的法人或其他组织投标。邀请招标是指招标人以投标邀请书的方式邀请特定的法人或者其他组织投标。

设计方案招标是用竞争机制优选设计方案和设计单位。采用公开招标方式,招标人应当按国家规定发布招标公告;采用邀请招标方式,招标人应当向 3 个以上设计单位发出投标邀请书。

(2) 设计招投标的特点

与施工招标、材料供应招标、设备采购招标等相比,设计招标有自己的特点,它们的主要区别有如下三点:

① 招标文件内容不同。设计招标文件中仅提出设计依据、工程项目应达到的技术指标、工作范围等基本资料,而无具体的工作量。

② 开标形式不同。开标时,并非由招标主持人宣读投标书,而是首先提出设计构思和初步方案,并论述该方案的优点和实施计划。

③ 评标原则不同。评标时不过分追求投标价的高低,评标委员更多关注方案的技术先进性,技术指标、方案的合理性等。

2. 设计方案竞选

设计方案竞选是指由组织竞选活动的单位通过报刊、信息网络等方式发布方案竞选公告,以吸引设计单位参加方案竞选。设计单位要参加设计方案竞选,应按照竞选文件和国家有关规定,做好方案设计并加盖图章,在规定时间内密封送达组织竞选单位。

相对于设计方案招标来讲,设计方案竞选主要是指初步设计以前工程项目的总体规划设计方案,个体建筑物、构筑物的设计方案的竞选。

(1) 设计方案竞选的方式

设计方案竞选的方式分为公开竞选和邀请竞选。

(2) 设计方案竞选与设计招投标的区别

① 参赛者不一定提出报价,只需提出设计方案。

② 入选的参赛者可以获得奖金,非入选者也可以得到一定的经济补偿。

③ 设计方案竞赛评比的第一名往往是设计任务的承担者,但也可以将所有的优秀方案,包括各个子系统的优秀方案综合起来,作为项目设计方案的基础,再以一定的方式委托设计者。

3.4.2 优选设计方案的技术经济评价方法

在设计方案经济研究中,经济效果评价是对评价方案计算期内各种有关技术经济因素和方案投入与产出的有关财务、经济资料数据进行调查、分析,用一个或者一组评价指标,对设计方案的项目功能、造价、工期等方面进行定量与定性分析,对方案的经济效果进行计算、评价,分析比较各方案的优劣,从而确定和选择最优方案。进行设计方案优选时,通常采用以下 3 种方法:价值工程法、计算费用法、多因素评分优选法。

1. 价值工程法

(1) 价值工程的概念

价值工程(value engineering)又称价值分析,是运用集体智慧和有组织的活动,着重对产品进行功能分析,使之以最低的总成本,可靠地实现产品的必要功能,从而提高产品价值的一套科学的技术经济分析方法。从价值工程的概念可知,价值工程是研究产品功能和成本之间关系问题的管理技术。价值、功能、成本是价值工程的三要素。

$$价值(V) = \frac{功能(F)}{成本(C)}$$

1) 价值(V)

价值工程中所说的价值,是指产品功能与成本之间的比值。从上式可以看出,价值是产品功能与成本的综合反映,价值高低是评价产品好坏的一种标准。

2) 功能(F)

功能是指产品所具有的特定用途,即产品能满足人们生产、生活所需的某种属性。由于产品的功能只有在使用过程中才能最终体现出来,所以产品功能是由用户所承认、决定的。

3) 成本(C)

成本是指产品的寿命周期成本。产品使用价值贯穿从设计制造到报废的全过程。它包括企业付出的制造成本和用户付出的使用成本两大部分。在考虑成本值时,既要考虑产品的售价(制造成本),又要考虑使用成本。

(2) 在设计阶段实施价值工程的意义

1) 施行价值工程可以使建筑产品的功能更合理

价值工程的核心是功能分析。功能分析的目的是研究产品各组成成分及其之间的相互关系,对产品功能进行技术和经济两方面分析。功能分析是通过对选定的对象进行功能定义,进行功能分类和整理,根据用户要求的功能,寻求实现功能的最低费用。

2）实施价值工程可以有效地控制工程造价

在建设项目设计阶段，为避免施工阶段不必要的修改，减少设计变更造成的工程造价的增加，应将投资估算按专业进行分配，设定目标造价。合理地确定设计阶段造价控制目标值后，便可以利用价值工程对设计方案进行合理控制。

3）采用价值工程可以节约社会资源

价值工程着眼于寿命周期成本，即研究对象在其寿命期的全部费用。在一定范围内，产品的生产成本和使用成本存在此消彼长的关系。而价值工程中对降低成本的考虑，是综合考虑生产成本和使用成本的下降，兼顾生产者和用户的利益，以获得最佳的社会综合效益。

(3)提高产品价值的基本途径

同一个建设项目可以有不同的设计方案，方案之间会有不同的工程造价，因而可用价值工程进行方案的选择和应用价值工程进行优化设计。由于价值工程是以提高产品价值为目的，因此，应当深刻研究产品功能与成本的最佳匹配。从价值工程的基本原理得知，提高产品价值的途径有以下几种：

1）功能不变，成本降低

在保证产品原有功能不变的情况下，可以选择通过降低产品的成本来提高产品的价值。

2）成本不变，功能提高

在不增加产品成本的前提下，通过提高产品功能来提高产品的价值。

3）成本小增加，功能大提高

通过增加少量的成本，使产品的功能有大幅度提高，从而使产品的价值得到提高。

4）功能小降低，成本大降低

根据某些用户特定的需要，可以通过适当降低产品的某些功能，以使产品成本有较大幅度的降低，从而提高产品的价值。

5）功能提高，成本降低

可以运用新技术、新工艺、新材料来提高产品功能，降低产品的成本，使产品的价值大幅度提升。

(4) 价值工程在新建项目设计方案优选中的应用步骤

价值工程的特点是有组织的活动，需要集中企业中从事开发研究、设计、生产、采购等各方面的专家，组成工作小组，并按照价值工程中所介绍的工作程序来进行。

价值工程以功能分析为核心，它有一套发现问题、分析问题和解决问题的科学的、系统的、卓有成效的方法。归纳起来，就是解决如下7个问题：它是什么？它是干什么用的？它的成本是多少？它的价值是多少？有其他方法实现这个功能吗？新的方案成本是多少？新的方案能满足要求吗？为了能在功能分析过程中正确地回答和解决以上问题，价值工程的实施程序可以分为4个基本步骤，详见表3－6。

表3－6　价值工程活动的基本程序

序　号	基本步骤	具体内容
1	选择对象	选择对象，收集资料，功能分析，功能整理
2	功能分析	功能成本分析，功能评价，选择对象范围
3	功能评价	根据功能评价结果，提出多种方案
4	方案评价，方案改进	各方案功能满足程度打分、功能评价系数、价值系数

1）选择价值工程对象

在设计阶段应用价值工程控制工程造价，应以对控制工程造价影响较大的项目作为价值工程的研究对象。

2）功能分析

功能分析亦称功能研究。建筑功能是指建筑产品满足社会需要的各种性能的总和。不同的建筑产品有不同的使用功能。建筑产品的功能一般分为社会性功能、适用性功能、技术性功能、物理性功能和美学功能5类。功能分析首先应明确项目具体有哪些功能，哪些是主要功能，并对功能进行定义和整理。

3）功能评价

功能评价主要是比较各项功能的重要程度，计算各项功能的功能评价系数，作为该功能的重要度权重，通常采用0~4评分法。

【小贴士】　　　　　　　　0~4评分法

➢ 很重要的功能因素得4分，另一很不重要的功能因素得0分；

➢ 较重要的功能因素得3分，另一较不重要的功能因素得1分；

➢ 同样重要或基本同样重要时，则两个功能因素各得2分。

4）方案评价与改进

根据功能分析的结果，提出各种实现功能的方案，先为提出的各种方案对各项功能的满意程度打分；然后以功能评价系数作为权重计算各方案的功能评价得分；最后，计算各方案的价值系数，以价值系数最大者为最优。

5）应用举例

【例3-4】　某厂有3层砖混结构住宅14幢。随着企业的不断发展，职工人数逐年增加，职工住房条件日趋紧张。为改善职工居住条件，该厂决定在原有住宅区内新建住宅。

① 新建住宅功能分析。为了使住宅扩建工程达到投资少、效益高的目的，价值工程小组工作人员认真分析了住宅扩建工程的功能，认为增加住房户数(F_1)、改善居住条件(F_2)、增加使用面积(F_3)、利用原有土地(F_4)、保护原有林木(F_5)5项功能应作为主要功能。

② 功能评价。经价值工程小组集体讨论，认为增加住房户数最重要，其次改善居住条件与增加使用面积同等重要，利用原有土地与保护原有林木同样不太重要，即 $F_1 > F_2 = F_3 > F_4 = F_5$，利用0~4评分法，各项功能的评价系数见表3-7。

表3-7　0~4评分法得到各项功能的评价系数

功能	F_1	F_2	F_3	F_4	F_5	得分	功能评价系数
F_1	×	3	3	4	4	14	0.35
F_2	1	×	2	3	3	9	0.225
F_3	1	2	×	3	3	9	0.225
F_4	0	1	1	×	2	4	0.1
F_5	0	1	1	2	×	4	0.1
合计						40	1.00

③ 方案创新。在对该住宅功能评价的基础上,为确定住宅扩建工程设计方案,价值工程人员走访了住宅原设计施工负责人,调查了解住宅的居住情况和建筑物自然状况,认真审核住宅楼的原设计图纸和施工记录,最后认定原住宅地基条件较好,地下水位深且地耐力大;原建筑虽经多年使用,但各承重构件尤其原基础十分牢固,具有承受更大荷载的潜力。价值工程人员经过严密计算分析和征求各方面的意见,提出两个不同的设计方案:

方案甲:在对原住宅楼实施大修理的基础上加层。工程内容包括:屋顶地面翻修,内墙粉刷、外墙抹灰,增加厨房、厕所333 m²,改造给水排水工程,增建两层住房605 m²。工程需投资50万元,工期4个月,施工期间住户需全部迁出。工程完工后,可增加住户18户,原有绿化林木50%被破坏。

方案乙:拆除旧住宅,建设新住宅。工程内容包括:拆除原有住宅两栋,可新建一栋,新建住宅每栋60套,每套80 m²。工程需投资100万元,工期8个月,施工期间住户需全部迁出。工程完工后,可增加住户18户,原有绿化林木全部被破坏。

④ 方案评价。利用加权评分法对甲、乙两个方案进行综合评价,评价结果见表3-8和表3-9。

经计算可知,修理加层方案价值系数较大,据此选定方案甲为最优方案。

表3-8 各方案的功能评价

项目功能	重要度权数	方案甲		方案乙	
		功能得分	加权得分	功能得分	加权得分
F_1	0.35	10	3.5	10	3.5
F_2	0.225	7	1.575	10	2.25
F_3	0.225	9	2.025	9	2.025
F_4	0.1	10	1	6	0.6
F_5	0.1	5	0.5	1	0.1
方案加权得分和		8.6		8.475	
方案功能评价系数		0.5037		0.4963	

表3-9 各方案价值系数计算表

方案名称	功能评价系数	成本费用	成本指数	价值系数
甲方案	0.5037	50	0.333	1.513
乙方案	0.4963	100	0.667	0.744
合计	1.000	150	1.000	

2. 计算费用法

(1) 计算费用法的含义

计算费用法通常称为最小费用法,是一种广泛使用的技术经济评价方法。计算费用法是通过货币量来反映设计方案的劳动消耗量。多个备选设计方案相比较,总费用和年均成本最小者为最佳方案。

（2）计算费用法的评价体系

计算费用法有两个评价指标：$C_年$ 和 $C_总$。$C_年$ 表示设计方案在投资回收期内平均每年的成本，包括投资成本和年运营成本；$C_总$ 表示设计方案在投资回收期内的总成本。对多方案进行分析对比时，采用计算费用法较简便，其数学表达式为：

$$C_年 = K \times E + V$$
$$C_总 = K + V \times t$$

式中：K——总投资额；

V——年运营成本；

t——投资回收期；

E——投资效果系数，为投资回收期的倒数。

（3）应用举例

【例3-5】 某建设项目有3个设计方案，其已知条件是：

方案1：投资总额 $K_1 = 2000$ 万元，年运营成本 $V_1 = 400$ 万元。

方案2：投资总额 $K_2 = 2200$ 万元，年运营成本 $V_2 = 350$ 万元。

方案3：投资总额 $K_3 = 2400$ 万元，年运营成本 $V_3 = 300$ 万元。

投资回收期 t 为5年，投资效果系数 $E = 0.2$，优选出最佳设计方案。

【解】 方案1：

$C_年 = K_1 \times E + V_1 = 2000$ 万元 $\times 0.2 + 400$ 万元 $= 800$ 万元

$C_总 = K_1 + V_1 \times t = 2000$ 万元 $+ 400$ 万元 $\times 5 = 4000$ 万元

同理可求得：

方案2：$C_年 = 790$ 万元，$C_总 = 3950$ 万元

方案3：$C_年 = 780$ 万元，$C_总 = 3900$ 万元

由以上计算结果可见，方案3的总费用和年均成本最低，故方案3为最佳方案。

综上所述，设计方案的优劣不仅要考虑投资时的额度高低，还应考虑项目投产后生产成本的高低和经营效果，即投资效益的好坏。

3. 多因素评分优选法

（1）多因素评分优选法的含义

多因素评分优选法是指对需要进行分析评价的设计方案设定若干评价指标和按其重要程度分配权重，然后按评价标准给各指标打分，将各项指标所得分数与权重相乘并汇总，得出各设计方案的评价总分，以获总分高者为最佳方案的办法。

（2）多因素评分优选法的评价体系

采用多因素评分优选法，其中关键在于正确地确定各方案的权重，其计算公式为

$$S = \sum_{i=1}^{n} S_i W_i$$

式中：S——设计方案总分；

S_i——第 i 个评价方案某指标得分；

W_i——第 i 个评价指标权重；

i——评价指标序号，$i = 1, 2, 3, \cdots, n$；

n——评价指标总数。

(3) 应用举例

【例 3－6】   某工程项目有 A、B、C 3 个设计方案,各方案的各项指标评分见表 3－10,试确定最佳方案。

【解】   上述 3 个设计方案各方案所得总分为:

A 方案:$S_A = \sum S_{Ai} \cdot W_i = 3$ 分 $\times 5 + 1$ 分 $\times 4 + 3$ 分 $\times 3 + 1$ 分 $\times 3 + 2$ 分 $\times 2 = 35$ 分

B 方案:$S_B = \sum S_{Bi} \cdot W_i = 1$ 分 $\times 5 + 3$ 分 $\times 4 + 1$ 分 $\times 3 + 2$ 分 $\times 3 + 3$ 分 $\times 2 = 32$ 分

C 方案:$S_C = \sum S_{Ci} \cdot W_i = 2$ 分 $\times 5 + 2$ 分 $\times 4 + 2$ 分 $\times 3 + 2$ 分 $\times 3 + 2$ 分 $\times 2 = 34$ 分

由以上计算结果可见,A 方案的总分最高,故 A 方案是最佳方案。

表 3－10   多因素评分优选法评分表

评价指标	权重	指标分等	方案评分		
			A	B	C
单位造价	5	1:高于正常水平 2:正常水平 3:低于正常水平	3	1	2
工期	4	1:延长工期 2:正常工期 3:缩短工期	1	3	2
建设投资	3	1:高于正常水平 2:正常水平 3:低于正常水平	3	1	2
材料用量	3	1:耗量高 2:正常 3:耗量低	1	2	2
劳动力消耗	2	1:高于正常耗量 2:正常水平 3:低于正常耗量	2	3	2
合计得分			35	32	34

3.4.3   标准化设计

标准化设计又称定型设计、通用设计,是工程建设标准化的组成部分。各类工程建设的构件、配件、零部件、通用的建筑物、构筑物、公用设施等,只要有条件的,都应该实施标准化设计。

1. 标准化设计的内容

标准化设计的内容可以分为国家标准、部颁标准、省(市、自治区)标准和企业标准 4 类:

① 国家标准是对全国工程建设具有重要作用的,跨行业、跨地区、必须在全国范围内统一采用的设计,由主编部门提出报国家主管基本建设的综合部门审批颁发。

② 部颁标准主要是在全国各专业范围内必须统一使用的设计,由各专业主管部门审批颁发。

③ 省、市、自治区标准主要是在本地区内必须统一使用的设计,由省、市、自治区主管基本建设的综合部门审批颁发。

④ 企业标准是企业根据国家、行业以及各地区的标准,结合企业自身情况和市场实际需要,制定的设计标准。

2. 标准化设计的优点

采用标准化设计的优点如下:

① 设计质量有保证,有利于提高工程质量。

② 可以减少重复劳动,加快设计速度。

③ 有利于采用和推广新技术。

④ 便于实行构配件生产工厂化、装配化和施工机械化,提高劳动生产率,加快建设进度。

⑤ 有利于节约建设材料,降低工程造价,提高经济效益。

3.4.4 限额设计

1. 限额设计的含义

由于建筑工程耗用材料、设备多,消耗人工多,使用施工机械多,施工地点不固定,施工周期长,占用资金大,同时造价与质量、进度之间又有着千丝万缕的联系,它们之间既相互制约、相互矛盾,又相互统一,因此控制建设工程造价在建设项目管理或建筑工程成本控制中是非常重要的。从某种意义上来说,造价控制得好与坏,直接关系到建筑工程质量的高与低,直接关系到建筑工程进度的快与慢,同时也直接影响到建设项目的成功与否。对建设工程造价的有效管理控制是工程建设管理的重要组成部分。现在对于建设工程造价的控制,主要或者说绝大部分是在建设实施阶段,一般只注重施工预算、结算,而忽视实施前的造价控制,只注重施工而忽视设计,只注重减少造价而忽视科学合理的定价,只注重造价控制的形式而忽视其实质。

所谓限额设计,是指按照已批准的投资估算控制初步设计,按照已批准的初步设计总概算来控制施工图设计。同时,注意在保证达到使用功能的前提下,按照已分配的投资限额来控制设计,严格控制不合理变更,不得突破总投资额。确定投资总额是推行限额设计的关键,若投资总额确定过高,限额设计就失去了意义;若投资总额确定过低,限额设计也无法完成。

限额设计并非简单地只考虑投资或者投资越少越好,也不是简单地将项目投资"一刀切"了事,而是通过精心设计达到技术与经济的统一,实现对项目功能、规模、标准、工程量等总体的控制和优化。限额设计实际上是项目投资控制系统过程中的一个重要环节和有力的措施。推行限额设计,必须注意从实际出发,使项目的建设标准与客观许可条件相适应。要合理而有效地利用项目资金,严禁攀比、盲目地追求高水平和高标准,而忽视项目投入与产出的经济效益。为能保证限额设计的顺利进行,扭转或防止设计概算造价失控现象,要求设计者必须树立和加强设计工作的投入与产出的观念。

2. 推行限额设计的意义

(1) 限额设计的目标

限额设计目标是在初步设计开始前,根据批准的可行性研究报告及其投资估算确定的。限额设计目标由项目经理或总设计师提出,经主管院长审批下达,其总额度一般只下达直接工程费的90%,以便为项目经理或总设计师和室主任留有一定的调节指标,用完后,必须经过批准才能调整。专业之间或专业内部节约下来的单项费用,未经批准,不能互相平衡,擅自调用。

（2）推行限额设计的意义

积极推行限额设计,是实施建设工程造价管理的有效手段,可以使投资估算能真正控制设计概算,进而控制施工图预算。要严格控制初步设计和施工图设计的不合理变更,以保证不得突破总造价。

① 推行限额设计是控制建设投资的重要手段。

在设计过程中,要坚持以控制工程量为主要内容,努力抓住控制建设投资的核心。

② 推行限额设计有利于处理好技术与经济的关系,增强设计单位责任感。

为了保证限额设计工作的顺利进行,设计人员必须增强经济观念,在整个设计工作过程中注意检查工程费用是否突破限额,将技术与经济统一起来。在限额设计的实施过程中,实行赏罚管理制度是个不错的选择,可促使设计人员增强经济观念和责任感,使其既要负技术责任也要负经济责任。

3. 限额设计的内容

限额设计的全过程是一个目标分解与计划、目标实施、目标实施检查、信息反馈的控制循环过程,详见图 3-13。

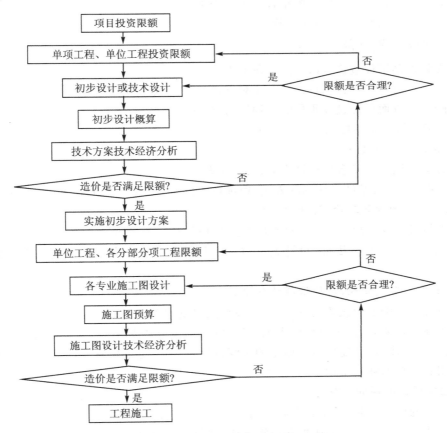

图 3-13　限额设计程序示意图

（1）合理确定项目的投资限额

经审批的设计任务书中的项目总投资额，即为进行限额设计控制项目投资的主要依据，而设计任务书中的项目总投资额又是根据审批的项目可行性研究报告中的投资估算额下达的，那么提高项目可行性研究报告中投资估算的科学性、准确性，便是合理确定项目投资限额的重要环节。

（2）科学分配初步设计的投资限额

设计单位在进行设计之前，总设计师应该将设计任务书中规定的各项设计的建设方针、设计原则、各项技术经济指标等向设计人员交底，并将设计任务与规定的投资限额分专业分工程下达到设计人员，亦即将设计任务书中规定的投资限额分配到各项单项工程和单位工程。

（3）根据投资限额进行初步设计

进行初步设计要有经济观念，要进行多方案比选，设计中如果发现方案或某项费用指标超出投资限额，应立即采取措施加以解决，严格按照分配目标进行设计。在设计过程中，要鼓励设计人员开拓思想，勇于创新，积极开展价值工程活动，力争拿出投入少、产出多的设计方案。

（4）合理分配施工图设计的造价限额

经审查批准的建设项目或单项工程初步设计及初步设计概算，应作为施工图设计的造价控制限额。设计单位把该限额分配给各单位工程各专业设计上作为其造价控制额，使之按造价控制额确定施工图设计，选用材料及设备。

4. 限额设计的控制

限额设计控制工程造价可以从两个角度入手：一个是按照限额设计过程从前往后依次进行控制，这种方法称为纵向控制；另一个是对设计单位及其内部各专业、科室及设计人员进行考核，实施奖惩，进而保证设计质量的一种控制方法，称为横向控制。

（1）限额设计的纵向控制

1）重视设计方案选择

设计方案的选择直接影响建设投资，因此在设计过程中，要促使设计人员进行多方案的比选，尤其要注意运用技术经济比选的方法，使选择的设计方案真正做到技术可行、经济合理。

2）采用先进的设计理论、设计方法和优化设计

落后的设计理论、设计方法通常意味着建设投资较高，若采用先进设计理论、设计方法，通常有利于限额设计实现。因此，设计人员应该多利用现代科学技术成果，进行最优化的工程设计。

3）加强设计变更管理，实行限额动态控制

设计变更是影响建设投资的重要因素，设计变更发生越早，损失越小；反之，则越大。若设计变更发生在设计阶段，只需要修改图纸，只会发生图纸修改费用；若设计变更发生在施工阶段，不但需要修改图纸，还需要将已施工的工程拆除，按照变更重新施工，还涉及施工材料的重新采购费用和工期的拖延费用。

（2）限额设计的横向控制

限额设计的横向控制，是指建立和加强设计单位及其内部管理制度和经济责任制，明确设计单位各专业及其设计人员的职责和经济责任，并赋予相应权利，但赋予的决定权应与其责任相一致。限额设计管理的主要工作是健全和加强设计单位内部以及对建设单位的经济责任制，明确设计单位以及设计单位内部设计人员应对限额设计所负的责任。在设计开始前，按照

设计过程的不同阶段,将工程投资按照专业进行分解,并分段考核,下段指标不得突破上段指标。

5. 限额设计的不足

限额设计是一把双刃剑。在设计阶段积极推行限额设计,有重要的积极作用,但同时还应该认识到它有以下不足之处:

① 可能制约设计人员的创造性。

② 可能降低设计的合理性。

③ 可能导致投资效益的降低。

④ 建设项目全寿命费用不一定经济。

3.4.5　建筑设计的长期经济效益

提高经济效益是我国经济建设和社会发展的一项战略任务。提高建筑设计的经济效益,树立长期经济效益的观念,是建筑设计者在激烈的市场竞争中生存与发展的必要条件。

1. 建筑设计的超前使用意识

如今的建筑设计,犹如流行服饰,一年一种流行风格。面对变幻莫测的建筑设计潮流,怎样才能既不重复投资又不落伍呢?这就要求建筑设计者在建筑设计中不能只从建筑物的近期使用功能与要求来考虑经济问题,还要有较长远的经济意识。利用超前意识进行建筑设计,须做好以下几点:

(1) 强调以人为本,防止实用主义

进行建筑设计时,首先应选择能满足基本要求的建筑设计,注意建筑的实用性,其次是选择建筑造型。建筑是人们生活、工作的载体,好的建筑设计应该是对资源的合理运用,强调以人为本,避免建筑的设计判断与结论建立在个人主观念头的基础上,最终浪费公共资源。

(2) 留白设计,留出余地

建筑设计的留白设计,一是留下想象余地,二是为日后的升级换代留足空间。例如,用户购房后若进行二次装修,会涉及建筑材料的拆除和重新铺贴,这种方式既费料又费工。若在建筑设计和施工阶段适当留白,留出余地,便是具有超前意识的建筑设计。

2. 降低维护费用

建筑物使用效果的好坏及经济评价,不能只看近几年的情况,还要看建筑工程项目在长时间使用过程中的维护费用。

某些建筑物在进行外墙装饰装修时,采用塑钢门窗与采用木门窗相比,塑钢门窗虽然一次性投入的费用较大,但是从长期使用的经济效益上看,还是比较合算,因为木门窗在使用过程中要耗费许多维护费用,使用成本较高,故总成本较高。

总之,在建筑设计过程中考虑经济问题,要有长期经济效益的观念,拥有一定的超前意识,以降低维护费用。

学习任务 3.5　设计概算

3.5.1　设计概算的基本概念

1. 设计概算的含义

设计概算是设计文件的重要组成部分,是设计单位在投资估算的控制下根据初步设计图纸(或扩大初步设计图纸)、概算定额(或概算指标)、各项费用定额或取费标准、建设地区自然及经济技术条件以及设备、材料预算价格等资料,编制和确定建设项目从筹建至竣工交付使用所需全部费用的文件。

根据设计阶段的划分情况,若是采用两阶段设计的建设项目,初步设计阶段必须编制设计概算;若是采用三阶段设计的建设项目,可在初步设计阶段编制设计概算,技术设计阶段编制修正概算。

2. 设计概算的作用

(1)设计概算是编制建设项目投资计划、确定和控制建设项目投资的依据

按国家有关规定,编制年度固定资产投资计划、确定计划投资总额,都要以批准的初步设计概算为依据。

设计概算一经批准,即作为控制建设项目投资的最高限额。竣工结算不能超过施工图预算,施工图预算不能超过设计概算。如果由于设计变更等原因造成了建设费用超出设计概算,其建设费用须重新审查批准。

(2)设计概算是签订建设工程合同和贷款合同的依据

在国家颁发的《合同法》中明确规定,建设工程合同价款是以设计概算为依据,且总承包合同不得超过设计概算的投资总额。经批准的设计概算投资为最高限额,经批准的设计概算是银行拨款或签订贷款合同的最高限额。

(3)设计概算是控制施工图设计和施工图预算的依据

设计概算一经批准,应作为工程造价管理的最高限额,并据此对工程造价进行严格的控制。设计单位在进行施工图设计时,必须按照批准的初步设计和设计概算来进行。施工图预算不得突破设计概算,如果确实需要突破设计概算时,须按照规定程序报批。

(4)设计概算是衡量设计方案经济合理性和选择最佳设计方案的依据

在初步设计阶段,设计单位需要在众多的初步设计方案中挑选最佳方案,而设计概算是从经济角度衡量设计方案经济合理性的重要依据。因此,设计概算是衡量设计方案经济合理性和选择最佳设计方案的依据。

(5)设计概算是考核建设项目投资效果的依据

在建筑项目竣工决算之后,通过设计概算与竣工决算的对比,可以分析和考核投资效果的好坏,同时还可以验证设计概算的准确性,有利于加强设计概算管理和建设工程的造价管理工作。

3.5.2　设计概算的编制原则与依据

1. 设计概算的编制原则

(1) 严格执行国家的建设方针和经济政策

编制设计概算是一项重要的技术经济工作,要严格按照党和国家的方针、政策办事,坚决执行勤俭节约的方针,严格执行规定的设计标准。

(2) 要完整、准确地反映设计内容

编制设计概算之时,要认真了解设计意图,根据设计文件、图纸准确计算工程量,避免重算和漏算。做技术设计时,设计修改之后,要及时修正设计概算。

(3) 要坚持结合实际,反映工程所在地价格水平

要求实事求是地对工程所在地的建设条件、可能影响工程造价的各种因素进行认真的调查研究,从而提高设计概算的准确性。在此基础上,正确使用定额、指标、费率和价格等资料,按照现行的工程造价构成,根据有关部门发布的价格信息,考虑建设期的价格变化因素,使设计概算能准确反映设计内容、施工条件和实际价格。

2. 设计概算的编制依据

① 国家有关建设和造价管理的法律、法规和方针政策。

② 批准的建设项目设计任务书(或批准的可行性研究文件)和主管部门的有关规定。

③ 初步设计项目一览表。

④ 能满足编制设计概算的经过校审并签字的各专业设计图纸(或内部作业草图)、文字说明和主要设备表,具体包括:

- 土建工程中建筑专业提交建筑平、立、剖面图和初步设计文字说明(应说明或注明装修标准、门窗尺寸);结构专业提交的结构平面布置图、构件截面尺寸、特殊构件配筋率。
- 给水排水、电气、采暖通风、空气调节、动力等专业提交的平面布置图或文字说明和主要设备表。
- 室外工程有关各专业提交的平面布置图,总图专业提交的建设场地的地形图和场地设计标高以及道路、排水沟、挡土墙、围墙等构筑物的断面尺寸。

⑤ 正常的施工组织设计。

⑥ 当地和主管部门的现行建筑工程和专业安装工程的概算定额(或预算定额、综合预算定额)、单位估价表、材料及构配件预算价格、工程费用定额和有关费用规定的文件等资料。

⑦ 现行的有关设备原价及运杂费。

⑧ 现行的有关其他费用定额、指标和价格。

⑨ 资金筹措方式。

⑩ 建设场地的自然条件和施工条件。

⑪ 类似工程的概、预算及技术经济指标。

⑫ 建设单位提供的有关工程造价的其他资料。

⑬ 有关合同、协议等其他资料。

3.5.3　设计概算的内容

设计概算分为单位工程概算、单项工程综合概算和建设工程总概算 3 级。各级概算构成与相互关系如图 3 - 14 所示。

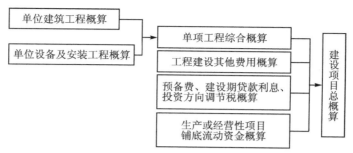

图 3 - 14　各级设计概算关系图

1．单位工程概算

单位工程概算是确定各单位工程建设费用的文件,是编制建设项目单项工程综合概算的依据,是单项工程综合概算的组成部分。在初步设计阶段根据概算指标和类似工程预算(即已经编好的、在结构上和体积上与计划编制概算的工程相类似的工程预算)编制。

单位工程概算可以分为建筑工程概算和设备及安装工程概算两大部分。其中,建筑工程概算包括一般土建工程概算、电气照明工程概算、空调工程概算、特殊构筑物工程概算等;而设备及安装工程概算包括机械设备、电器设备及其安装工程的概算等。

2．单项工程概算

单项工程概算是确定一个单项工程所需建设费用的文件,它是由单项工程中所属各单位工程概算汇总编制而成的,是建设项目总概算的组成部分。单项工程综合概算的组成内容如图 3 - 15 所示。

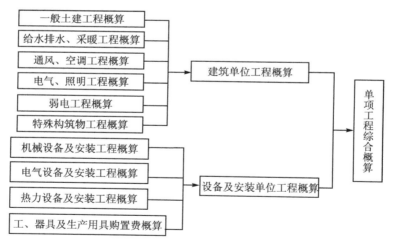

图 3 - 15　单项工程综合概算的组成内容

3．建设项目总概算

建设项目总概算是确定整个建设项目从筹建到竣工验收所需全部费用的文件。它是由各单项工程综合概算,工程建设其他费用概算、预备费、建设期贷款利息和投资方向调节税等汇总编制而成的。建设项目总概算的组成内容如图 3 - 16 所示。

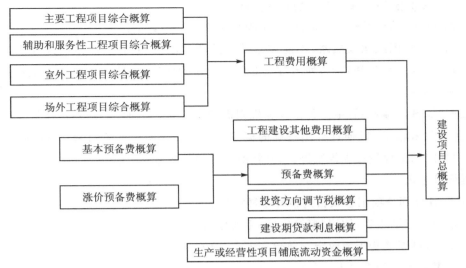

图 3-16 建设项目总概算的组成内容

若干单位工程概算汇总成为单项工程概算,若干单项工程概算和工程建设其他费用、预备费、建设期贷款利息等概算文件汇总成为建设项目总概算。单项工程概算和建设项目总概算仅是一种归纳、汇总性文件。因此,最基本的计算文件是单位工程概算书。若建设项目是一个独立的单项工程,则建设项目总概算书与单项工程概算书可合并编制。

3.5.4 单位工程概算的编制方法

单位工程概算书是概算文件的基本组成部分,是初步设计文件的重要组成部分,也是编制单项工程综合概算的依据。单位工程设计概算是在初步设计或技术设计阶段进行的。它是利用国家颁发的概算定额、概算指标或者综合预算定额等,按照设计要求,概略地计算建筑物工程造价,以及确定人工、材料和施工机械需要量的一种方法。

《建设项目设计概算编审规程》规定如下:建筑工程概算应按照构成单位工程的主要分部分项工程编制,根据初步设计工程量按工程所在省、市、自治区颁发的概算定额(指标)或行业概算定额(指标),以及工程费用定额计算。对于通用结构建筑可采用"造价指标"编制概算;对于特殊结构建筑物,必须按构成单位工程的主要分部分项工程编制,必要时结合施工组织设计进行详细计算。在实务操作中,单位工程概算编制方法可选用以下方法:一是根据概算定额进行编制;二是根据概算指标进行编制;三是利用类似工程预算进行编制。

1. 概算定额法

概算定额法又称为扩大单价法或扩大结构定额法,是利用概算定额编制工程概算的方法,与利用预算定额编制单位建筑工程施工图预算的方法基本相同。根据设计图纸资料和概算定额的项目划分,计算出工程量,然后套用概算定额单价(基价),计算汇总后,再计取有关费用,便可得出单位工程概算造价。

概算定额法要求初步设计达到一定深度,建筑结构比较明确,能按照初步设计的平面、立面、剖面图纸计算出楼地面、墙身、门窗、屋面等分部工程(或扩大结构件)项目的工程量。

（1）运用概算定额法编制概算的基本步骤

① 熟悉设计图纸，了解施工条件，列出项目名称并计算其工程量。

由于初步设计图纸比较概略，不能详尽地表达所有的结构构造，所以必须先熟悉施工图纸，了解施工条件。在此基础上，列出各分部分项工程的项目，与所采用的概算定额手册中相应的项目完全相符。

在按照《概算定额》手册中工程量计算规则进行工程量计算时，必须熟悉概算定额的分项内容，避免重算和漏算，以便计算出正确的概算工程量。工程量计算过程中，应按照《概算定额》手册中规定的工程量计算规则进行，并将所计算出的各分项工程量，按概算定额编号顺序，填入工程概算表内。

② 确定各分部分项工程项目的概算定额单价。

工程量计算完毕之后，按照《概算定额》手册中所列的分部分项工程项目的顺序，查阅定额中的相应项目，再逐项套用相应定额单价和人工、材料消耗指标，最后将所得计算结果分别填入工程概算表和工料分析表内。

③ 计算分部分项工程的直接工程费，合计得到单位工程直接工程费总和。

将上述步骤中所计算出的各分部分项工程量与已经确定的概算定额单价相乘，便可以得出各分部分项工程的直接工程费。同样，可采取此方式以分部分项工程量乘以单位人工、材料消耗指标，得出各分部分项工程的人工、材料消耗量。计算公式如下：

分部分项工程直接工程费＝分部分项工程量×该分部分项工程相应定额单价

④ 按照有关固定标准计算措施费，合计得出单位工程直接费。

以计算所得直接工程费为计算基数，按照措施费各项目相应费率标准，分别计算各项措施费，将所得结果与已计算出的直接工程费汇总，即可得到该单位工程直接费。

⑤ 按照一定的取费标准计算间接费和利税。

根据以上步骤计算所得的单位工程直接工程费，以及各项施工取费标准，分别计算各项间接费、利润和税金等费用。

⑥ 计算单位工程概算造价。

将上述计算出的直接费、间接费、利润和税金等费用累加，即得到单位建筑工程概算总造价。

（2）运用概算定额法编制概算的特点

① 设计图纸要有一定的深度，要能满足计算工程量的需要。

② 计算所得出的概算书中的数据较齐全，较准确。

③ 使用概算定额法编制步骤多，计算工作量较大，因而编制时间较长。

（3）应用举例

【例 3 - 7】 某市拟建一座 7560 m² 的教学楼，请按给出的工程量和扩大单价表（见表 3 - 11）编制出该教学楼土建工程设计概算造价和平方米造价。若按有关规定标准计算得到措施费为438000 元，各项费率分别为：措施费率为 4％，间接费率为 5％，利润率为 7％，综合税率为3.413％（以直接费为计算基础）。试采用概算定额法计算该项目的概算造价。

表 3-11　某教学楼土建工程量和扩大单价表

分部工程名称	单　位	工程量	扩大单价/元
基础工程	10 m³	160	2500
混凝土及钢筋混凝土	10 m³	150	6800
砌筑工程	10 m³	280	3300
地面工程	100 m²	40	1100
楼面工程	100 m²	90	1800
卷材屋面	100 m²	40	4500
门窗工程	100 m²	35	5600
脚手架	100 m²	180	600

【解】　根据题意,该项目概算造价结果见表 3-12。

表 3-12　某教学楼概算造价计算表

序　号	分部工程或费用名称	单　位	工程量	单价/元	合价/元
1	基础工程	10 m³	160	2500	400000
2	混凝土及钢筋混凝土	10 m³	150	6800	1020000
3	砌筑工程	10 m³	280	3300	924000
4	地面工程	100 m²	40	1100	44000
5	楼面工程	100 m²	90	1800	162000
6	卷材屋面	100 m²	40	4500	180000
7	门窗工程	100 m²	35	5600	196000
8	脚手架	100 m²	180	600	108000
A	直接工程费小计	以上 8 项之和			3034000
B	措施费				438000
C	直接费小计	A+B			3472000
D	间接费	C×5%			173600
E	利润	(C+D)×7%			255192
F	税金	(C+D+E)×3.413%			133134
概算造价	C+D+E+F				4033926
平方米造价	(C+D+E+F)/7560				533.59

2. 概算指标法

概算指标是一种用建筑面积、建筑体积或万元为单位,以整幢建筑物为依据编制而成的指标,由各种已建建筑物的预算或结算资料数据总结得出。概算指标法是采用直接工程费指标,即用拟建的厂房、住宅的建筑面积(或体积)乘以技术条件相同或基本相同工程的概算指标,得出直接工程费,然后按规定计算出措施费、间接费、利润和税金等,编制出单位工程概算的方法。

概算指标法的适用范围:当初步设计深度不够,不能准确地计算出工程量,但工程设计技术比较成熟而又有类似工程概算指标可以利用时,可采用此法。

(1) 运用概算指标法编制概算的基本步骤

1) 根据拟建工程的具体情况选择适当的概算指标

采用概算指标法编制概算的关键问题是选择合理的概算指标。根据拟建工程各方面资料选择适当的概算指标时,应注意以下条件:

① 拟建工程的建设地点与概算指标中的工程地点应在同一地区(若不在同一地区,须进行地区工资和地区材料价格的调整)。

② 拟建工程的各项建筑结构特征应与概算指标中工程的各项建筑结构特征最接近或基本相同。

③ 拟建工程的建筑面积与概算指标中工程的建筑面积较接近。

2) 使用概算指标计算拟建工程的概算造价

若设计的拟建工程项目在结构上与指标中某工程基本相符,则可直接套用指标进行编制,即以指标中所规定的每平方米造价或人工、主要材料消耗量乘以拟建工程项目的概算相应工程量,便可得出拟建工程的全部概算造价和主要材料消耗量。其计算公式如下:

拟建工程概算造价=拟建工程建筑面积×每平方米建筑面积概算造价

拟建工程所需主要人工消耗量=拟建工程建筑面积×每平方米建筑面积人工消耗量

拟建工程所需主要材料消耗量=拟建工程建筑面积×每平方米建筑面积材料消耗量

在实际工作中,由于建筑技术的高速发展,新结构、新技术、新材料的应用,在套用概算指标时,设计内容不可能完全符合概算指标中所规定的结构特征。此时,就不能直接套用概算指标,而要依据具体情况,对其中一项或几项不符合要求的内容分别加以修正或换算后方可使用。换算方法如下:

换算后单位建筑面积造价=原造价概算指标单价-换出结构构件单价+换入结构构件单价

(2) 运用概算指标法编制概算的特点

采用概算指标法编制概算时,应考虑是否需要换算概算指标,其目的是为了保证概算价值的正确性,从而保证施工图预算不超过设计概算,只有这样才能使设计概算真正起到控制造价的作用。

① 使用该方法编制概算,对所需的设计图纸要求不高,但也需要基础数据,以及明确的结构特征,能计算出建筑面积。

② 编制概算时,应选用与拟建工程最相近的工程概算指标作为计算依据。选择概算指标时应考虑的因素包括工程的建设地点、结构特征以及建筑面积。

③ 使用概算指标法编制的概算书,所提供的数据不如使用概算定额法提供的准确。

④ 使用概算指标法编制概算速度快。

(3) 应用举例

【例3-8】 某砖混结构住宅建筑面积为 4000 m²,其工程特征与在同一地区的概算指标的内容基本相同,概算指标表见表3-13。试采用概算指标法计算该建筑的概算造价。

表 3 - 13 概算指标表

项目		平方米指标/元	其中各项费用占总造价百分比/%							
			直接费					间接费	利润	税金
			人工费	材料费	机械费	措施费	合计			
工程造价		1340.80	9.26	60.15	2.30	5.28	76.99	13.65	6.28	3.08
其中	土建工程	1200.50	9.49	59.68	2.44	5.31	76.92	13.66	6.34	3.08
	给水排水工程	80.20	5.85	68.52	0.65	4.55	79.57	12.35	5.01	3.07
	电照工程	60.10	7.03	63.17	0.48	5.48	76.16	14.78	6.00	3.06

【解】 根据题意,该建筑概算造价计算过程及结果如表 3 - 14 所列。

表 3 - 14 某住宅土建工程概算造价计算表

序号	项目内容	计算式	金额/元
1	土建工程造价	4000×1200.50＝4802000	4802000
2	直接费 其中:人工费 材料费 机械费 措施费	4802000×76.92%＝3693698.4 4802000×9.49%＝455709.8 4802000×59.68%＝2865833.6 4802000×2.44%＝117168.8 4802000×5.31%＝254986.2	3693698.4 455709.8 2865833.6 117168.8 254986.2
3	间接费	4802000×13.66%＝655953.2	655953.2
4	利润	4802000×6.34%＝304446.8	304446.8
5	税金	4802000×3.08%＝147901.6	147901.6

3. 类似工程预算法

类似工程预算法是利用技术条件与设计对象相类似的已完工程或在建工程的工程造价资料来编制拟建工程设计概算的方法。所谓类似工程预算,是指已经编好的,在结构类型、层次、构造特征、建筑面积、层高上与拟编制概算的工程相类似的工程预算。利用类似工程预算编制概算,可以大大节省编制概算的工作量,也可以解决编制概算依据不足的问题,是编制概算的一种有效方法。

类似工程预算法适用于拟建工程初步设计与已完工程或在建工程的设计相类似而又没有可用的概算定额和概算指标的情况,使用时必须对建筑结构差异和价差进行调整。

(1) 运用类似工程预算法编制概算的基本步骤

① 认真研究拟建工程的各种特征参数,选择最合适的类似工程预算。利用类似工程预算编制概算,注意选择与拟建工程在结构类型、构造特征、建筑面积相类似工程预算,同时还应考虑类似工程造价的价差调整。当拟建工程与类似工程预算在结构构造上有部分差异时,应将类似工程预算每百平方米建筑面积造价及人工、主要材料数量进行修正。

② 计算人工费、材料费、机械台班费、措施费和间接费所占类似工程预算成本的比重。首先确定类似预算工程中的人工费、材料费、机械费、措施费及间接费分别占全部预算成本的百分比。其计算公式如下：

$$\gamma_1 = \frac{类似工程的人工费}{类似工程预算成本}$$

$$\gamma_2 = \frac{类似工程的材料费}{类似工程预算成本}$$

$$\gamma_3 = \frac{类似工程的机械费}{类似工程预算成本}$$

$$\gamma_4 = \frac{类似工程的措施费}{类似工程预算成本}$$

$$\gamma_5 = \frac{类似工程的间接费}{类似工程预算成本}$$

③ 计算人工费、材料费、机械台班费、措施费和间接费的单项调整系数。

分别计算各项费用的单项调整系数，其计算公式如下：

$$K_1 = \frac{拟建工程所在地区的一级工工资标准}{类似工程所在地区的一级工工资标准}$$

$$K_2 = \frac{\sum(类似工程主要材料数量 \times 拟建工程地区材料预算价格)}{\sum 类似工程主要材料费用}$$

$$K_3 = \frac{\sum(类似工程主要机械台班数 \times 拟建工程地区机械台班费)}{\sum 类似工程主要机械台班费}$$

$$K_4 = \frac{拟建工程所在地区的措施费费率}{类似工程所在地区的措施费费率}$$

$$K_5 = \frac{拟建工程所在地区的间接费费率}{类似工程所在地区的间接费费率}$$

④ 根据拟建工程地区现行人工费、材料费、机械台班费、措施费、间接费和费用标准计算综合调整系数。当拟建工程由于建设地点或建设时间不同而引起人工工资标准、材料预算价格、机械台班使用费及有关费用有差异时，需计算调整系数。根据上述步骤所得出的计算结果，计算综合调整系数，其计算公式为

$$K = \gamma_1 K_1 + \gamma_2 K_2 + \gamma_3 K_3 + \gamma_4 K_4 + \gamma_5 K_5$$

⑤ 计算修正后的类似工程平方米造价。其计算公式为

$$\frac{修正后类似工程}{平方米造价} = \frac{类似工程预算成本}{类似工程建筑面积} \times K \times (1+利润率) \times (1+税率)$$

⑥ 计算拟建工程的概算造价。其计算公式为

$$拟建工程概算造价 = 修正后类似工程平方米造价 \times 拟建工程建筑面积$$

(2) 运用类似工程预算法编制概算的特点

① 使用该方法时，要选择与所编概算的建筑物结构类型、建筑面积等参数基本相同的工

程预算作为编制依据。

②　对于设计图纸的要求是只需要能满足计算工程量。

③　依据类似工程预算编制时,要求个别项目能按照设计图纸进行调整。

④　该方法编制出的设计概算提供的各项数据较齐全、准确。

⑤　运用该方法编制概算,编制速度快,且不需要繁琐的计算。

(3)　应用举例

【例 3 - 9】　某地新建一幢教学大楼,建筑面积为 5000 m²,根据下列类似工程预算的有关数据,试采用类似工程预算法编制概算。已知数据如下:

①　类似工程建筑面积为 4600 m²,预算成本为 257.6 万元。

②　类似工程各种费用占预算成本的权重是:人工费 8%,材料费 61%,机械费 10%,措施费 6%,间接费 9%,其他费 6%。

③　拟建工程与类似工程地区造价间差异系数分别为 $K_1=1.03,K_2=1.04,K_3=0.98,K_4=1.0,K_5=0.96,K_6=0.90$。

④　利税率 10%。

【解】　根据题意,先计算综合调整系数 K:

$K=8\%\times1.03+61\%\times1.04+10\%\times0.98+6\%\times1.0+9\%\times0.96+6\%\times0.9=1.0152$

类似工程预算单方成本 = 2576000 元/4600 m² = 560 元/m²

拟建教学楼工程单方概算成本 = 560 元/m² × 1.0152 = 568.51 元/m²

拟建教学楼工程单方概算造价 = 568.51 元/m² × (1+10%) = 625.36 元/m²

拟建教学楼工程概算造价 = 625.36 元/m² × 5000 m³ = 3126800 元

3.5.5　单项工程综合概算的编制方法

单项工程综合概算是以其所包含的各项建筑工程概算表和设备及安装工程表为基础,汇总编制而成。单项工程综合概算是确定一个单项工程费用的文件,是总概算的组成部分。

单项工程综合概算文件一般包括编制说明(不编制总概算时列入)、综合概算表(含其所附的单位工程概算表和建筑材料表)和有关专业的单位工程预算数 3 大部分。当建设项目只有一个单项工程时,综合概算文件(实为总概算)除包括上述 3 大部分外,还应包括工程建设其他费用、建设期贷款利息、预备费和固定资产投资方向调节税的概算。

1. 编制说明

编制说明应涵盖如下主要内容:

(1)　工程概况

简述建设项目的性质、特点、生产规模、建设周期、建设地点等主要情况。引进项目要说明引进内容以及与国内配套工程等主要情况。

(2)　编制依据

编制依据包括国家和有关部门的规定、设计文件,现行概算定额或概算指标、设备材料的预算价格和费用指标等。

（3）编制方法

说明设计概算是采用概算定额、概算指标法，或其他方法。

（4）主要设备和材料的数量

说明主要机械设备、电气设备及主要建筑安装材料（如水泥、钢材、木材等）的数量。

2．综合概算表

综合概算表是根据单项工程所辖范围内的各单位工程概算等基础资料，按照国家或部委所规定的统一表格进行编制。编制综合概算表时，除单项工程所包括的所有单位工程概算按费用构成和项目划分填入表内外，还须列出技术经济指标。综合概算表的样表见表3-15。

表 3-15　综合概算表

综合概算编号：　　　　工程名称：（单项工程）　　　　单位：万元　　　　　　共　页，第　页

序　号	概算编号	工程项目或费用名称	设计规模或主要工程量	建筑工程费	设备购置费	安装工程费	合　计
一		主要工程					
1		×××					
2		×××					
二		辅助工程					
1		×××					
2		×××					
三		配套工程					
1		×××					
2		×××					
		单项工程概算费用合计					

3.5.6　建设项目总概算的编制方法

建设项目总概算是设计文件的重要组成部分，是确定整个建设项目从投资立项到竣工交付使用所预计花费的全部费用文件。它是将各单项工程综合概算、工程建设其他费用等，按照主管部门规定的统一表格汇总编制而成。

建设项目总概算是确定一个项目建设总费用的文件，是设计阶段对建设项目投资总额度的计算，是设计概算的主要组成部分。建设项目总概算文件一般包括封面目录、编制说明、总概算表、各单项工程综合概算书、工程建设其他费用概算表、主要建筑安装材料汇总表。独立装订成册的总概算文件宜加封面、签署页（扉页）和目录。

1．封面目录

封面、签署页格式见表3-16。

表 3 – 16　封面、签署页格式

建设项目设计概算文件：

建设单位：

建设项目名称：

设计单位(工程造价咨询单位)：

编制单位：

编制人(资格证号)：

审核人(资格证号)：

项目负责人：

总工程师：

单位负责人：

年　　月　　日

2. 编制说明

编制说明的内容与单项工程综合概算文件大致相同，应包括以下内容：

(1) 工程概况

简述建设项目性质、特点、生产规模、建设周期、建设地点等主要情况。引进项目需要说明引进内容以及与国内配套工程等主要情况。

(2) 资金来源及投资方式

按照资金来源的不同渠道分别说明，发生资产租赁的说明租赁方式及租金。

(3) 编制依据及编制原则

说明设计概算的主要编制依据。

(4) 编制方法

说明设计概算的编制方法是概算定额法、概算指标法，还是类似工程预算法。

(5) 投资分析

投资分析主要分析建设项目各项投资的比重，各专业工程的投资比重等经济技术指标。

3. 总概算表

总概算表应反映静态投资和动态投资两个部分。静态投资是指按设计概算编制期价格、费率、利率、汇率等确定的投资；动态投资是指概算编制时期到竣工验收前的工程和价格变化等多种因素所需的投资。总概算表的样表见表 3 – 17。

表 3-17 总概算表

总概算编号：　　　　　工程名称：　　　　　单位:万元　　　　　　　　共　页,第　页

序号	概算编号	工程项目 或费用名称	建筑 工程费	设备 购置费	安装 工程费	其他费用	合计	占总投资比例/%
一		工程费用						
1		主要工程						
		×××						
2		辅助工程						
		×××						
3		配套工程						
		×××						
二		其他费用						
1		×××						
2		×××						
三		预备费						
四		专项费用						
1		×××						
		建设工程 概算总投资						

4. 工程建设其他费用概算表

该表应按国家或地区或部委所规定的项目和标准确定,按统一格式编制。

5. 主要建筑安装材料汇总表

针对每一个单项工程,应列出其耗费的钢筋、型钢、水泥、原木等主要建筑安装材料的数量。

编制时需注意:工程费用按照单项工程综合概算组成来编制;其他费用按照其他费用概算顺序列项;预备费则包括基本预备费和价差预备费;应列入项目概算总投资中的专项费用一般包括建设期贷款利息、铺底流动资金、固定资产投资方向调节税等。

3.5.7 设计概算的审查

1. 审查设计概算的意义

(1) 有利于合理分配投资资金和加强投资计划管理

设计概算的审查能够帮助投资者合理地分配投资资金,从而加强投资计划管理,有利于合理确定和有效控制工程造价。设计概算编制偏高或偏低,不仅会影响工程造价的控制,也会影响投资计划的真实性,影响投资资金的合理分配。

(2) 能提高设计概算的编制质量

设计概算要通过审查这道关卡,有利于促进编制单位认真仔细工作,严格执行国家有关概算的编制规定和费用标准,从而提高其工作成果,提高编制概算的质量。

(3) 有利于促进设计的技术先进性和经济合理性

设计概算中的技术经济指标,是概算的综合反映,与同类工程对比,便可以看出它的技术先进性和经济合理性程度。因此,审查设计概算,有利于促进设计单位改进技术,促进设计方案的技术先进性和经济合理性。

(4) 有利于核定建设项目的投资规模

审查设计概算,可以使建设项目总投资力求做到准确、完整,防止任意扩大投资规模或者出现漏项,从而减少投资缺口,缩小概算与预算之间的差距,避免故意压低概算投资,搞"钓鱼"项目,最后导致实际造价大幅度地突破概算。

(5) 有利于为建设项目投资的落实提供可靠依据

审查设计概算,注意资料建设,有利于为建设项目投资的落实提供可靠依据。打足投资,不留缺口,有助于提高建设项目的投资效益。

2. 设计概算的审查内容

审查设计概算时,必须注意审查以下内容:设计概算的编制依据、编制深度、编制内容等。

(1) 审查设计概算的编制依据

该项工作主要包括 3 个部分:判断依据的合法性、时效性和适用范围。

1) 审查编制依据的合法性

编制设计概算时所采用的各种编制依据必须经过国家和授权机关的批准,符合国家的编制规定,未经批准的不能采用。也不能强调因为情况特殊,擅自提高概算定额、概算指标或费用标准等。

2) 审查编制依据的时效性

编制设计概算时所采用的各种编制依据,如定额、指标、价格、取费标准等,都应该是国家相关部门的现行规定,如有调整和新规定,应当按照新的调整办法和规定执行。

3) 审查编制依据的适用范围

编制设计概算时采用的各种编制依据都有规定的适用范围,如各主管部门规定的各专业定额及取费标准,只适用于该专业;各地区的各类定额及取费标准,只适用于该地区。

(2) 审查设计概算的编制深度

编制设计概算时,对于设计概算的编制深度有一定的要求,这就需要在审查设计概算时注意审查设计概算的编制深度,包括检查编制说明、编制深度(三级概算的完整内容)和编制范围。

1) 审查设计概算的编制说明

审查设计概算的编制说明,可以检查设计概算的编制方法、编制深度和编制依据等重大方向性和原则性的问题。如果编制说明出现了差错,则设计概算的具体项目必然会有所差错。

2) 审查设计概算的编制深度

一般情况下,大中型项目的设计概算都应该有完整的编制说明和"三级概算"(总概算表、单项工程综合概算表、单位工程概算表),并能按照有关规定的深度进行编制。对设计概算编制深度审查时,须注意审查是否有符合规定的"三级概算",各级概算的编制、核对、审核是否按规定签署,有无随意简化,如是否把"三级概算"简化为"二级概算"等。

3)审查设计概算的编制范围

审查设计概算编制范围时,要审查概算编制范围及具体内容是否与主管部门批准的建设项目范围及具体工程内容一致;要审查分期建设项目的建筑范围及具体工程内容有无重复交叉,是否重复计算或者漏算;要审查其他费用应列出的项目是否符合规定,静态投资、动态投资和经营性项目铺底流动资金是否分别列出等。

(3) 审查设计概算的编制内容

设计概算文件编制好之后,所编制文件的内容属于重点审查对象,其中包括建设规模及标准、设备规格数量和配置、建安工程费等。

1)审查建设规模、标准

审查设计概算的编制是否符合国家的方针、政策,是否根据工程所在地的自然条件编制。同时审查建设规模、建设标准、配套工程、设计定员是否符合原批准的可行性研究报告或立项批文的标准。审查建设规模时,主要审查建设项目的投资规模、生产能力等方面;审查建设标准时,主要审查项目的用地指标、建筑标准等。

2)审查编制方法、计价依据和程序

审查设计概算的编制方法、计价依据和程序是否符合现行规定,其中包括定额或指标的适用范围和调整方法是否正确。如果涉及定额的修改或补充,要求补充定额的项目划分、内容组成、编制原则等与现行定额一致。

3)审查建安工程费

审查建安工程费时,首先,应审查工程量是否正确,工程量的计算是否根据初步设计图纸、概算定额、工程量计算规则和施工组织设计等要求进行的,注意工程量有无多算、重算、漏算,尤其对工程量大、造价高的项目要重点审查;其次,材料用量和价格审查,特别是审查主要材料(钢材、木材、水泥、砖)的用量数据是否准确,材料预算价格是否符合工程所在地的价格水平,材料价差调整是否符合现行规定以及计算是否正确;第三,审查设备规格、数量与配置是否符合设计要求,是否与设备清单一致,设备预算价格是否真实,设备原价和运杂费是否计算正确,非标准设备原价的计价方法是否符合规定,进口设备的各项费用组成及其计算程序、方法是否符合国家主管部门的规定;第四,审查建筑安装工程的各项费用的计取是否符合国家或地方有关部门的现行规定,审查其计算程序和取费标准是否正确。

4)审查其他费用

建设工程其他费用的内容多、弹性大,其投资额约占建设项目总投资的 25% 以上,应按国家和地区规定逐项仔细审查,不属于总概算范围的费用项目不能列入概算,要审查具体费率、取费标准是否按照国家相关部门规定计算,列项有无多列、错列、少列等。

5)审查技术经济指标

审查建设项目技术经济指标的计算方法和程序是否正确,通过综合指标和单项指标与同类型工程指标相比,找出偏差并予以纠正。由于设计概算是初步设计经济效果的反映,需要按照生产规模、工艺流程、产品品种和质量,从投资效益到运营效益全面分析,审查其是否达到了先进可靠、经济合理的要求。

3. 设计概算的审查方法

采用适当方法对设计概算进行审查,是确保审查质量、提高审查效率的关键。在审查过程

中,比较常用的审查方法包括:

(1) 对比分析法

对比分析法是指通过建设规模、建设标准与立项批文的对比,工程数量与设计图纸的对比,综合范围内容与编制方法规定的对比,各项取费与规定标准的对比,材料人工单价与统一信息的对比,引进设备、技术投资与报价要求的对比,技术经济指标与同类工程的对比,等等,发现设计概算存在的主要问题和偏差。采用此种方法进行设计概算的审查,能较快、较好地判别设计概算的偏差程度和准确性。

(2) 主要问题复核法

主要问题复核法是指针对审查过程中出现的主要问题、偏差大的项目进行复核,对重要、关键设备和生产装置或投资较大的项目进行复查。针对这些主要问题进行复核时,应该按照编制规定对照图纸资料进行详细的计算,慎重、公正地纠正概算偏差。

(3) 查询核实法

查询核实法是指对一些关键设备设施、重要装置、引进工程图纸不全、难以核算的较大投资,进行多方查询核实核对,并逐项落实的方法。在实际运用中,主要设备的市场价应向设备供应部门或招标公司查询核实,重要的生产装置、设施等应向同类企业查询了解,引进设备价格及有关税费应向进出口公司调查落实,复杂的建安工程应向同类工程的建设、承包、施工单位征求意见,深度不够或不清楚的问题应直接同原概算编制人员、设计者查询核实。

(4) 分类整理法

对审查中发现的问题和偏差,宜按照单项、单位工程的顺序,先按照设备费、安装费、建筑费和工程建设其他费用分类整理;然后,按照静态投资、动态投资和铺底流动资金 3 大类,汇总核增或核减的项目及其投资额;最后,将具体审核数据按照"原编概算""审核结果""增减投资""增减幅度"4 栏列表,并按原总概算表汇总顺序将增减项目逐一列出,相应调整所述项目投资合计,再依次汇总审核后的总投资额及增减投资额。

(5) 联合会审法

联合会审前,可先采取多种形式分头审查,包括设计单位的自审,主管、建设、承包单位初审,工程造价咨询公司评审,邀请同行专家预审,审批部门复审等。经过层层审查把关后,由有关单位和专家进行联合会审。在会审大会上,先由设计单位介绍设计概算的编制情况及有关问题,各有关单位、专家汇报初审和预审意见;然后,进行认真分析、讨论,结合对各专业技术方案的审查意见所产生的投资增减,逐一核实原概算出现的问题;最后,经过充分协商,认真听取设计单位意见后,实事求是地处理、调整。

对于差错较多、问题较大或不能满足要求的设计概算责成其设计单位按会审意见修改、返工后,重新报批;对于无重大原则问题,深度基本满足要求,投资增减不多的设计概算,当场核定概算投资额,并提交审批部门复核后,正式下达审批概算。

4. 设计概算的审批

设计概算经过审查合格后,应提交审批部门复核,审批部门复核无误后即可批准,一般以文件形式正式下达审批概算。审批部门应具有相应的权限,按照国家、地方政府或者行业主管部门规定,不同的部门具有不同的审批权限。

● **实战训练**

○ 专项能力训练

一、计算建筑面积

背景资料

某住宅楼由 1 栋、2 栋组成,两栋之间变形缝宽度为 0.20 m,两栋同一楼层之间完全互通,1 栋平屋面女儿墙顶面标高为 11.60 m,2 栋阳台水平投影尺寸为 1.80 m×3.60 m,共有 18 个阳台,雨篷水平投影尺寸为 2.60 m×4.00 m,坡屋面阁楼室内净高最高点为 3.65 m,坡屋面坡度为 1∶2。住宅楼的设计图纸如图 3－17 和图 3－18 所示。

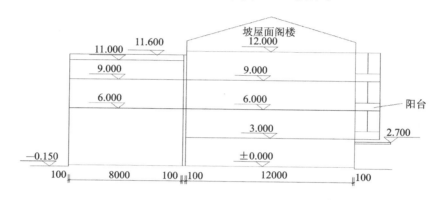

图 3－17　建筑物立面图

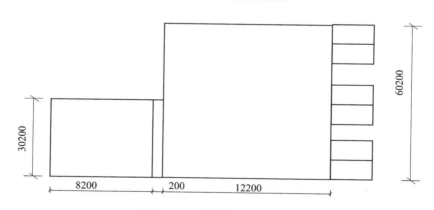

图 3－18　建筑物屋顶平面图

训练要求

① 根据住宅楼的设计图纸及相关参数计算建筑面积,计算过程保留 3 位小数,计算结果保留 3 位小数。

② 组织学习《建筑工程建筑面积计算规范》(GB/T 50353—2013),熟悉该规范中关于计算建筑面积的范围和不计算建筑面积的范围相关条文。

训练路径

① 教师事先将学生按照 3～5 人分组,然后每组各自计算建筑面积和组织学习、讨论。

② 每组在学习、总结基础上形成小组《总结报告》。

③ 班级交流,教师对各小组《总结报告》进行点评。

二、优选设计方案

背景资料

某住宅工程项目设计为 6 层单元式住宅,现有如下两个备选方案供选择:

方案 1:砖混结构,一梯 3 户,3 个单元,共 54 户。建筑面积为 3949.62 m²。浅埋砖砌条形基础。按照该地区建筑节能有关规定的要求,内外墙均为 240 mm 厚砖墙。结构按八度抗震设防设计,沿外墙和内墙、纵墙的楼板处及基础处均设置圈梁,沿外墙拐角及内外墙交界处均设置构造柱。现浇混凝土楼板。

方案 2:将砖混结构改为内浇外砌的结构体系。经设计人员核定,内横墙厚度为 140 mm,内纵墙厚度为 160 mm,选 C20 混凝土,其他做法均与方案 1 相同。

训练要求

① 根据提供的背景资料,分别计算使用面积系数、建筑平方米造价两个指标,并对两个设计方案进行比选。

② 进行设计方案优选时,通常采用以下 3 种方法:价值工程法、计算费用法、多因素评分优选法。组织学习、讨论这些技术经济评价方法的特点。

训练路径

① 教师事先将学生按照 3～5 人分组,然后每组各自计算和组织学习、讨论。

② 每组在学习、总结基础上形成小组《总结报告》。

③ 班级交流,教师对各小组《总结报告》进行点评。

○ 综合能力训练

房地产价格构成与开发(建设)成本调查

训练目标

组织学生开展房地产价格构成调查;分析影响房地产开发成本的主要因素,提高对建设项目设计阶段工程造价管理的认识,培养相应的专业能力与核心能力;通过践行职业道德规范,促进健全人格的塑造。

训练内容

组织学生赴房地产开发单位或房屋管理部门见习,结合当地房地产开发、交易市场的情况,了解房地产价格的构成,分析影响房地产开发成本的主要因素,以及在实际工作中房地产开发单位是如何控制开发成本或建设成本的;了解房地产或工程造价从业人员应具备的知识结构、职业能力与职业素养。通过调查研究后完成表 3-18。

训练步骤

① 聘用实训基地 1～2 名房地产或工程造价从业人员为本课程的兼职教师,结合当地房地产开发、交易市场的情况,引导学生进行见习,并现场讲解。

表 3-18　房地产开发（建设）成本调查表　　　　　　单位：万元

被调查项目价格构成 ＼ 被调查项目名称	房地产项目1	房地产项目2	房地产项目3
土地取得成本			
土地开发成本			
建筑物建造成本			
管理费用			
投资利息			
销售税费			
开发利润			
⋮			
合　计			

② 将班级每 3～5 位同学分成一组，每组指定 1 名组长，每组对见习和调查情况进行详细记录。

③ 归纳总结，撰写房地产价格构成与开发（建设）成本调查报告。

④ 各组在班级进行交流、讨论。

训练成果

见习或实操；房地产开发（建设）成本调查表；房地产价格构成与开发（建设）成本调查报告。

● 思考与练习

一、名词解释

建筑设计　　　设计概算　　　建筑面积　　　价值工程　　　限额设计

日照间距　　　三阶段设计　　容积率　　　　建筑层高　　　概算定额法

二、单项选择题

1. 用来评价厂房柱网布置是否合理的指标是（　　）。

A. 建筑物周长与建筑物面积之比　　　B. 厂房有效面积与建筑物面积之比

C. 建筑物外墙长度与建筑物面积之比　D. 建筑体积与建筑面积之比

2. 结构面积系数与设计方案经济性的关系是（　　）。

A. 同向变动　　　B. 反向变动　　　C. 无关　　　　　D. 不确定

3. 随着建筑物层数的增加，下列趋势变动正确的是（　　）。

A. 单位建筑面积分摊土地费用降低　　B. 单位建筑面积分摊土地费用增加

C. 单位建筑面积分摊外部流通空间费用增加　D. 单位建筑面积造价减少

4. 下列方法中，属于设计概算审查方法的是（　　）。

A. 重点审查法　　　　　　　　　　　B. 分阶段审核法

C. 利用手册审查法　　　　　　　　　D. 联合会审法

5．以下关于民用建筑设计与工程造价的关系中正确的是（　　）。

    A．住宅的层高和净高增加，会使工程造价随之增加

    B．圆形住宅既有利于施工又能降低造价

    C．住宅层数越多，造价越低

    D．小区的居住密度指标越高越好

6．概算造价是指在（　　）阶段，通过编制工程概算文件预先测算和确定的工程造价。

    A．项目建议书和可行性研究　　　　　　B．初步设计

    C．技术设计　　　　　　　　　　　　　D．施工图设计

7．概算定额是确定完成合格的单位（　　）所消耗的人工、材料和机械台班的数量标准。

    A．分项工程和结构构件　　　　　　　　B．扩大分项工程和扩大结构构件

    C．单位工程　　　　　　　　　　　　　D．单项工程

8．通过土地使用权出让方式取得有限期的土地使用权，应支付（　　）。

    A．土地征用费　　　　　　　　　　　　B．土地补偿费

    C．土地开发费　　　　　　　　　　　　D．土地使用权出让金

9．当初步设计达到一定深度、建筑结构比较明确时，可采用（　　）编制工程概算。

    A．扩大单价法　　　B．概算指标法　　　C．类似工程预算法　　　D．预算单价法

10．价值工程的目标在于提高工程对象的价值，它追求的是（　　）。

    A．满足用户最大限度需求的功能　　　　B．投资费用最低时的功能

    C．寿命周期费用最低时的必要功能　　　D．使用费用最低时的功能

三、多项选择题

1．在设计概算审查工作中，审查的主要内容有（　　）。

    A．工程量　　　　　　　　　　　　　　B．设计方案

    C．建设规模、标准　　　　　　　　　　D．设备规格、数量和配置

2．总平面设计中影响工程造价的因素有（　　）。

    A．占地面积　　　B．功能分区　　　C．运输方式的选择　　　D．建设规模、标准

3．单位工程概算包括（　　）。

    A．照明工程概算　　　　　　　　　　　B．机械设备购置费概算

    C．电器设备安装工程概算　　　　　　　D．涨价预备费概算

4．关于设计概算说法正确的是（　　）。

    A．编制从筹建到交付使用全部费用的文件

    B．两阶段设计在技术设计阶段编制设计概算

    C．三阶段设计在施工图设计阶段编制设计概算

    D．三阶段设计在扩大初步设计阶段编制修正概算

5．设计概算的编制方法有（　　）。

    A．用概算定额法编制概算　　　　　　　B．用概算指标法编制概算

    C．用价值工程法编制概算项目　　　　　D．用类似工程预算法编制概算

6．（　　）是与建筑设计有关的技术经济指标。

    A．建筑平方米造价　　　　　　　　　　B．平方米用工及实物消耗量

    C．建筑体积系数　　　　　　　　　　　D．容积率

四、计算题

1. 某工程项目有 3 个设计方案。A 方案投资总额为 4500 万元,年生产成本为 5800 万元;B 方案投资总额为 5000 万元,年生产成本为 5500 万元;C 方案投资总额为 5500 万元,年生产成本为 5400 万元。标准投资回收期为 7 年,投资效果系数 $E=0.12$。

   要求:试采用计算费用法优选出最佳设计方案。

2. 拟建办公楼建筑面积为 3000 m^2,类似工程的建筑面积为 3200 m^2,预算造价为 350 万元。各种费用占预算造价的比重为:人工费 6%,材料费 55%,机械使用费 6%,措施费 3%,其他费用 30%。已知各种价格差异系数为:人工费 $K_1=1.02$,材料费 $K_2=1.05$,机械使用费 $K_3=0.99$,措施费 $K_4=1.04$,其他费用 $K_5=0.95$。

   要求:试采用类似工程预算法计算该办公楼的概算造价。

3. 某市综合楼招标,A、B、C 3 个设计方案对比情况如下:

   A 方案:框架结构,单方造价为 1438 元/m^2。

   B 方案:框架结构,单方造价为 1108 元/m^2。

   C 方案:砖混结构,单方造价为 1082 元/m^2。

   采用价值工程法进行功能定义、评分情况见表 3-19。

表 3-19 各设计方案的功能定义、评分情况表

方案功能	功能权重	方案功能得分		
		A	B	C
结构体型	0.25	10	10	8
模板类型	0.05	10	10	9
墙体材料	0.25	8	9	7
面积系数	0.35	9	8	7
窗户类型	0.10	9	7	8

   要求:试采用价值工程法优选出最佳设计方案。

五、简述题

1. 简述建筑面积的作用和意义。
2. 建设项目设计阶段影响工程造价管理的因素有哪些?
3. 运用价值工程法优化设计方案的思路是什么?
4. 设计方案评价的原则有哪些?
5. 建设项目设计方案优化的途径有哪些?
6. 简述运用价值工程法优化设计方案的步骤。
7. 单位工程设计概算的编制方法有哪些?
8. 设计概算审查有何意义?
9. 简述运用限额设计的实施程序。

项目 4　建设工程招标投标阶段工程造价管理

◎能力目标

1. 培养编制招标文件和招标标底的能力。
2. 培养控制建设工程标底价(中标价)的能力。
3. 培养编制投标报价的能力。
4. 培养控制建设工程投标报价的能力。

◎知识目标

1. 掌握招标文件和招标标底的编制方法。
2. 掌握投标报价的编制方法。
3. 掌握建设工程标底价(中标价)的控制手段与方法。
4. 掌握建设工程投标报价的控制手段与方法。
5. 掌握建设工程施工合同的基本知识。
6. 熟悉建设工程招标投标阶段工程造价管理的内容和程序。
7. 了解建设工程招标投标阶段工程造价管理的基本概念(术语)。

◎教学设计

1. 收集、查阅涉及建设工程招标投标阶段工程造价管理的相关法律法规。
2. 开展典型案例分析与讨论。
3. 分组讨论与评价。
4. 演示训练。
5. 情境模拟。

学习任务 4.1　概　述

招标投标是一种有序的市场竞争交易方式,也是规范选择交易主体、订立交易合同的法律程序。我国招标投标制度既是改革开放的产物,又是规范市场竞争秩序的要求,为优化资源配置、提高经济效益、规范市场行为等方面发挥了重要作用,并随着招标投标法律体系的健全而逐步完善。

【项目案例 4 - 1】
投标报价的确定

4.1.1　建设工程招标投标的概念和性质

招标投标是招标人应用技术经济的评价方法和市场竞争机制的作用,通过有组织地开展择优成交的一种成熟的、规范的和科学的特殊交易方式。也就是说,它是由招标人或招标人委托的招标代理机构通过招标公告或投标邀请信,发布招标采购的信息与要求,在同等条件下,邀请潜在的投标人参加平等竞争,由招标人或招标人委托的招标代理机构按照规定的程序和办法,通过对投标竞争者的报价、质量、工期(或交货期)和技术水平等因素进行科学比较和综合分析,从中择优选定中标者,并与其签订合同,以达到招标人节约投资、保证质量和资源优化配置目的的一种特殊的交易方式。

从这种交易方式的过程来看,它包括招标和投标两个最基本的方面:一方面是招标人以一定的方式邀请不特定或一定数量的投标人来投标;另一方面是投标人响应招标人的招标要求参加投标竞争。

建设工程招标投标活动的基本流程如图4-1所示。

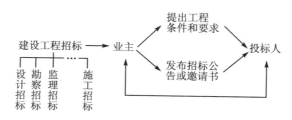

图4-1　建设工程招标投标活动示意图

1. 建设工程招标投标的概念

建设工程招投标是市场经济的一种竞争方式,是一种特殊的买卖行为。建设工程招标投标是运用于建设工程交易的一种方式。它是将工程项目的建设任务委托纳入市场管理,通过竞争择优选定项目的勘察、设计、设备安装、施工、装饰装修、材料设备供应、监理和工程总承包等单位,达到保证工程质量、缩短建设周期、控制工程造价和提高投资效益的目的。招标投标活动是指采购方作为招标人,货物的卖方和工程的承包方、服务的提供方作为投标人的招标投标活动。招标投标包含招标与投标这一对相互对应事物的两个方面。

建设工程招标是指招标人在发包建设项目之前,由工程建设单位公开提出交易条件,将建设项目的内容和要求以文件形式标明,招引项目拟承建单位来投标,经比较选择理想承建单位并达成协议的活动。由招标单位或有编制标底价资格和能力的中介机构(招投标代理机构)根据设计图样和有关规定,按社会平均水平计算出来的招标工程的预期价格就是标底价,简称标底。

建设工程投标是工程招标的对称概念,是对招标的响应。建设工程投标是指具有合法资格和能力的潜在承包商根据招标条件,经过初步研究和估算,在指点期限内填写标书,向招标单位提出承包该工程项目的价格和条件,供招标单位选择,以获得承包权的活动。由投标单位根据招标文件及有关计算工程造价的资料,按一定的计算程序计算的工程造价或服务费用,在此基础上考虑投标策略以及各种影响工程造价或服务费用的因素,提出的工程价格,就是投标报价,简称报价。其中,招标单位又叫发包单位,中标单位又称为承包单位。

从概念上可以看出,招标投标活动实质上是一种市场竞争行为,这与我国建立社会主义市场体制的发展目标是一致的。在市场经济条件下,建设工程项目招标投标是一种最普遍、最常见的择优方式。

2. 建设工程招标投标的性质

市场经济的一个重要特点,就是要充分发挥竞争机制的作用,使市场主体在平等条件下公平竞争、优胜劣汰,从而实现资源的最优化配置。而招投标这种择优竞争的采购方式完全符合市场经济的上述要求,它通过事先公布采购条件和要求,众多的投标人按照同等条件进行竞争,招标人则按照规定的程序从中选择中标人这一系列的程序,真正实现"公开、公平、公正"的市场竞争原则。

(1) 建设工程招标投标活动的特点

1) 程序规范

在招标投标活动中,从招标、评标、定标到签订合同,每个环节都有严格的程序、规则要求。按照目前的国际惯例,招标投标程序和条件应由招标人事先拟定,在招标投标双方之间是最具有法律效力的规则,一般不得随意改变。当事人双方都必须严格按照既定的程序和条件进行招标投标活动。

2) 编制招标、投标文件

在招标投标活动中,招标人必须编制招标文件,投标人必须根据招标文件内容编制投标文件来参与招投标。与此同时,招标人还需要组织评标委员会对投标文件进行评审和比较,从中选出中标人。因此,是否编制招标、投标文件,是区别招投标与其他采购方式的最主要特征之一。

3) 全方位开放,透明度高

招标的目的是在尽可能广泛的范围内寻找满足要求的中标者。一般情况下,邀请供应商或承包商的参与是无限制的。招标投标活动的各个环节均体现了"公开、公平、公正和诚实守信"的基本原则。招标人一般要采用招标公告或者投标邀请书的方式邀请所有潜在的投标人参加竞标,并且提供给这些潜在的投标人的招标文件必须对拟采购的货物、工程或服务做出详细的说明,使这些投标人有共同的依据来编写投标文件。招标人事先要对各位投标人充分透露评价和比较投标文件以及选定中标者的标准,在提交投标文件的最后截止日进行公开开标,严格禁止招标人与投标人之间就投标文件的实质内容单独谈判。这样,招标投标活动就完全置于公开的社会监督之下,可以防止不正当的交易行为。

4) 公平、客观

招标投标全过程自始至终都是按照事先规定好的程序和条件,本着公平竞争的原则进行的,在招标公告或者投标邀请书发出之后,任何有能力的、有资格的投标者均可以参与投标。招标方不得有任何歧视某一投标者的行为。同样,评标委员会在组织评标时,也必须公平客观地对待每一位投标人。

5) 交易双方一次性成交

一般交易往往是在进行多次谈判之后才能成交。工程招标投标则不同,在投标人递交投标文件后到确定中标人之前,招标人不得与投标人就投标价格等实质性内容进行单独谈判,禁止双方面对面的讨价还价。也就是说,投标者只能一次性提出报价,并以此报价作为签订合同的基础。

综上所述,招标投标活动对于获取最大限度竞争,使参与投标的供应商或者承包商获得公平、公正的待遇,以及提高公共采购的透明度和客观性,促进采购资金的节约和采购效益的最大化,杜绝腐败和滥用职权,都起到了至关重要的作用。

(2) 建设工程招标投标的原则

我国《招标投标法》规定,招标投标活动应当遵循公开、公平、公正和诚实守信的原则。

1）公开原则

公开原则是指招标投标活动应有较高的透明度，具体表现在建设工程招标投标的信息公开、条件公开、程序公开和结果公开。公开原则的意义在于使每一个投标人都能获得同等的信息，知悉招标的一切条件和要求，避免"暗箱操作"。

2）公平原则

公平原则要求招标人或者评标委员会成员严格按照规定的条件和程序办事，平等地对待每一个投标竞争者，不得对不同的投标竞争者采用不同的标准。招标人不得以任何方式限制或者排斥本地区、本系统以外的法人或其他组织参加投标。

3）公正原则

公正原则是指招标人要按照招标文件中的统一标准实事求是地进行评标和决标，不偏袒任何一方。

4）诚实守信原则

诚实守信原则是指招标投标当事人应以诚实、守信的态度行使权利，履行义务，以保护双方的利益。诚实是指真实合法，不可用歪曲或隐瞒真实情况的手段去欺骗对方。守信是指遵守承诺，履行合同，不弄虚作假，不损害他人、国家和集体的利益。

（3）建设工程招标投标的性质

我国法学界一般认为，建设工程招标是要约邀请，而投标是要约，中标通知书是承诺。我国《民法典》第三编合同部分也明确规定，招标公告是要约邀请。也就是说，招标实际上是邀请投标人对其提出要约（即报价），属于要约邀请。投标则是一种要约，它符合要约的所有条件，如具有缔结合同的主观目的；一旦中标，投标人将受投标书的约束；投标书的内容具有足以使合同成立的主要条件等。招标人向中标的投标人发出的中标通知书，则是招标人同意接受中标的投标人的投标条件，即同意接受该投标人的要约的意思表示，应属于承诺。建设工程招投标的性质如图 4 - 2 所示。

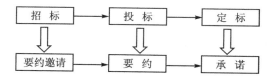

图 4 - 2　建设工程招投标的性质

4.1.2　建设工程招标投标的理论基础、范围、种类与方式

1. 建设工程招标投标的理论基础

（1）竞争机制

实行建设工程的招标投标基本形成了由市场定价的价格机制，使工程价格更加趋于合理。其最明显的表现就是若干投标人之间出现激烈的竞争，他们相互竞标，这种市场竞争最直接、最集中的表现就是价格上的竞争。通过竞争确定出工程造价，使其趋于合理或者下降，这将有利于节约投资、提高投资收益。

（2）价格机制

实行建设工程的招标投标能够不断降低社会平均劳动消耗水平，使工程价格得到有效控制。实行招标投标的项目一般总是那些个别劳动消耗水平最低或者接近最低的投标者获胜。这样便实现了生产力资源的较优配置,也对不同投标者实行了优胜劣汰。面对激烈竞争的压力,为了自身的生存与发展,每个投标者都必须切实地在降低自己的个别劳动消耗水平上下功夫,这样逐步而全面地降低社会平均劳动消耗水平,使工程价格更为合理。

(3) 供求机制

实行建设工程的招标投标便于供求双方更好地相互选择,使工程价格更加符合价值基础,进而更好地控制工程造价。由于供求双方各自的出发点不同,存在利益矛盾,因而单纯采用"一对一"的选择方式,成功的可能性较小。采用招标投标的方式为供求双方在较大范围内进行相互选择创造了条件,需求者(建设单位、业主)对供给者(勘察设计单位、施工单位)选择的基本出发点是"择优选择",即选择那些报价较低、工期较短、具有良好业绩和管理水平的供给者,为合理地确定和控制工程造价奠定基础。

最后,实行建设工程的招标投标有利于规范价格行为,使公开、公平、公正的原则得以贯彻,也能够减少交易费用,节省人力、物力、财力,进而使工程造价有所降低。建设工程招标投标活动所涵盖的内容十分广泛,包括建设项目招标的范围、建设项目招标的种类与方式、建设项目招标的程序、建设项目招标投标文件的编制、标底与投标报价的编制与审查、开标、评标、定标等。所有的这些环节都必须按照国家有关的法律、法规认真贯彻并落实。

2. 建设项目招标投标的范围

(1) 强制招标的范围

我国《招标投标法》规定,凡在中华人民共和国境内进行下列工程建设项目,包括项目的勘察、设计、施工、监理以及与工程建设有关的重要设备、材料等的采购,必须进行招标。其主要内容包括以下 3 方面:

① 大型基础设施、公用事业等关系社会公共利益、公共安全的项目。

② 全部或者部分使用国有资金投资获国家融资的项目。

③ 使用国际组织或者外国政府贷款、援助资金的项目。

(2) 必须进行招标的工程建设项目具体要求

根据我国《招标投标法》的规定,2000 年 5 月 1 日国家发展计划委员会发布了《工程建设项目招标范围和规模标准规定》,对必须招标的工程建设项目的具体范围和规模标准做出了进一步细化:

1) 关系社会公共利益和公众安全的基础设施项目的范围

① 煤炭、电力和新能源等能源生产和开发项目。

② 铁路、公路、管道、航空以及其他交通运输业等交通运输项目。

③ 邮政、电信枢纽、通信、信息网络等邮电通讯项目。

④ 防洪、灌溉、排涝、引水、滩涂治理、水土保持、水利枢纽等水利项目。

⑤ 道路、桥梁、地铁和轻轨交通、地下管道、公共停车场等城市设施项目。

⑥ 污水排放及处理、垃圾处理、河湖水环境治理、园林绿化等生态环境建设和保护项目。

⑦ 其他基础设施项目。

2) 关系社会公共利益和公众安全的公用事业项目的范围

① 供水、供电、供气、供热等市政工程项目。

② 科技、教育、文化等项目。

③ 体育、旅游等项目。

④ 卫生、社会福利等项目。

⑤ 商品住宅,包括经济适用住房。

⑥ 其他公用事业项目。

3) 使用国有资金投资项目的范围

① 使用各级财政预算内资金的项目,包括使用政府土地收益,政府减免税费抵用,城市基础设施"四源"建设费,市政公用设施建设费,社会事业建设费,水利建设基金,养路费,污水处理费。

② 其他纳入财政管理的各种政府性专项建设基金的项目。

③ 使用国有企业事业单位自有资金,并且国有资产投资者实际拥有控制权的项目。

4) 使用国家融资项目的范围

① 使用国家发行债券所筹资金的项目。

② 使用国家对外借款、政府担保或者承诺还款所筹资金的项目。

③ 使用国家政策性贷款资金的项目。

④ 政府授权投资主体融资的项目。

⑤ 政府特许的融资项目。

5) 使用国际组织或者外国政府贷款、援助资金项目的范围

① 使用世界银行、亚洲开发银行等国际组织贷款资金的项目。

② 使用外国政府及其机构贷款资金的项目。

③ 使用国际组织或者外国政府援助资金的项目。

同时,以上 5 类规定范围内的各类工程建设项目,包括项目的勘察、设计、施工、监理以及与工程建设有关的重要设备、材料等的采购,达到下列标准之一的,必须进行招标:

① 施工单项合同估算价在 200 万元人民币以上的。

② 重要设备、材料等货物的采购,单项合同估算价在 100 万元人民币以上的。

③ 勘察、设计、监理等服务的采购,单项合同估算价在 50 万元人民币以上的。

④ 单项合同估算价低于上述规定的标准,但项目总投资额在 3000 万元人民币以上的。

(3) 可以不进行招标的建设项目范围

我国《招标投标法》第六十六条规定:涉及国家安全、国家机密、抢险救灾或者属于利用扶贫资金实行以工代赈、需要使用农民工等特殊情况,不适宜进行招标的项目,按照国家有关规定,可以不进行招标。具体情况如下:

① 涉及国家安全、国家秘密的工程。涉及国家安全的项目,是指国防、尖端科技和军事装备等涉及国家安全、会对国家安全造成重大影响的项目;涉及国家秘密,是指关系国家安全利益,依照法定程序确定,在一定时间内只限定一定范围知悉的事项。

② 抢险救灾的工程。抢险救灾具有很强的时间性,需要在短时间内采取迅速、果断的行为,以排除险情,救济灾民。

③ 利用扶贫资金实行以工代赈,需要使用农民工等特殊情况。以工代赈是指国家利用扶贫基金建设扶贫工程项目,吸纳扶贫对象参加该工程的建设或称为建成后项目的工作人员,以工资和工程项目的经营收益达到扶贫目的的政策。

④ 勘察、设计采用专利或有特殊要求的情况。

建设项目的勘察、设计,采用特定专利或者专有技术的,或者其他建筑艺术造型有特殊要求的,经项目主管部门批准,可以不进行招标。

⑤ 停建或者缓建后恢复建设的单位工程,且承包人未发生变更的。

⑥ 施工企业自建自用的工程,且该施工企业资质等级符合工程要求的。

⑦ 在建工程追加的附属小型工程或者主体加层工程,且承包人未发生变更的。

⑧ 法律、法规和规章规定的其他情形。

3. 建设工程招标投标的种类

建设工程招标投标按照不同的标准可以进行不同的分类,常见的几种分类如图 4-3 所示。

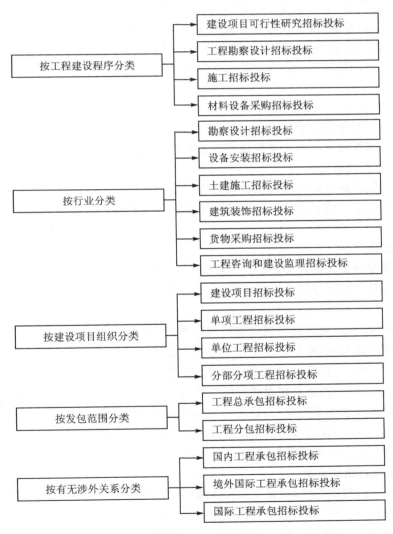

图 4-3 建设工程招标投标的基本分类

(1) 按工程建设程序分类

按照工程建设程序,可以将建设工程招标投标分为建设项目可行性研究招标投标、工程勘

工程造价管理(第3版)

察设计招标投标、施工招标投标、材料设备采购招标投标。

1）建设项目可行性研究招标投标

建设项目可行性研究招标投标是指对建设项目的可行性研究任务进行的招标投标,也可称为建设项目前期咨询招标投标。该项招标投标活动中,投标方一般为工程咨询企业。中标的承包方根据招标文件的要求,向发包方提供拟建工程的可行性研究报告,并对其结论的准确性负责。承包方提供的可行性研究报告,应获得发包方的认可。认可的方式通常为专家组评估鉴定。

2）工程勘察设计招标投标

勘察设计招标投标是指根据批准的可行性研究报告,择优选择勘察、设计单位的招标。勘察和设计是两种不同性质的工作,可由勘察单位和设计单位分别完成。勘察单位负责提出施工现场的地理位置、地形、地貌、地质、水文等在内的勘察报告。设计单位负责提供建筑设计方案、施工图设计图纸和成本预算结果。设计招标还可以进一步分为建筑方案设计招标、施工图设计招标。当施工图设计不是由专业的设计单位承担而是由施工单位承担时,一般不进行单独招标。

3）施工招标投标

在工程项目的初步设计或施工图设计完成后,建设单位将采用招标的方式选择施工单位,这便是工程施工招标投标。施工单位最终向业主交付按招标设计文件规定的建筑产品。

4）材料设备采购招标投标

材料设备采购招标投标是指在工程项目初步设计完成后,对建设项目所需的建筑材料和设备(如电梯、供配电系统、空调系统等)采购任务进行的招标。投标方通常为材料供应商、成套设备供应商。

(2) 按行业分类

按照与工程建设相关的业务性质及专业类别,可将建设工程招标投标分为勘察设计招标投标、土建施工招标投标、建筑装饰招标投标、货物采购招标投标、工程咨询和建设监理招标投标等。

勘察设计招标投标:是指针对建设项目的勘察设计任务进行的招标投标。

土建施工招标投标:是指对建设工程中土木工程施工任务进行的招标投标。

建筑装饰招标投标:是指对建设项目的建筑装饰装修的施工任务进行的招标投标。

货物采购招标投标:是指对建设项目所需的建筑材料和设备采购任务进行的招标投标。

工程咨询和建设监理招标投标:是指对工程咨询和建设监理任务进行的招标投标。其主要内容涵盖:工程立项决策阶段的规划研究、项目选定与决策,建设准备阶段的工程设计、工程招标,施工阶段的监理,竣工验收等。

(3) 按建设项目组织分类

根据建设项目的组织形式,建设工程招标投标可分为两种类型,一种是指工程项目实施阶段的全过程招标;另一种是指工程项目建设全过程的招标。前者是在设计任务书完成后,从项目勘察、设计到施工交付使用进行一次性招标;后者则是从项目的可行性研究到交付使用进行一次性招标,业主只需提供项目投资和使用要求及竣工、交付使用期限,其可行性研究、勘察设计、材料和设备采购、土建施工设备安装及调试、生产准备和试运行、交付使用,均由一个总承包商负责承包,即所谓总承包。

无论是项目实施的全过程还是某一阶段或程序,按照工程建设项目的构成,可以将建设工程招标投标分为建设项目招标投标、单项工程招标投标、单位工程招标投标、分部分项工程招标投标。

1) 建设项目招标投标

建设项目招标投标亦称全部工程招标投标,是指对一个建设项目(如一所学校)的全部工程进行的招标。

2) 单项工程招标投标

单项工程招标投标是指对一个工程建设项目中所包含的单项工程(如一所学校的教学楼、图书馆、食堂等)进行的招标。

3) 单位工程招标投标

单位工程招标投标是指对一个单项工程所包含的若干单位工程(如某实验楼的土建工程)进行招标。

4) 分部分项工程招标投标

分部分项工程招标投标是指对一项单位工程所包含的分部工程(如土石方工程、深基坑工程、楼地面工程、装饰工程)进行招标。

(4) 按发包范围分类

随着建筑市场运作模式与国际接轨进程的深入,我国承发包模式也逐渐呈多样化,主要包括工程咨询承包、交钥匙工程承包模式、设计施工承包模式、设计管理承包模式、BOT(Build-Operate Transfer)工程模式、CM(Construction Management)模式。

按承发包模式分类可将建设工程招标投标划分为工程咨询招标投标、工程总承包招标投标、设计施工招标投标、设计管理招标投标、BOT工程招标投标。

1) 工程总承包招标投标

工程总承包招标投标亦称"交钥匙工程招标投标",是指由承包商向业主提供包括融资、设计、施工、设备采购、安装和调试直至竣工移交的全套服务。实际操作过程中,发包商通常将上述全部工作作为一个标的招标,但是承包商通常会将部分阶段的工程分包。

2) 工程分包招标投标

工程分包招标投标是指中标的工程总承包人作为其中标范围内的工程任务的招标人,将其中标范围内的工程任务,通过招标投标的方式,分包给具有相应资质的分承包人,中标的分承包人只对招标的总承包人负责。

应当强调指出的是,为了防止对工程肢解后进行发包,我国一般不允许对分部工程招标,但允许特殊专业工程招标,如深基础施工、大型土石方工程施工等。国内工程招标中的所谓项目总承包招标往往是指对一个项目施工过程全部单项工程或单位工程进行的总招标,与国际惯例所指的总承包尚有相当大的差距,为与国际接轨,提高我国建筑企业在国际建筑市场的竞争能力,深化施工管理体制的改革,造就一批具有真正总承包能力的智力密集型的龙头企业,是我国建筑业发展的重要战略目标。

(5) 按有无涉外关系分类

按有无涉外关系,建设工程招标投标分为国内工程招标投标和国际工程招标投标。

国内工程招标投标是指对本国没有涉外因素的建设工程进行的招标投标。国际工程招标投标是指对有不同国家或国际组织参与的建设工程招标投标,包括本国的国际工程(习惯上称涉外工程）招标投标和境外国际工程招标投标两部分。国内工程招标投标和国际工程招标投标的基本原则是一致的，但具体做法有差异。随着我国社会经济的发展和与国际接轨的深化，国内工程招标投标和国际工程招标投标在做法上的区别已越来越小。

4. 建设工程招标的方式

从竞争程度对建设工程招标进行分类，可以分为公开招标和邀请招标。这也是我国《招标投标法》中所规定的一种主要分类。

（1）公开招标

公开招标又称为无限竞争性招标，是由招标人通过报纸、刊物、广播、电视等大众媒体，向社会公开发布招标公告，凡对此招标项目感兴趣并符合规定条件的不特定承包商，都可以自愿参加竞标。公开招标是当今市场上最具竞争性的招标方式，在国际上业务往来方面，提到的招标也通常是指公开招标。公开招标也是一种所需费用最高、花费时间最长的招标方式。

公开招标有利于开展真正意义上的竞争，最充分地展示了公平、公开、公正以及平等竞争的招标原则，能有效地防止和克服垄断，促进承包商在增强竞争实力上修炼内功，努力提高工程质量，缩短工期，降低造价，求得节约建筑工程材料，提高建筑工程施工效率，从而创造最合理的利益回报；有利于防范招标投标活动操作人员和监督人员的舞弊现象。但是，采用公开招标的方式，参加竞争的投标人越多，每个参加者中标的几率将越小，白白损失投标费用的风险越大；招标人审查投标人资格、投标文件的工作量比较大，耗费的时间长，招标费用也支出比较多。

（2）邀请招标

邀请招标又称为有限竞争性招标或选择性招标，是指由招标人根据自己的经验和掌握的信息资料，向被认为有能力承担工程施工任务的，预先选择的特定承包商发出邀请书，要求他们参加工程投标竞争的活动。

招标人采用邀请招标方式时，应当向 3 个以上具备承担招标项目的能力、资信良好的特定的法人或者其他组织发出投标邀请书。虽然邀请招标能够邀请到有经验的和资信可靠的投标者前来投标，能够保证履行合同，但是限制了竞争的范围，可能会失去技术上和报价上更加有竞争力的投标者。因此，在我国建设市场中应大力推行公开招标。

（3）公开招标与邀请招标的主要区别

1）招标信息的发布方式不同

公开招标是利用招标公告发布招标信息，而邀请招标则是采用向 3 家以上具有实施能力的投标人发出投标邀请书，请他们参与投标竞争。

2）对投标人资格预审的时间不同

进行公开招标时，由于投标响应者较多，为了保证投标人具备相应的实施能力，以及缩短评标时间，突出投标的竞争性，通常需要设置资格预审程序。邀请招标由于竞争范围小，且招标人对邀请对象的能力有所了解，不需要再进行资格预审，但评标阶段还需要对各投标人的资格和能力进行审查和比较，通常称为"资格后审"。

3）邀请的对象不同

邀请招标邀请的对象是特定的法人或其他组织，公开招标邀请的对象是不特定的法人或者其他组织。

4.1.3　建设工程招标程序

建设项目的招标投标活动是一个连续完整的过程,所涉及的单位较多,协作关系复杂,所以要按一定的程序进行。按照招标人和投标人的参与程度,可将招标程序分为 7 个步骤:招标活动的准备工作,招标公告和投标邀请书的编制与发布,资格审查,编制和发售招标文件,勘察现场与召开投标预备会,投标,开标、评标及定标。

1. 招标活动的准备工作

招标准备阶段是指从办理招标申请开始到发出招标广告或邀请批标函为止的时间段。这个阶段的工作由招标人单独完成,投标人不参与。此时,在项目招标前,招标人应当办理有关的审批手续、确定招标方式以及划分标段等。

(1) 办理报建审批手续

各类房屋建设(包括新建、改建、扩建、翻建、大修等)、土木工程(包括道路、桥梁、房屋基础打桩)、设备安装、管线道路敷设、装饰装修等建设工程在项目的立项批准文件或年度投资计划下达后,按照《工程建设项目报建管理办法》规定具备条件的,须向建设行政主管部门报建备案。办理审批手续会根据地区的变化而略有差异,但无论什么地区,只有在报建申请审批后,才可以开始项目的建设。应当招标的工程建设项目,办理报建等级手续后,凡是已经满足招标条件的,均可组织招标,办理招标事宜。招标人组织招标必须具有相应的组织招标的资质。根据招标人是否具有招标资质,可以将组织招标分为两种情况:招标人自己组织招标,招标人委托招标代理组织招标事宜。招标人委托招标代理人代理招标时,必须与之签订招标代理合同。

(2) 选择招标方式

对于公开招标和邀请招标两种方式,按照中华人民共和国建设部《房屋建筑和市政基础设施工程施工招标投标管理办法》的规定,首先应该根据工程特点和招标人的管理能力确定发包范围;其次应依据工程建设的总进度计划确定项目建设过程中的招标次数和每次招标的工作内容,如监理招标、设计招标、施工招标、设备供应招标等;第三,按照每次招标前准备工作的完成情况,确定合同的计价方式。如施工招标时,已完成施工图设计的工程可以采用总价合同,若是完成初步设计的大型复杂工程,则应采用单价合同;最后,依据工程项目的特点,以及招标前准备工作的完成情况,最终确定招标方式。

招标方式的最终确定,一般要求考虑以下因素:

1) 工程项目的工艺水平

当今投资者都非常关注项目的投资效益,而通常工程项目的工艺水平将直接影响投资效益。同时,工程项目的工艺水平也意味着项目未来的竞争力。

2) 工程特点

工程项目施工技术复杂程度,施工场地是否集中,工程量大小等工程特点能影响招标方式的最终决定。

3) 工程项目设计

有些大型高档民用建筑工程项目,其设计占主导地位的程度高,在缩短工期、保证质量、节约投资等方面会对招标方式的确定有一定影响;而一般的工业和民用建筑,其设计在工程项目中主导地位不明显，则相对而言工程项目设计对招标方式影响不大。

4）业主和承包商的意愿

业主和承包商是招标投标活动的两个主体。二者都希望招标投标活动所选定的方式和类型对自己有利，可以尽量少承担一些风险。此外，业主的工程建设管理水平高低及其工程建设技术水平的强弱，常常影响着承包方式的确定。

5）其他因素

影响招标方式确定的因素有很多，比如资金的筹措、设计图纸的完成深度等。

总之，业主在进行招标投标活动时，要对上述因素的影响进行综合考虑，结合工程项目的具体情况，自身的项目管理能力，以及工程项目的承发包方式、合同类型等因素后，最终确定招标方式。

（3）标段的划分

招标项目需要划分标段的，招标人应当合理划分标段。一般情况下，一个项目应作为一个整体招标。但是，有时候针对某些大型项目，作为一个整体进行招标将大大降低招标的竞争性，因为符合招标条件的潜在投标人数量太少，应当将招标项目划分成若干标段分别进行招标。例如，建设项目的施工招标，一般可以将一个项目分解为单位工程和特殊专业工程分别进行招标。但是不能将标段划分过小，太小的标段将失去对实力雄厚的潜在投标人的吸引力。通常情况下，一个建设项目的招标可将一个项目分解为单位工程，但不允许将单位工程肢解为分部、分项工程进行招标。招标人不得以不合理的标段限制或者排斥潜在投标人或者投标人。标段的划分是招标活动中较为复杂的一项工作，应当综合考虑招标项目的专业要求、招标项目的管理要求、对工程投资的影响以及工程各项工作的衔接。

2. 招标公告与投标邀请书的编制与发布

在招标活动的准备工作中，应该编制后续招标工作中可能会涉及的文件，如招标公告、投标邀请书等，才能确保招标投标工作的顺利进行。招标公告或投标邀请书的具体格式可由招标人自定，内容一般包括：招标单位名称、建设工程项目概况、建设项目资金筹措情况及购买资格预审文件的时间、地点等有关事项。

招标公告是指采用公开招标方式的招标人或招标代理机构，向所有潜在的投标人所发出的一种广泛的通告。这种通告信息的公布可以凭借报刊、广播等公共传播媒介等形式进行。我国《招标投标法》关于招标公告的传播媒介的规定如下："招标人采用公开招标方式的，应当发布招标公告。依法必须进行招标项目的招标公告，应当通过国家指定的报刊、信息网络或者其他媒介发布。"

投标邀请书是指采用邀请招标的方式的招标人或招标代理机构，向特定的投标人发出的投标邀请的通知。我国《招标投标法》关于投标邀请书的规定如下："招标人采用邀请招标方式的，应当向3个以上具备承担招标项目的能力、资信良好的特定法人或者其他组织发出投标邀请书。"

3. 资格审查

招标人可以根据招标项目本身的特点和需要，要求潜在的投标人或投标人提供满足其资格要求的文件，对潜在的投标人或者投标人进行资格审查。资格审查分为资格预审和资格后审。资格预审是指在投标前对潜在投标人进行的资格审查；资格后审是指在开标后对投标人进行的资格审查。进行资格预审的,一般不再进行资格后审,但是招标文件另有规定的除外。此处主要介绍资格预审。

(1) 资格预审的意义

通过资格预审的程序,招标人可以对各投标人的资质条件、业绩、信誉、技术、资金等基本情况有一定程度的了解。

采取资格预审可以排除那些不合格的投标人,降低招标人的采购成本,提高招标工作的效率。

通过资格预审,招标人可以了解到潜在的投标人对于工程建设项目的招标有多大兴趣。如果潜在的投标人大大低于招标人的预料,招标人可以据此修改招标条款,以吸引更多的投标人参与进来。

资格预审可以吸引实力雄厚的承包商进行投标。通过资格预审程序,不合格的承包商会被筛选掉,留下实力雄厚的、愿意承担招标项目的合格投标人。

(2) 资格预审的程序

资格预审的主要步骤如下:

1) 招标人发出资格预审公告

进行资格预审的,招标人可以发布资格预审公告。资格预审公告的发布方式和内容大致与招标公告相同。

2) 发售资格预审文件

招标公告或者资格预审公告之后,招标人向申请参加资格预审的申请人出售资格审查文件。资格预审的内容包括基本资格审查和专业资格审查两部分:基本资格审查是对申请人的合法地位和信誉等方面进行审查;专业资格审查是对已经具备基本资格的申请人履行拟定招标采购能力的审查。

3) 对潜在投标人资格的审查和评定

按照资格预审文件中规定的方法和标准,招标人在规定的时间内对提交资格预审申请书的各投标人资格进行审查,筛选合格的申请人,剔除不合格的申请人,只有通过了资格预审的投标人才有资格参加投标。资格预审主要审查投标人是否符合下列条件:

① 具有独立订立合同的能力。

② 具有履行合同的能力,具有相当的专业技术能力,管理能力,经验、信誉等方面。

③ 没有处于被责令停业,投标资格被取消,财产被接管、冻结,破产等状态。

④ 在最近 3 年内未出现骗取中标和严重违约等重大工程质量问题。

⑤ 行政法规规定的其他资格条件。

资格审查时,招标人不得以不合理的条件限制、排斥投标人,不得歧视投标人。任何单位和个人不得以行政手段或其他不合理方式限制投标人数量。

4) 发出资格预审合格通知书

经过资格预审后,招标人应当向资格预审合格的投标申请人发出资格预审合格通知书,同时告知投标人获取招标文件的时间、地点和方法,并向资格预审不合格的投标申请人告知资格预审结果。

4. 编制和发售招标文件

按照我国《招标投标法》第十九条的规定:"招标人应当根据招标项目的特点和需要编制招

标文件。招标文件应当包括招标项目的技术要求、对投标人资格审查的标准、投标报价要求和评标标准等所有实质性要求和条件以及拟签订合同的主要条款。"

（1）编制招标文件

建设工程招标文件是由招标单位或者受其委托的招投标代理机构编制发布的，它既是投标单位编制投标文件的依据，也是招标单位与中标单位签订工程承包合同的基础。国家对于招标项目的技术、标准有规定的，招标人应当按照其规定在招标文件中提出相应的要求。例如："招标项目需要划分标段、确定工期的，招标人应当合理划分标段、确定工期，并在招标文件中载明。"招标文件中提出的各项要求，对整个招标工作和工程承发包双方都有约束力。

一般情况下，招标文件应具备以下内容：

① 投标邀请书。

② 投标人须知（工程概况、招标范围、资金来源等）。

③ 合同主要条款。

④ 技术条款。

⑤ 投标文件格式。

⑥ 设计图纸。

⑦ 评标标准和方法。

⑧ 投标辅助材料。

（2）发售招标文件

通常情况下，招标文件发售给通过资格预审，成功获取投标资格的投标人。投标人在收到招标文件后，应认真核对，核对无误后应以书面的形式予以确认。招标文件一般应按照成本费收取，包括编制、印刷招标文件的费用，除此之外招标活动中其他费用不应列入。投标人购买招标文件的费用，无论其中标与否皆不予退还。

5. 勘察现场与召开投标预备会

（1）勘察现场

由于建设工程设计图纸和工程量清单等招标文件，并不能完整地反映出建筑工程的具体信息，施工现场的水文、地质条件，周围建筑物、环境、交通等相关条件都将对建筑工程的造价产生一系列的影响。招标人除了应该将已经获取的地质、水文等资料以及相关数据交付各投标人外，还应安排所有投标人在招标人员规定的时间勘察现场。招标单位在组织勘察现场的过程中，除了对现场情况作必要的介绍外，对投标人所提出的问题皆不作进一步回应，以免干扰投标人的决策。应特别强调的是，投标者有责任事先熟悉现场情况，并在其投标书中尤其是报价上予以充分考虑。在投标书递交之后，因场地不熟悉而提出的任何价格变更要求，业主可一概不予考虑。投标人在勘察现场中如果有疑问和问题，应统一在投标预备会前以书面形式向招标人提出，但应给招标人留有解答时间。

组织各投标人勘察现场的目的，一方面是为了让投标人了解工程项目的现场条件、自然条件、施工条件，以及周围环境条件，以便于编制投标报价；另一方面也是要求投标人通过自己的实地考察，确定投标原则，决定投标策略，避免在其合同履行过程中出现以不了解现场情况为理由而推卸应承担合同责任的情况。

（2）召开投标预备会

投标预备会也叫标前会议，是指在投标截止日期以前，按照招标文件中规定的时间和地点,为解答投标人关于招标文件、设计图纸、相关技术资料及勘察现场结果等提出的疑问和问题所召开的会议。在投标预备会上,招标人不但要向各参会投标人介绍工程概况,对招标文件中可能存在的某些内容加以修改或予以补充,还应口头解答投标人书面提出的各种问题。上述内容均应在会议结束之后加以整理,采用书面的形式发给每一位投标人。补充文件作为招标文件的组成部分,具有与招标文件同等的法律效力,而这些补充文件将成为招标人与中标承包商签署的工程承包合同的一部分。补充文件应在投标截止日期前一段时间发出,以便让投标者有时间了解情况。

在招标活动中,对于既不参加勘察现场,又不前往参加投标预备会的投标人,可以认为他退出,取消其参与投标的资格。

6. 投标

建设项目投标人在通过调查研究、收集投标信息和资料,对招标文件提出实质性要求和条件做出响应,按照招标文件的要求编制好投标文件。按照国际惯例,建设工程的投标报价确定流程如下:

① 按照建设工程项目的具体情况,认真分析工程项目资料,采用相应的投标报价的计算方法确定"初步标价"。

② 在初步标价基础上进行必要的分析、比较和调整,制定"内部标价"。

③ 针对内部标价进行盈亏分析,对工程项目的盈余、风险因素进行预测、分析,确定拟报标价。

④ 综合各种必要的相关信息再做多方面的、必要的预测、分析、比较,核准确定最终投标报价。

确定投标报价之后,在投标截止日期前,将投标文件送达投标地点。投标人在递交投标文件以后,在规定的投标截止时间之前,可以以书面形式补充修改或撤回已提交的投标文件,并通知招标人。招标人应接受资格审查合格的投标者所寄达或送达的标书,并将所收到的标书做好登记、编号的工作,签收保存,不得开启。值得注意的是,投标截止日期之后所收到的标书,应不接受或按照废标处理。如果投标人少于3个,则招标人应当依照《招标投标法》重新招标。

7. 开标、评标和定标

在建设项目招标投标中,开标、评标、定标是招标程序中极为重要的环节。能否顺利选择到最合适的承包商顺利地进入建设项目的实施阶段,完全取决于该项目的招标投标活动是否客观、公正地进行了评标、定标活动。我国《招标投标法》对于开标的时间、地点和出席投标预备会等内容作出了清晰而明确的规定。

(1) 开标

开标时间一般为投标截止的统一时间,按照招标文件规定的时间、地点,在投标单位法定代表人或者其授权代理人在场的情况下,举行开标会议,按照规定的开标会议议程进行公开开标。

(2) 评标

评标过程中通常需要成立评标委员会。由评标委员会在招标管理机构的监督下,依据评标原则、评标方法,对建设工程项目承包单位的投标报价、工期、质量、方案等进行综合评价,公正合理地选择中标单位。

通常评标工作的程序要经过初评和详评两个阶段。评标工作结束之后,评标委员会应出具一份评标报告。

(3) 定标

招标人或其授权代理人根据评标委员会提交的评标报告,挑选和确定中标单位。中标单位选定后,由招标管理机构核准,获准后由招标单位向中标单位发出中标通知。中标通知书发出后,招标单位应该在 15 日内,向有关监督部门提交书面报告。

4.1.4 建设工程投标程序

建设工程的招标与投标是建设工程承发包活动的两个方面,工程投标是工程招标的对称词。建设工程投标的工作过程应与建设工程招标程序相配合、相适应。建设工程项目投标的一般程序如图 4-4 所示。

从投标人的角度考虑招标投标活动,建设工程投标程序中的主要内容包括获取投标信息、确定是否投标、制定投标策略、编制施工组织设计、编制投标文件等。

1. 获取投标信息

投标报价的前期,收集并跟踪投标信息是投标单位的重要工作。要想成功地参与到招标投标活动中去,投标单位应建立广泛的信息网络,不仅要关注各招标机构公开发行的招标公告和公开发行的报纸、期刊等媒介,还需要建立与建设主管单位、建设单位、设计单位等机构的良好关系,以便尽早了解到建设项目的信息,为参与招标投标活动做好早期的准备工作。同时,投标单位还应该了解国家(如发改委)的相关政策,预测投资动向和发展规划,从而把握机遇。除此之外,倘若建设工程项目采取邀请招标的方式,获取投标信息的另一途径是直接得到招标人的邀请。作为投标单位来说,需要企业

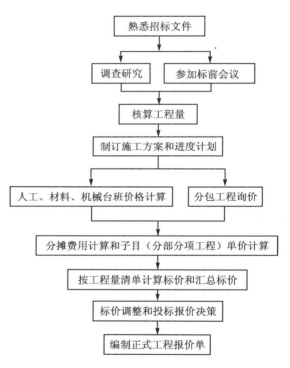

图 4-4 建设工程项目投标程序

具有先进的技术手段、较高的管理水平和资质信誉等,由招标人直接点名希望再次合作。调查研究的投标信息具体包括以下内容:

(1) 政治和法律

投标人应当首先了解在招标投标活动中以及在合同履行过程中有可能涉及的法律、与建设工程项目相关的政治形势、国家经济政策走向等。

(2) 自然条件

投标人要参与建设项目某工程的招投标活动,需要调查研究工程项目当地的自然条件。

例如,工程所在地的地理位置和地形、地貌,气象状况包括气温、湿度、主导风向、年降水量,洪水、台风等其他自然灾害状况。

(3) 市场状况

投标人调查市场状况是非常艰巨的一项工作,需要调查收集的内容也很多,主要包括:建筑材料、施工机械、燃料动力等供应情况,价格水平等资料,过去几年金融市场情况(如银行贷款的难易程度以及银行贷款利率等)。

(4) 工程项目概况

投标人若要参与建筑工程项目投标,必须对所投工程项目概况有一定的了解,如招标工程项目的可靠性、承包条件等。工程项目概况主要包括工程规模、工程发包范围、工期及施工场地、地质地形、工程项目资金来源、工程价款的支付方式等。

2. 确定是否投标

对于许多建筑施工企业而言,并不是所有的招标项目都适合去投标。如果参加某些招标投标活动中中标几率不大,或者说为了中标减少利润,就会造成中标后项目盈利能力差。参加此类工程项目的招标投标,不仅浪费经营成本,还有可能错失其他更好、更合适的工程项目的招标投标机会。因此,对于建筑施工企业来讲,需要在招标工程项目所提供的投标信息中进行分析论证,同时结合企业、项目和市场的具体情况进行综合考虑,具体操作时需要注意以下问题:

(1) 确定投标信息

招标单位进行招投标活动时,公开发布的招标信息都是经过层层把关、认真核对过的,一般情况下都是真实的。但是,除了这一正常渠道,不少建设工程在招标信息公开发布前会有许多小道消息。这些非正式途径的消息的真实性、公平性等值得商榷,但也不是毫无用处,投标企业针对投标项目进行投标信息确定时,一定不能单纯等待招标信息的公开发布,对于这些真伪并存的小道消息,施工企业在加以利用之前一定要认真分析与验证获取信息的真实性和可靠性。

(2) 调查研究招标单位

建筑施工企业作为投标单位参与招标投标活动,需要对招标投标活动的其他参与者有必要的认识。其中,招标单位是招标投标活动的主办单位,是招标投标活动中最重要的参与者。建筑施工企业要在招标投标活动中取得胜利,对招标活动的调查了解是确定项目酬金能否收回的前提。有些招标单位在建设过程中长期拖欠工程款,会直接导致建筑工程单位不但没有利润可言,甚至有可能连成本都无法收回。还有的招标单位利用职权勾结材料承包商,索要回扣,会令承包企业压力增大。因此,投标人在进行投标时,必须对招标单位进行必要的了解,同时对承包项目之后将会对招标单位履行合同的各种风险进行认真评估分析。调查研究招标单位的基本信息包括招标人的资信情况、履约态度、支付能力、有无拖欠情况等。

(3) 了解其他投标单位

建设工程招投标是一个由招标单位组织的,吸引若干投标单位的活动。参与投标的单位之间存在竞争。掌握竞争对手的情况,是投标获胜策略中的一个重要环节,也是投标人参加投标能否获胜的重要因素。若想在竞争中取得胜利,参与投标者需要通过对竞争对手的数量、实力等状况有一个基本的认识和了解,确定自己的竞争优势,从而可以初步判断自己的中标概率。倘若在了解其他投标单位的过程中发现竞争对手很多,实力很强,建筑施工企业便需要重新考虑该项招投标活动是否值得下功夫去参与投标。

3. 制定投标策略

建筑施工企业参加投标竞争，能否战胜对手取得施工合同，在很大程度上取决于自身能否正确灵活地运用投标策略，熟谙投标全过程的活动。

投标策略是指投标人在投标竞争中的系统工作部署及其参与投标竞争的方式和手段。投标策略作为投标取胜的方式、手段和艺术，贯穿于投标竞争的始终，内容十分丰富。正确的投标策略，来自实践经验的积累，来自对客观规律的不断认识，来自于对具体情况的深入了解。制定正确的投标策略，决策者的能力和魄力也是不可缺少的。

综上所述，获胜的投标策略大致可以分为以下几种：

（1）高水平的经营管理

依靠高水平的经营管理，即通过优化施工方案，安排合理的施工进度，科学的组织管理，选择可靠的分包单位等措施，降低工程成本，同时降低投标报价，提高中标概率。采取这种策略，标价虽然低，但是利润却并未减少。这种策略是在建筑工程招投标中最根本、最理想的策略。

（2）缩短工期

采用缩短工期的方法取得招投标的胜利，即通过采取有效措施，使工程在施工过程中在投标文件规定的工期基础上提前竣工。

（3）附带优惠条件

使用这种方法，即要求施工企业在掌握信息时，特别留意招标单位的困难和迫切需要，然后，有针对性地挖掘本企业的潜力，提出优惠条件，通过替招标单位分忧而创造中标概率。

（4）低价策略

在竞争条件比较激烈的情况下，面对众多条件优秀的竞争对手，通常可以采用低报价的方法取得招投标的胜利。若施工任务不足，或企业欲在新的地区打开局面的情况，可以采取此策略。

作为投标决策者，要对各种投标信息，其中包括主观因素和客观因素，进行认真科学的综合分析，在此基础上选择投标对象，确定投标策略。选择装备条件和管理水平相适应、技术先进、招标单位的资信条件及合作条件较好、施工所需条件有保障、盈利可能性较大的工程项目去参与投标。

4. 编制施工组织设计

施工组织设计是投标报价的一个前提条件，也是招标人评标时考虑的重要因素之一。在计算标价之前，应先编制施工组织设计。施工组织设计的内容一般包括施工方案、施工进度计划、施工平面图等，招标单位将根据这些资料评价投标人是否采取充分合理的措施，以保证按期完成工程施工任务。施工组织设计对投标人而言十分重要，因为进度安排是否合理，施工方案是否选择得当，对工程造价有着密不可分的联系。编制施工组织设计的原则是在保证工期和工程质量的前提下，尽可能使工程成本最低，投标价格最合理。

（1）工程进度计划

在建设工程项目的招标投标阶段所编制的工程进度计划不用编制过于详细，可以粗略一些，一般用横道图表示。在这个阶段工程进度计划不一定采用网络计划，但应考虑和满足下列条件：

1）总工期符合招标文件要求

如果合同要求分期、分批竣工交付使用，应标明分期、分批使用的时间和数量。

2）表示主要工程的开工时间

在工程进度计划中应表示各项主要工程的开始和结束时间。例如，房屋建筑中的土方工程、基础工程、混凝土结构工程、屋面工程、装饰装修工程和水电安装工程等的开始和结束时间。

3）体现工序衔接

建筑工程的进度计划需要提醒工序相互衔接的合理安排，这样有利于均衡地安排劳动力，尽可能避免现场劳动力数量的急剧起落，提高功效和节省临时设施费用；有利于充分有效地利用施工机械设备，减少机械设备的占用周期；便于编制资金流动计划，有利于降低流动资金占用量，节省资金利息。

（2）制订施工方案

在制订施工方案时要从工期要求、技术可行性、保证质量和降低成本等方面进行综合考虑，制订施工方案的基本内容应包括以下几个基本方面：

① 根据分类汇总的工程数量和工程进度计划中该类工程的施工周期，以及招标文件的技术要求，选择和确定各项工程的主要施工方法和适用、经济的施工方案。

② 根据上述各类工程的施工方法，选择相应的设备，并计算所需数量和使用周期，研究确定是采用新设备，还是调进现有设备，或在当地租赁设备。

③ 研究决定工程项目的承包项目，确定哪些工程项目自己施工，哪些项目分包，同时提出分包构想。

④ 估算生产劳务数量及材料需要量，考虑其来源及进场时间的安排。通过生产劳务数量，估算间接劳务和管理人员的数量等。同时考虑生产材料的来源和分批进场的时间安排，用以估算现场的临时设施。若有些建筑材料，如砂、石等打算就地开采，则应估算采砂、采石的人员、设备费用。若某些构件拟在现场自制，则应确定相应的设备、人员和场地面积，并计算自制构件的成本价格。

5．编制投标文件

投标是获取工程施工承包权的主要手段，也是工程拟承包单位对招标单位发出要约的承诺。当工程承包单位对拟承包项目的投标报价及战略战术进行充分研究并作出相应决策后，则要进行投标文件的编制工作。投标文件是投标者，也就是工程拟承包单位向招标单位提出的参加投标竞争的证明文件，是承包商参加竞争的信心和实力的体现。工程拟承包单位一旦提出了投标文件，必须在规定的期限内信守自己的承诺，不得随意反悔，否则投标人必须承担反悔的经济和法律责任。

（1）投标文件的内容

工程施工投标并非只指投标报价，还应包括投标项目的技术、设备等一系列要求。投标文件的内容，一般在招标文件中的"投标须知"中有明确的规定，投标人在编制投标文件时应完全按照其规定办理。按照《工程建设项目施工招标投标办法》第36条规定，工程建设施工项目投标文件的组成内容一般包括如下内容：

① 投标函及投标函附录。

② 投标报价。投标报价的编制与审核由造价工程师负责，并由造价工程师签字，加盖执业专用章和单位公章。

③ 施工组织设计。

④ 商务和技术偏差表。

⑤ 招标人要求的其他需要投标单位提供的资质文件等。

投标人根据招标文件载明的项目实际情况,拟在中标后将工程分包的,应当在投标文件中载明。

(2)编制投标文件时应注意的问题

在投标文件的编制过程中应注意以下事项:

1)投标文件的语言

投标文件的语言包括投标人与招标单位之间有关投标事宜的函件来往的文件中所使用的语言,根据不同的招标方式有着不同的规定。国际竞争性的招标,其语言文字应采用英文说明,国内竞争性的招标,投标文件及来往函件采用汉字。

2)投标货币的规定

针对国际竞争性的招标,投标货币与支付货币的汇率和金额应全部按照招标文件中的"投标人须知"的规定来投标。如果投标人希望一定比例的外币,需在"外汇需求"中表明此外币所占百分比。此外,属于国内竞争性招标的,投标文件中的单价和总价全部用人民币表示。

3)投标文件的形成和签署

投标文件也称标书,投标人应按照"投标人须知"中的规定,编制一份投标文件,其中包括正本及副本,并标明"投标书正本"和"投标书副本",正副本如有不一致的地方皆以正本为准。正本和副本均不得任意涂改,应安排由投标人正式授权的一个人或几个人签署,授权书应该以书面委托的方式附于投标文件内,若投标文件项目有增减,应有投标书签字人的签字证明。

(3)编制投标文件时应遵循的规定

1)做好编制投标文件的准备工作

工程承包项目的每一位投标人,对于同一招标项目只能提交一份标书,也不能以任何其他形式参与其他投标人的投标。投标人应仔细阅读"投标须知",认真注意应注意和遵守的事项,同时熟悉合同条件、规定格式等,若最后因为投标文件不符合投标文件的要求,导致废标,责任由投标人自负。

2)准确合理报价

在投标文件的编制过程中,投标人应根据招标文件和建设项目的工程技术规范要求,并且根据施工现场的情况编制施工方案或者施工组织设计,并及时按照招标文件要求提交投标保证金。

3)投标文件的按时递交

投标人应当在招标文件要求提交投标文件的截止时间前,将投标文件密封送达投标地点。在招标文件要求提交投标文件的截止时间后送达的投标文件,应当视为无效的投标文件,招标人应当拒收。在提交投标文件后,到招标人要求的投标文件截止日期前,投标人可以补充、修改,甚至撤回已提交的投标文件,并书面通知招标人。补充、修改的内容成为投标文件的组成部分。

学习任务 4.2 建设工程招标投标

建设工程招标投标活动是一种商品交易行为。招标投标是商品经济高度发展的产物,是采用经济技术的方法和市场经济的竞争机制的作用,有组织开展的一种择优成交的方式。这种方式是在建筑工程采购行为中,招标人通过事先公布的采购和要求,吸引众多的投标人按照同等条件进行平等竞争,按照规定程序并组织技术、经济和法律等方面专家对众多的投标人进行综合评审,从中择优选定项目中标人的行为过程。

4.2.1　建设工程标底的确定

我国大部分建筑工程在进行招标投标时,均是针对建设工程及其设备计算出的一个合理的基本价格。在建设工程招标投标活动中,编制标底是其最重要的环节之一,是评标、定标的重要依据,而且工作时间紧、保密性强,是一项比较烦琐的工作。

标底由招标人(或者委托的具有资质的单位)编制,是招标人对整个招标工程所需费用的期望值。一般情况下,标底价格由工程成本、利润、税金组成,可作为评标、定标的参考。

我国《招标投标法》并没有完全明确规定招标工程是否必须设置标底价。针对不同的招标项目,招标人可以根据工程的实际情况自行决定是否编制标底。若建设工程项目采用固定总价合同,则需要在招标准备阶段编制标底。标底可由招标者自行编制,也可以委托有资质的招投标代理机构编制。标底是招标单位对该项工程的预期价格,也是评标的依据,还可以作为招标效果的检验标准。因此,标底应该完整准确、科学合理,能反映出投标人较为先进的水平。编制标底必须以严肃认真的态度对待,并采用科学合理的方法,实事求是,综合考虑和体现发包方和承包方的利益,编制切实可行的标底,真正发挥标底价格的作用。

标底的作用主要体现在以下 3 方面:

第一,标底是评标中衡量投标报价是否合理的尺度,是确定投标单位能否中标的重要依据。

第二,标底是防止招标中盲目投价和抑制低价抢标现象的重要手段。

第三,标底是控制投资额、核实建设规模的文件。

1. 编制标底的原则

工程标底是招标人控制投资,明确招标工程造价的重要手段。建筑工程标底在其确定过程中要求科学合理、计算准确。编制招标项目标底时,应根据批准的初步设计、投资概算,同时参照国务院和省、自治区、直辖市人民政府建设行政主管部门制定的工程造价计价办法,计价依据及工程定额,结合市场供求状况,综合考虑投资、工期和质量等方面的因素合理确定。

在编制标底的过程中,应该遵循以下原则:

(1) 编制依据具有可靠性

编制标底时,应当依据设计图纸及相关资料、招标文件,参照国家、行业或地方批准发布的定额和国家、行业、地方规定的技术标准规范,以及市场价格因素来确定工程量和编制标底。这些资料必须具有一定的权威性、可靠性。

(2) 标底价应具有完整性

标底价应由工程成本(直接费和间接费之和)、利润和税金组成,一般情况下应控制在批准的总概算(或修正概算)及投资包干限额内。

(3) 标底价与招标文件的一致性

标底价的内容、编制依据与招标文件一致。标底应考虑人工、材料、设备、施工机械台班等价格变化因素,还应包括不可预见费用、预算包干费、措施费等,如果要求工程达到优良级别,标底还应增加相应费用。上述这些编制内容应在招标文件中统一规定,编制时注意与招标文件保持一致。

(4) 标底价的合理性

标底价作为建设单位的期望价格,应力求与市场的实际变化吻合,要有利于竞争和保证工程质量,具备合理性原则。标底价编制过低,会损害投标企业的利益,难以选择到合适的工程承包企业;标底价编制过高,会给工程投资者造成资金浪费。

(5) 标底价的唯一性

一个建设工程只能编制一个标底价,这是标底价的唯一性原则。如此才能体现出招标投标活动的公正性原则。

(6) 标底价格的保密性

标底编制完成后,应该报送招标投标管理机构审核,如果属于贷款项目,还应报送贷款的银行审核。标底编制完成后应及时封存,直至开标前应做好保密工作,所有接触过标底价的人员均负有保密责任,不得泄露。

2. 编制标底的依据

建筑工程招标项目需要编制招标标底的,应需要收集多方资料,参照各种国家相关依据,综合考虑各方面因素。编制标底的依据包括:

(1) 国家规定

国家的有关法律、法规以及国务院和省、自治区、直辖市人民政府建设行政主管部门制定的有关工程造价的文件、规定。

(2) 现行计价标准、办法

现行计价标准、办法是指国家、行业、地方的工程建设标准,以及建设工程施工必须执行的建设技术标准、规范、规程等;工程招标文件确定的计价依据和计价办法;招标文件的商务条款(包括合同条件中规定的由工程承包方应承担义务而可能发生的费用);招标文件的澄清、答疑等补充文件和资料。

(3) 图纸图集

图纸图集包括建设工程项目的工程设计文件、图纸、技术说明及招标时的设计交底,按设计图纸确定的或者招标人提供的工程量清单等相关基础资料。

(4) 施工组织设计

建设工程项目所采用的施工组织设计、施工方案、施工技术措施等。

(5) 基础资料

基础资料是指工程施工现场的地质、水文勘测资料,现场环境和条件及反映相应情况的有关资料。

3. 编制标底的程序

当招标文件中的商务条款一经确定,即可进入标底编制阶段。编制建设工程标底的程序如下:

① 确定标底的编制单位。标底应由招标单位自行编制或委托经建设行政主管部门批准的具有编制标底资格能力的中介机构代理编制。

② 收集编制资料。需要收集的资料包括:全套施工图纸及现场地质、水文、地上情况的有

关资料,招标文件,标底价格计算书,报审的有关表格等。

③ 参加交底会。标底编制、审核人员均应参加施工图交底、施工方案交底、招标预备会,便于招标标底的编审工作。

④ 现场勘察,编制标底。组织招标标底的编制人员前往现场勘察,收集资料,开展标底的编制工作。标底编制人员应严格按照国家相关政策、规定,科学公正地编制标底价格。

⑤ 审核标底价格。

4．编制标底的内容

① 标底编制单位名称、编制人员资格证章。

② 标底的综合编制说明,包括编制依据、计算内容。

③ 标底价格审定书、标底价格计算书、带有价格的工程量清单、现场因素、各种施工措施费的测算明细以及采用固定价格工程的风险系数测算明细等。

④ 主要材料用量表,是指主要人工、材料、机械设备使用量表。

⑤ 标底附件,如各项交底纪要,各种材料及设备价格的来源,现场的地质、水文、地上情况的有关资料,编制标底价格所依据的施工方案或施工组织设计等。

⑥ 编制标底价格的相关表格。

5．编制标底的方法

就我国目前现状而言,建设工程施工招标标底的编制方法包括定额计价法和工程量清单计价法两种。

(1) 采用定额计价法编制标底

定额计价是一种与我国计划经济相适应的工程造价管理制度。在建设工程招标投标过程中,采用定额计价法编制招标标底时,招标人应当按照国家规定的统一的工程量计算规则计算工程数量,然后按照建设行政主管部门颁布的预算定额计算人工费、材料费、施工机械使用费,最后需要按照相关费用标准计取其他费用,汇总之后得到工程造价。定额计价的基本程序如图 4-5 所示。

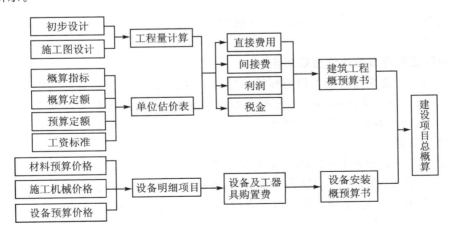

图 4-5　定额计价的基本程序

采用定额计价法编制标底,其具体操作方法通常有单价法和实物法两种。二者比较相似,最大区别在于两者在计算人工费、材料费、施工机械费及汇总三者费用之和时方法不同。

1) 单价法

单价法是采用预算定额(或者消耗量定额)中分项工程相应的定额单价编制单位工程计价文件的办法。首先按照施工图纸计算各分项工程的工程量,并乘以相应单价,汇总相加,得到单位工程的定额直接工程费和技术措施费,再加上按照规定计算出的措施费、间接费、利润、税金等,最后汇总得到的工程造价。在建筑工程设计施工图阶段招标,也可以按照施工图计算工程量,按照概算定额和单价计算直接费,既可以提高计算结果的准确性,又可以减少工作量,节省人力和时间。单价法的直接工程费计算公式为

$$直接工程费 = \sum(工程量 \times 预算定额单价)$$

单价法是目前国内编制标底价格的实用办法之一,具有计算简单、工作量较小和编制速度快的优点。但是,由于采用事先编制的单位估价表,不一定能准确反映当时当地的价格水平,存在滞后性,会造成计算结果与实际结果有相对误差。对计算结果采用价差调整的办法虽然可以有效地修正该问题,但是调价系数的制定也存在相对滞后性且计算过程会比较复杂。

2) 实物法

采用实物法时,首先计算出分项工程量,然后套用预算定额中相应人工、材料、施工机械用量,经汇总,再分别乘以拟建工程当时当地的人工、材料、机械台班的实际单价,得到直接工程费,并按规定计取其他各项费用,最后汇总得到单位工程价格。实物法的直接工程费计算公式为

$$直接工程费 = \sum(分项工程量 \times 人工定额用量 \times 当时当地人工工资单价) +$$
$$\sum(分项工程量 \times 材料定额用量 \times 当时当地材料预算价格) +$$
$$\sum(分项工程量 \times 施工机械定额用量 \times 当时当地施工机械使用价格)$$

采用实物法计算人工费、材料费、施工机械使用费,是根据预算定额中的人工、材料、施工机械消耗量与当时当地人工、材料单价相乘汇总得出,能较好地反映实际价格水平,工程造价准确度较高。实物法在计算其他相对灵活的费用时,需要参照建筑市场的供求状况,允许上下浮动。

由此可见,实物法实质上是与市场经济体制相适应的但以预算定额、消耗量定额为依据的标底编制方法。

(2) 采用工程量清单计价法编制标底

工程量清单计价是在建设工程招标投标过程中,招标人或委托有资质的中介机构编制工程量清单,并作为招标文件中的一部分提供给投标人,由投标人依据工程量清单进行自主报价,经招标人或评标委员会评审,合理低价中标的一种计价方式。目前,工程量清单计价是国际上较为通行的做法。

按照工程量清单计价中单价的综合内容不同,可以划分为3种形式:

① 工料单价法:单价仅仅包括人工费、材料费和机械使用费,故又称为直接费单价。

② 完全费用单价法:单价中除了包含直接费外,还包括现场经费、其他直接费和间接费等全部成本。

③ 综合单价法:综合单价是指分部分项工程的完全单价,综合了直接工程费、间接费、有关文件规定的调价、利润或者包括税金以及采用固定价格的工程所测算的风险金等全部费用。

工程量清单计价法的单价是一种综合单价。采用综合单价编制标底价格,首先要根据统

一的项目划分,按照统一的工程量计算规则计算工程量,形成工程量清单;其次要估算分项工程综合单价(该单价是根据具体项目分别估算的)。

工程量清单计价法与前述方法的显著区别在于:间接费、利润等是一个用综合管理费分摊到分项工程单价中,从而组成分项工程综合单价,某分项工程综合单价乘以工程量即为该分项工程合价,所有分项工程合价汇总后即为该工程的总价。

(3) 采用工程量清单计价法编制标底的特点

与在招标投标过程中采用定额计价法相比,具有以下特点:

1) 提供一个公平、公开、公正的竞争条件

采用定额计价法编制标底价,由于设计图并不一定能完全满足准确计算工程量的需求,加之各专业人员认识不同,理解层次不一致,会造成不同投标企业的投标人员计算的工程量结果互不相同,同时投标报价也相差甚远,容易产生纠纷。而采用工程量清单计价法编制标底价,为各位投标者提供了一个相对平等的竞争条件,相同的工程量,投标人根据招标人给出的工程量清单,结合自身的生产要素资料,确定综合单价进行投标报价,降低了产生误差的可能性。对于投标人来说,这种竞争方式有利于体现企业的管理、技术水平,方便各投标者之间更公平、公开、公正的竞争。

2) 有利于工程价款拨付和工程造价的最终确定

在建设工程招标投标产生中标人后,中标施工企业需与建设单位签订工程承包合同。在标底价和投标报价所提供的范围内产生中标合同价。中标价成为合同价的基础,投标报价上的单价则成为拨付工程款的依据。建设单位将按照施工进度和施工企业完成的工程量,拨付工程进度款。待工程最终竣工后,依据设计变更、工程量等变化因素乘以相应单价,建设单位可以确定最终的工程造价。

3) 有利于实现风险的合理分担

采用工程量清单计价法时,参与投标竞争的施工企业只需要对自己所报的成本、工程单价等负责,而对设计变更等因素产生的工程量变化或者工程量计算错误等不负责任,这方面的责任由建设单位来承担。如此有利于风险的合理分担。

4) 有利于业主对投资的管理

采用定额计价法编制招标标底价时,业主对因设计变更、工程量变化所引起的工程造价变化并不直观,需要在竣工后才知道具体影响。采用工程量清单计价编制标底价时,能及时知道设计变更、工程量变化发生后对工程造价的影响程度,有利于业主及时决策是否需要变更,以及如何恰当地处理产生的问题。

6. 编制标底应考虑的因素

除上述提到的编制注意事项外,编制一个合理的标底价格还必须考虑以下因素:

(1) 标底应满足招标工程的质量要求

建设项目的预算费用通常反映按照定额工期完成合格产品的水平。但是,对于高于国家验收规范的质量因素应有所体现,尤其是有其他特殊质量要求的,应考虑适当的费用。就目前我国的工程造价计价方法而言,均是以完成合格产品所花费的费用,如地面混凝土垫层的规范标准为 $\pm 10\ mm$,如果提出要求,需要达到 $\pm 5\ mm$,就会加大成本,提高标底价格。

(2) 标底应适应目标工期要求

标底必须适应目标工期的要求,对提前工期因素要有所反映。工期与工程造价有密切的

关系。当招标文件的目标工期短于定额工期时,承包商需要加大施工资源的投入,并且可能造成成本上升,降低生产效益。标底价格应该反映由于缩短工期造成的成本增加。一般来讲,若目标工期短于定额工期 20%,则应考虑将赶工费计入标底。

(3) 编制标底应反映建筑材料的采购方式和市场价格

对于大宗的材料采购往往也实行招标,在计算标底时,应考虑建筑材料的采购方式和市场价格因素。

(4) 编制标底应考虑招标工程的特点和自然地理条件

编制标底时,应该考虑将由于自然条件导致施工不利因素而增加的费用计入标底价格。

7. 审查标底

在大多数情况下,建设工程招标的标底是由建设单位委托的招投标代理机构(如造价咨询公司)编制的。建设单位留给招投标代理机构的编制时间较为紧迫,再加上受委托代理机构内部员工能力参差不齐,难以保证能在短时间内完成一份让人满意的标底。就目前市场而言,标底仍在招投标过程中扮演着极其重要的角色。因此,审查标底是招投标活动中一项非常重要的工作。为了保证标底的准确和严谨,必须加强对标底的审查,必须重视标底的审查工作,认真对待标底价格。

审查标底的目的是检查标底价格编制是否真实、准确,标底价格编制过程中如果出现错、漏等情况,应通知建设单位予以调整和修正。如果标底价格超过概算,应按照国家相关规定进行处理。

(1) 审查标底的内容

① 标底计价依据:承包范围、招标文件规定的计价方法及招标文件的其他有关条款。

② 标底价格组成内容:工程量清单及其单价组成、直接费、其他直接费、有关文件规定的调价、间接费、现场经费以及利润、税金、主要材料、设备需用数量等。

③ 标底价格相关费用:人工、材料、机械台班的市场价格,措施费(赶工措施费、施工技术措施费)、现场因素费用、不可预见费(特殊情况),对于采用固定价格的工程所测算的在施工周期内价格波动的风险系数等。

(2) 审查标底的方法

标底价格的审查方法类似于施工图预算的审查方法,主要有重点审查法、筛选审查法、易错项目审查法等。

1) 重点审查法

重点审查法是抓住编制标底内容中的重点进行审查的一种方法。标底内容中的重点包括编制过程中定额或单价的套用、各项费用的计取等情况。重点审查法的优点是能突出重点、审查时间短。

审查定额或单价的套用时,要注意标底中的单价换算是否符合定额规定、换算是否正确,尤其是应当注意标底中经换算后单价与原定额单价相差较大的项目。

审查取费标准时要注意审查标底编制时采用的取费标准、计取基础是否符合当地规定和定额要求,尤其是注意工程类别是否正确划分。

2) 筛选审查法

筛选审查法是将同类型的工程加以汇总、优选,找出其单方工程量、单方造价、单方用工等基本指标,用以筛选并分别对应标底的工程量、价格、用工,对不符合条件的进行详细调查的一种方法。该方法的优点是:便于掌握,审查速度快,能迅速发现问题。

采用筛选审查法的关键在于:平时注意收集各种类型的工程造价指标,并加以整理,做到每做完一个工程都要做相应的技术、经济技术指标分析,还需要多关注省、市造价管理部门发布的经济指标等资料。

3) 易错项目审查法

易错项目审查法是指在进行标底审查时,采用多年积累的经验判断建筑工程造价计算时容易出错的方面和部位,在审查时有针对性地进行,如此能起到事半功倍的效果的一种方法。从标底编制人的角度看,标底编制时易错的情况大致有如下 3 种:一是粗心大意导致工程量计算错误;二是对定额没有充分的认识,不熟悉、混淆工程量计算规则;三是工程计价时有重项、漏项。

4.2.2　建设工程投标价的确定

投标报价是建设工程施工企业采取投标的方式承揽建设工程项目时,计算和确定拟承包工程的投标总价格。建设单位在挑选中标者时,投标报价是最重要的判别依据,同时也是建设单位和施工企业就工程标价进行工程建设合同谈判的基础。投标报价是投标文件中最重要的组成部分,其报价的高低直接关系到建筑施工企业的投标结果,投标报价过高,会错失中标机会,而投标报价过低即使中标,也可能是以企业内部亏损为代价。因此,编制投标报价是施工企业投标的关键性工作,投标报价是否合理直接关系到投标的成败。

1. 编制投标报价的依据

① 招标人提供的招标文件。

② 招标人提供的建筑设计施工图、工程量清单及有关技术说明书等。

③ 国家及地区颁发的现行建筑、安装工程预算定额及与之相配套执行的各种费用定额规定等。

④ 地方现行的材料预算价格、采购地点及供应方式等。

⑤ 因招标文件及设计图纸等不明确经咨询后由招标人书面答复的有关资料。

⑥ 企业内部制定的有关费用取费、价格等规定和标准。

⑦ 其他与投标报价计算有关的各项政策、规定及调整系数等。

⑧ 在报价的计算过程中,对于不可预见费用的估算。

2. 编制投标报价的内容

① 投标报价编制单位名称、编制人员资格证章。

② 投标报价编制说明。

③ 投标报价计算书。

④ 主要材料用量汇总表。

⑤ 附件。

3. 编制投标报价的方法

与标底的编制类似,编制投标报价的方法分为以定额计价模式投标报价和以工程量清单计价模式投标报价两种。具体内容见表 4-1。

表4-1　编制投标报价的方法

模式	定额计价模式		工程量清单计价模式		
方法	单价法	实物法	工料单价法	完全费用单价法	综合单价法
程序	计算工程量； 套用定额单价； 计算直接工程费； 取费计算； 投标报价书	计算工程量； 套用定额消耗量； 套用市场价格； 取费计算； 投标报价书	计算资源消耗量； 套用市场价格； 计算直接工程费； 取费计算； 投标报价书	计算资源消耗量； 套用市场价格； 计算直接工程费； 按实计算分摊； 分项综合单价； 其他费用计算； 投标报价书	计算资源消耗量； 套用市场价格； 计算直接工程费； 计算分摊费用； 投标报价书

(1) 采用定额计价模式编制投标报价

采用定额计价模式编制投标报价,应当按照招标人要求的编制方法进行。通常是采用预算定额编制,即参照定额规定的分部分项工程子目逐项计算工程量,套用定额基价或根据市场价格确定直接工程费,然后按照规定的费用定额计取各项费用,最后汇总形成投标报价。其操作程序如图4-6所示。

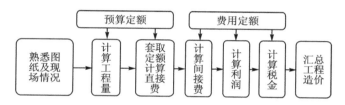

图4-6　定额计价模式下的操作程序

(2) 采用工程量清单计价模式编制投标报价

采用工程量清单综合单价编制投标报价时,投标人填入工程量清单中的单价是综合单价。综合单价是指完成一个规定计量单位的分部分项工程量清单项目或措施清单项目所需的费用。综合单价包括人工费、材料费、机械使用费、企业管理费、利润、风险因素6部分费用。当这6部分费用悉数填入后,将工程量与该单价相乘得出合价,将全部合价汇总后即得出投标总报价。分部分项工程费、措施项目费和其他项目费均采用综合单价计价。因此,采用工程量清单计价的投标报价由分部分项工程费、措施项目费和其他项目费用构成。其操作程序如图4-7所示。

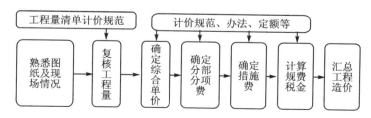

图4-7　工程量清单计价模式下的操作程序

4. 常用的报价策略

报价策略是指建筑工程施工企业在投标竞争过程中的工作的系统部署,以及参与投标竞争的方式和手段。通常来讲,报价策略对于建筑施工企业来讲有着十分重要的意义和作用。报价策略作为投标取胜的方式、手段,贯穿于投标竞争的始终,内容十分丰富,常用的报价策略有以下几种:

(1) 多方案报价法

多方案报价法是指在某些特定的情况下,出于对招投标项目和企业自身经营状况考虑,提出多种方案、多个报价承包建设项目,以增强竞争力,增加企业自身在招标投标活动中获胜的可能性。

若建设单位拟定的招投标条件过于苛刻,为了方便建设单位修改合同,可准备"两个报价"。在这种情况下,投标单位应阐明原合同要求规定,投标报价为某一数值;倘若合同要求作某些更改,则投标报价为另一数值,即比前一数值的投标报价低一定的百分点。以此为条件吸引对方修改合同的某些条款。

又如企业自身明白自己的技术和设备无法满足原设计的要求,但在修改设计以适应自己的施工能力的前提下仍希望中标,于是可以考虑报价时报一个原设计施工的投标报价,另一个则按照修改后的设计施工方案,该报价应比原设计施工低得多,才能诱导建设单位采用合理报价或者修改设计。但是,在考虑此种方案时,需要注意修改后的设计方案必须符合设计的基本要求。

(2) 根据招标项目的不同特点采用不同报价

① 下列情况可以适当提高报价:施工条件差的工程;工期要求急的工程;投标对手的工程;专业要求高的工程;总价低的小工程;支付条件不理想的工程。

② 下列情况可以适当降低报价:施工条件好的工程;施工企业急于进入某一市场;非急需工程;投标对手多,竞争激烈的公司;支付条件好的公司。

(3) 无利润报价

缺乏竞争优势的投标人,在不得已的情况下,只好在计算投标报价中根本不考虑利润去夺标,这种方法一般处于以下条件时采用:

① 可能在中标后将大部分工程分包给一些索价较低的分包商。

② 对于分期建设的项目,先以低价获得首期的工程,而后赢得机会创造第二期工程投标中的竞争优势,并在以后的实施中盈利。

③ 较长时期内,投标人没有在建的工程项目,如果再不得标,就难以维持生存。因此,虽然本工程无利可图,但只要能有一定的管理费维持公司的日常运转,便可设法渡过暂时的困难,以图将来东山再起。

4.2.3　开标、评标、定标

在建设工程项目招标投标过程中,开标、评标是选择中标人、保证招标成功的重要环节,只有维持客观、公正的评价,才能最终顺利选择最优秀、最合适的承包商,顺利进入到建设工程的实施阶段。

1. 开标

开标是指招标人在招标文件规定的时间将所有投标人的投标文件启封揭晓。我国《招标投标法》规定,开标应在招标文件中预先规定的时间(一般为投标文件递送截止时间)、地点(一般在建设工程交易中心)进行。

开标由招标人主持,邀请所有的投标人参加。首先,由投标人检查投标文件密封情况,也可以由招标人委托的公证机构检查并公证。经确认无误,由工作人员当众拆封,宣读所有投标文件内投标价格等主要内容,唱标顺序应按各投标单位报送投标文件时间的先后顺序进行。当众宣读有效标函的投标单位名称、投标价格、工期、质量、主要材料用量、修改或撤回通知、投标保证金、优惠条件,以及招标单位认为有必要的内容。开标过程应当全程记录,并存档备查。

【小贴士】 开标会议流程
(1)宣布开标会议开始。宣读所有出席开标会议的单位及人员名单,核实投标人法定代表人的身份证件,并查明有无评标委员会成员参加会议。 (2)抽签确定宣读投标文件及介绍投标方案和澄清投标文件的顺序。 (3)检验投标文件。由投标代表人检验本单位递送的投标文件是否完好无损。 (4)按顺序依次拆封并宣读投标文件,由招标人代表、公证人员检验投标文件的内容是否齐全,数量是否符合要求。 (5)监督公证部门对开标活动进行见证和公证。 (6)评议,并宣读评标结果。

投标单位法定代表人或授权代表未参加开标会议的,视为自动弃权。投标文件有下列情形之一的将视为无效:

① 投标文件未按照规定的标志密封。

② 未经法定代表人签署或未加盖投标单位公章,或未加盖法定代表人印鉴。

③ 未按照规定的格式填写,内容不全或字迹模糊辨认不清。

④ 投标截止时间以后送达的投标文件。

2.评标

开标之后,招标人要接着组织评标。评标是指由招标人依法组建的评标组织根据招标文件规定的评标标准和方法,对投标文件进行系统的评审和比较的过程。

我国《招标投标法》规定,评标应当由招标人依法组织的评标委员会负责。组建评标组织是评标前的一项重要工作。必须依法招标的建设工程项目,其评标委员会由招标人的代表和有关技术、经济方面的专家组成,成员人数为5人以上单数,其中技术、经济等方面专家不得少于成员人数的2/3。

技术、经济方面的专家应当从事相关工作领域满8年且具有高级职称或具有同等专业水平,由招标人从国务院有关部门或省、自治区、直辖市人民政府有关部门提供的专家名册或者招标代理机构的专家库内相关专业的专家名单中确定。一般工程项目可随机抽取,特殊招标项目可以由招标人直接确定。评标委员会的名单在中标结果确定前应当保密,向招标人提交书面评标报告后解散。

(1)评标原则

评标只对有效投标进行评审,在建设工程招标投标过程中,评标应当遵循以下原则:

① 竞争优选。

② 公正、公平、科学、合理。

③ 价格合理,保证质量、工期。

④ 反对不正当竞争。

⑤ 规范性与灵活性相结合。

(2) 评标过程

建设工程的评标过程分 3 个阶段进行,第一阶段为评标的准备,第二阶段为初步评审,第三阶段为详细评审。

1) 评标的准备

评标委员会成员应当编制供评标使用的相应表格,认真研究招标文件,至少应了解和熟悉招标的目的,招标项目的范围和性质,招标文件规定的主要技术要求、标准和商务条款,招标文件规定的评标标准、评标方法等内容。

评标委员会应根据招标文件规定的评标标准和评标方法等,对投标文件进行系统的评审和比较,招标文件没有规定的标准和方法不得作为评标标准和依据;招标文件规定的评标标准和方法应当合理,不得含有倾向和排斥潜在投标单位的内容,不得妨碍或限制投标单位之间的竞争。

2) 初步评审

初步评审也称为对投标书的响应性审查。初步评审包括对投标文件的符合性评审、技术性评审和商务性评审。投标文件的符合性评审,包括商务符合性评审和技术符合性鉴定。投标文件应实质上响应招标文件的所有条款、条件,无其他显著的差异和保留。所谓显著的差异或保留是指:对工程的范围、质量及使用性能等产生实质性的影响,偏离了招标文件要求,在合同中对招标人的权利或投标人的义务造成实质性的限制;而补正这种差异或保留,将会对其他实质性响应的投标单位的竞争地位产生不公正的影响。投标文件的技术性评审,包括对建设项目方案可行性的评估和关键工序评估;劳务、材料、机械设备等的评估以及对施工现场周围环境污染的保护措施评估等。投标文件的商务性评审,包括投标报价的校对核实,审查投标报价的真实准确性,分析报价构成的合理性,将之与标底价格进行对比分析。修正后的投标报价经投标人确认后对其起约束作用。

初步评审后,投标文件不响应招标文件的实质性要求和条件的,招标人应当拒绝,不允许投标人通过修正或撤销其不符合要求的差异或保留,使之成为具有响应性的投标。根据《工程建设项目施工招标投标办法》和《评标委员会和评标方法暂行规定》,对于下列情况,应当作为废标处理:

① 在评标过程中,评标委员会发现投标人以他人名义投标、串通投标、以行贿手段谋取中标或者其他弄虚作假方式投标的。

② 在评标过程中,投标人的报价被评标委员会发现明显低于其他报价,应当要求投标人作出书面说明及提供相关证明材料,若不能提供上述材料的,可认定为低于成本报价竞标,应作废标处理。

③ 投标文件无单位盖章的,无法定代表人或其授权代理人签字的。

④ 投标文件未按规定格式填写,内容不全或字迹模糊,无法辨认的。

⑤ 投标人递交多份内容不同的投标文件的。

⑥ 投标人名称、资质等与资格预审不一致的。

⑦ 未按招标要求提供保证金的。

⑧ 联合体投标未附联合体各方共同投标协议的。

⑨ 未能在实质上响应投标的。

3）详细评审

详细评审是指评标委员会应当根据招标文件确定的评标标准和方法,将所有经过初步评审合格的投标文件进行量化、比较,从而评定优劣次序。

为了有助于对投标文件的审查、评价和比较,对于大型复杂工程在必要时评标委员会可以分别召集投标人对投标文件中的某些内容进行澄清。澄清和确认的问题需经投标单位的法定代表人或其授权代理人签字,作为投标文件的有效组成部分,但澄清的问题不允许更改投标报价或其他实质性内容。

在审标的基础上,评标委员对可以接受的各投标书按照预先制定的规则进行量化评定,从而比较各投标书综合能力的高低。小型工程通常采用"经评审的最低投标报价法",大型工程通常采用"综合评分法"对各投标书进行科学的量化比较。

(3) 编制评标报告

评标报告是评标阶段的结论性报告,它为建设单位定标提供参考意见。评标报告包括招标过程简况、参加投标单位总数及被列为废标的投标单位名称,重点叙述有可能中标的几份标书。评标委员会通过对投标人的投标文件进行初步评审和详细评审之后,应当向招标人提出书面评价报告,并抄送有关行政监督部门。

评标报告由评标委员会全体人员签字,对评标结论持有异议的评标委员会成员可以书面方式阐述其不同意见和理由。评标委员会成员拒绝在评标报告上签字且不陈述其不同意意见和理由的,视为同意评标结论。评标委员会应当对此作出书面说明并记录。

3. 定标

定标程序如下:

(1) 中标候选人的确定

招标人根据评标委员会提出的评标报告和推荐的中标候选人确定中标人,也可以授权评标委员会直接确定中标人。依法必须进行施工招标的工程,招标人应当自发出中标通知书之日起 15 日内,向有关行政监督部门提交施工招标投标情况的书面报告,应说明招标范围、招标方式、投标人须知及技术条款、评标报告和中标结果。

(2) 发出中标通知书

确定中标人后,招标人向中标人发出中标通知书,同时通知未中标人中标结果。中标通知书对招标人和中标人具有法律效力,中标通知书发出后,招标人改变中标结果,或者中标人放弃中标项目的,应当依法承担法律责任。

(3) 订立书面合同

中标通知书发出后,招标人和中标人应当按照招标文件和中标人的投标文件订立书面合同。招标人无正当理由不与中标人签订合同,给中标人造成损失的,招标人应当给予赔偿。中标人不与招标人订立合同的,投标保证金不予退还并取消其中标资格,给招标人造成的损失超过投标保证金数额的,应当对超过部分予以赔偿。同时,招标人应该在 15 日内,向有关监督部门提交书面报告。

4.2.4 建设工程施工合同

2020 年 5 月 28 日,第十三届全国人民代表大会第三次会议通过《中华人民共和国民法典》,自 2021 年 1 月 1 日起施行。这部民法典颁布施行是我国社会主义法制建设的一件大事,其中第三编合同部分明确规定"本编调整因合同产生的民事关系",对我国建设工程施工合同的订立、法律效力、履行、保全、变更和转让、权利义务终止、违约责任等进行了规范。这是一部统一的、较为完备的合同法。制定统一的《合同法》,是我国社会主义法制建设的一件大事。《合同法》是规范我国社会主义市场交易的基本法律,是民商法的重要组成部分。《合同法》的制定目的是"为了保护合同当事人的合法权益,为了维护社会经济持续发展,促进社会主义现代化建设。"

1. 建设工程施工合同概述

建设工程施工合同即建筑安装工程承包合同,简称施工合同。通常情况下,建设工程施工合同是建设单位(业主、招标单位)与工程施工企业(承包商)之间为完成工程项目的建筑安装施工任务,签订的明确相互权利、义务关系的协议。建设单位和工程施工企业双方作为施工合同的当事人,二者都必须具备签订合同的资格和履行合同的能力。同时,还应具有相应的组织协调能力。

(1) 建设工程施工合同文件的内容

由于建设工程本身的特殊性和施工生产的复杂性,施工合同必须具备很多条款以适应其特点。根据施工合同的有关管理办法,施工合同一般应包括:工程名称、地点、范围、内容、开竣工日期等;双方的权利、义务和一般责任;施工组织设计要求和工期处置办法;工程质量要求,检验与验收方法;合同价款调整与支付;材料质量标准;设计变更;违约责任及处置;争议解决方式等。

(2) 建设工程施工合同示范文本

为解决施工合同中长期存在的合同文本不规范、条款不完备、合同纠纷多等问题,充分规范合同当事人的行为,完善经济合同制度,促进工程项目建设的顺利进行,建设部和国家市场监督管理总局(原国家工商行政管理总局)根据有关法律法规,结合我国建设工程施工的实际情况,于 1999 年 12 月 24 日颁发了《建设工程施工合同》(GF—99—0201)示范文本。

建设工程施工合同示范文本是由协议书、通用条款和专用条款 3 部分组成,组成合同的各项文件应该相互解释,互为说明。当合同文件出现含糊不清或者当事人有不同理解时,按照合同争议的解决方式处理。当合同文件中出现不一致时,文件的顺序便是合同的优先解释顺序。解释合同文件的内容及顺序如下:

① 施工合同协议书。

② 中标通知书。

③ 投标书及其附件。

④ 施工合同专用条款。

⑤ 施工合同通用条款。

⑥ 标准、规范及有关技术文件。

⑦ 图纸。

⑧ 工程量清单。

⑨ 工程报价单或预算书。

2. 建设工程施工合同的类型

《建筑工程施工发包与承包计价管理办法》规定,合同价可以采用 3 种方式:固定价、可调价和成本加酬金。因此,建设工程承包合同的计价方式按照国际通行的做法,可分为总价合同、单价合同和成本加酬金合同。

(1) 总价合同

总价合同是指在合同中根据设计图纸和工程说明书确定一个完成项目的规定金额,承包单位据此完成项目全部内容的合同。这种合同是由承包方(工程施工企业)与发包方(建设单位)经过协商确定的,能够使建设单位在评标时易于确定报价最低的承包商、易于进行支付计算。但是,这类合同仅仅适用于工程量不太大且能精确计算、工期较短、计算不太复杂、风险不大的项目。采用这种合同类型,要求建设单位必须准备详细而全面的设计图纸和各项说明,确保工程量能准确计算。

总价合同可以分为固定总价合同和可调总价合同。

1)固定总价合同

固定总价合同是普遍而经常使用的合同形式,合同签订双方就承包工程协商一个固定的总价,并一笔包死,无特定情况不做变化。合同总价只有在设计和工程范围发生变更的情况下才能随之作相应的变更。除此之外,合同总价的价格是不能变动的。采用固定总价合同,在合同执行过程中,合同双方都不能因为工程量、设备、材料价格、工资等变动和条件恶劣等原因,提出对合同总价调整的要求。采用这种合同,建筑施工企业往往为承担实物工程量变化、单价变化等许多不可预见因素付出代价,会加大不可预见费用。因此,这种合同的投标价格会相对较高。

固定总价合同的适用条件通常为:工期较短(不超过1年),对工程项目要求十分明确,设计图纸完整齐全,项目工作范围及工程量计算确切的项目。

2)可调总价合同

可调总价合同的总价是以设计图纸及规定、规范为基础,在报价及签约时,按照招标文件的要求和当时的物价计算合同总价。但这一合同总价是一个相对固定的价格,在合同执行过程中,由于通货膨胀引起工料成本增加达到某一限度时,合同总价应相应调整,工期相对较长。该类合同对于合同实施过程中出现的风险做了分摊,可调总价使建设单位承担了通货膨胀的风险,建设工程施工企业则承担合同实施过程中实物工程量、成本和工期因素等其他风险。

可调总价合同适用于工程内容和技术经济指标规定很明确的项目,由于合同中列有调值条款,所以工期在1年以上的工程项目较适合采用这种合同计价方式。

(2) 单价合同

单价合同是指承包单位在投标时,按照招标文件就分部分项工程所列出的工程量表确定各分部分项工程费用的合同类型。这类合同的适用范围比较宽,其风险可以得到合理的分摊,并且能鼓励承包单位通过提高工效等手段从成本节约中提高利润。单价合同的执行原则是,工程量清单中的分部分项工程量在合同实施过程中允许有上下的浮动变化,但是分部分项工程的合同单价不变,结算支付时以实际完成工程量为依据。这类合同能够成立的关键在于双方对单价和工程量计算方法的确认,在合同履行中需要注意的问题则是双方对实际工程量计量的确认。

单价合同可以分为固定单价合同和可调单价合同。

1)固定单价合同

固定单价合同是指合同中确定的各项单价在工程实施期间不因价格变化而调整。这种合同通常是由建设单位提出工程量清单,列出分部分项工程量,再由工程承包商(施工企业)以此为基础填报相应单价,累积计算后得出合同价格。采用这种合同时,要求实际完成的工程量与预先估计的不能有实质性的变化,但允许调整合同单价,在签订合同时必须写明具体的调整方法。

固定单价合同是比较常见的一种合同计价方式,多用于工期长、技术复杂、实施过程中可能发生各种不可预见因素较多的建设工程。施工图不完整或招标内容、技术经济指标不明确时,也可采用该合同计价方式。

2)可调单价合同

合同的单价可调,一般是在工程招标文件中规定的。在合同中签订的单价,根据合同约定的条款,如在工程实施过程中发生的物价变化等,可作调整。有的工程在招标或者签约过程中,因某些不确定因素而在合同中暂定某些分部分项工程的单价,在结算时,再根据实际情况和合同约定对合同单价进行调整,确定实际结算单价。

(3) 成本加酬金合同

成本加酬金合同,是由业主向承包单位支付工程项目的实际成本,并按事先约定的某一种方式支付酬金的合同类型。在这类合同中,业主需承担项目实际发生的一切费用,承担项目的全部风险。承包单位由于无风险,其报酬往往较低。其缺点是业主对工程总造价不易控制,承包商往往不注意降低项目成本。成本加酬金合同是将工程项目的实际投资划分为直接成本费和酬金两部分。其中,工程实施过程中发生的直接成本费是由发包方实报实销;酬金是指工程承包方在完成工作后应得的酬劳。签订这类合同,建设单位并未向承包商提供完全准确的资料,容易造成投标人的投标报价缺乏依据。因此,在合同条款内只能商定酬金的计算方法。成本加酬金合同广泛适用于工作范围很难确定的工程和在设计完成之前就开始施工的工程。

这类合同的计价方式主要适用于工程内容及技术经济指标尚未全面确定,投标报价的依据尚不充分的情况下,建设单位因为工期要求紧迫,必须发包的工程;或工程项目承发包双方有着高度的信任,承包方在某些方面有特长。

成本加酬金合同有多种形式,目前流行的主要有如下几种:

1)成本加固定费用合同

根据这种合同,招标单位对投标人支付的人工、材料、设备台班等直接成本全部予以补偿,同时还增加一笔管理费。所谓固定费用,是指杂项费用与利润相加的和,这笔费用总额是固定的,只有当工程范围发生变更而超出招标文件的规定时才允许变动。这种计价方式能尽快获得全部酬金,减少管理投入,有利于缩短工期。但是,采用该方式不能鼓励承包商关心和降低成本。

2)成本加定比费用合同

成本加定比费用合同也称为成本加固定百分比合同。采用这种合同计价方式与成本加固定费用合同相似,其不同之处在于在成本上所增加的费用不是一笔固定的金额,而是按照实际成本的固定百分比付给承包方的。这种计价方式,工程总价及付给承包方的酬金随工程成本而增加,对于承包商降低工程成本是非常不利的。因此,现在工程中很少采用这种方式。

3)成本加奖金合同

采用这种合同计价方式,首先需要根据粗略估算的工程量和单价表确定一个目标成本,然后根据报价书的成本概算指标制定奖金,同时以目标成本为基数确定一个奖罚的上下限。在建设项目实施过程中,当实际成本低于确定的下限成本时,承包商在获得实际成本、酬金补偿外,还可以根据成本降低额得到一笔奖金;当实际成本高于上限成本时,承包方仅能从建设单位得到成本和酬金的补偿。这种合同计价方式可以促使承包商关心成本的降低和工期的缩短,而且目标成本可以随着设计的进展而加以调整,承发包双方都不会承担太大的风险。因此,这种形式应用较多。

4）成本加保证最大酬金合同

在这种计价方式的合同中,招标单位补偿投标人所花费的人工、材料、机械台班费等成本,另加付人工及利润的涨价部分,这部分的总额可以一直达到为完成招标书中规定的标准和范围而给的保证最大酬金额度为止。这种合同形式,一般用于设计达到一定深度,可以明确规定工作范围的工程项目招标中。

5）工时及材料补偿合同

在工时及材料补偿合同下,工作人员在工作中所完成的工时用一个综合工时费率计算,并据此予以支持。综合工时费率包括基本工资、保险、纳税、工具、监督管理、现场及办公室的各项开支以及利润等。材料费用的补偿以承包商实际支付的材料费为准。

这类合同主要适用于以下项目:需要立即开展工作的项目,如震后的救灾工作;新型的工程项目,或对项目工程内容及技术经济指标未确定;项目风险很大。

3. 建设工程施工合同类型的选择

建设工程施工合同形式繁多、特点各异,建设单位应综合考虑不同因素选择相应的合同类型。建设工程合同类型的选择,这里是指以付款方式划分的合同类型选择,合同内容视为不可选择。选择合同类型时应考虑以下因素:

（1）项目规模和工期长短

如果建设项目规模大,相应地工期会相对较长,则项目风险也较大,合同履行过程中不可预测因素也多,宜选用单价合同;反之,如果建设项目规模较小,工期较短,则合同类型的选择余地较大。这类建设项目风险小,不可预测因素少,由于选择总价合同发包人可以不承担风险,承包人和发包人均愿意采用。

（2）项目的竞争情况

若针对同一项目,愿意承包该项目的承包人较多,则发包人拥有较多主动权,可依次选择总价合同、单价合同、成本加酬金合同。若愿意承包该项目的承包人较少,则承包人拥有的主动权较多,可以由承包人意愿选择合同类型。

（3）项目的复杂程度

规模大且技术复杂的建设项目,成本风险较大,各项费用不易准确估算,因而不宜采用固定总价合同。最好是有把握的部分采用总价合同,估算不准的部分采用单价合同或成本加酬金合同。有时,在同一个建设项目中采用不同的合同形式,是业主和承包商合理分担施工风险因素的有效办法。

（4）项目的单项工程明确程度

如果建设项目单项工程的类别和工程量都很明确,则总价合同、单价合同、成本加酬金合同均可选用。若建设项目单项工程的分类详细而明确,但实际工程量差异较大,则应优先选择单价合同。

(5) 项目准备时间的长短

建设项目准备包括发包人的准备工作和承包人的准备工作,选择不同的合同类型,二者需要不同的时间准备和费用准备。总价合同需要的准备时间和准备费用均最高,单价合同次之,而成本加酬金合同最低。

(6) 项目的外部环境因素

建设项目的外部环境因素包括建设项目所在区域内的政治局势、经济局势、劳动力素质、交通、生活条件等。如果建设项目的外部环境恶劣,则意味着项目的成本高、风险大、不可预测因素多,较适合采用成本加酬金合同。

通常情况下,在选择建设工程施工合同类型时,发包人占据主动权。尽管如此,发包人仍需要综合考虑建设项目各项因素,考虑承包人的承受能力,合理确定双方都认可的合同类型。

学习任务 4.3　建设工程标底价(中标价)及投标价的控制手段与方法

4.3.1　建设工程造价、质量、工期的关系

通常来讲,一个建设项目在项目建设实施阶段的目标往往是项目建设要工期比较短、造价比较低和质量比较高,这也是项目建设的理想目标。但是,这个理想目标在实施过程是很难实现的。工期、质量、造价是相互制约、相互影响的统一体,其中任何一个目标变化,都会引起另外两个目标的变化,并受到它们的影响和制约。

1. 建设工程三要素

任何一个建设项目,无论对承包商,还是对于建设单位,都要力争工期短、质量优、造价低。质量、造价、工期是一个建设项目比较重要的三个要素。这三个要素之间存在着必然的联系,它们既互相依赖,又相互制约。对于一个建设项目的管理,就是要寻找这三个要素的最佳结合点。

在寻找最佳结合点的过程中,首先要明白这三者的具体含义:质量是指建设工程满足社会明确的和隐含的需求能力的特性;工期是指工程从开工到竣工完成的全部时间;造价是指建设工程过程中的全部费用消耗。

2. 质量、造价、工期的关系

很明显,在质量、造价、工期这三个要素中,工程质量是最为重要的,它直接影响到工程建设的成败,也直接关系到承包商的声誉。质量好的工程将会给社会带来极大的社会效益,比如"使用寿命长""使用效果好"等。但如果不切实际地提高质量标准,不顾现行的施工水平,势必加大成本投入,并且影响工期,也会造成投资失控,甚至造成投资浪费和负面效应。因此,在工程建设过程中处理质量与造价、工期的关系时,只有在保证工程质量的前提下,才能"优中求快,优中求省"。

对于整个建设工程而言,造价是一个重要因素。造价低的工程将会为建设单位节约建设费用,但是只看重报价而不重视效益和施工能力,在建设项目招投标过程中盲目地压价,选择一些不具备相应资质的施工单位来承担施工任务,会给建设项目带来非常消极的影响。换言之,即使信誉再好,施工能力再强,却只能收获少量工资(报酬)的施工企业,难以调动企业内部

员工的工作积极性,也会给工程质量和工期的保证埋下隐患。

　　工期短的工程将会使工程尽早投入使用,这点优势对于建设单位来讲是一个超前收益。但是,若仅仅为了获得这个超前收益,不按合理工期施工,片面地追求高速度,赶工期,施工过程中不顾工程的客观周期和施工的必要程序,势必造成工程质量难以保证,或是工程成本加大。因此,只有按照工程施工秩序和工程固有的建设周期确定合理工期,才能将工程质量和造价控制在合理范围之内。

　　通常情况下,在建设工程中会出现以下4种情况:若压低造价,工期不变,质量降低;若缩短工期,造价不变,质量降低;若提高质量,工期不变,造价升高;若延长工期,质量不变,造价升高。因此,三者是一种相互统一、相互制约的关系,其关系可通过图 4 - 8 分析理解。

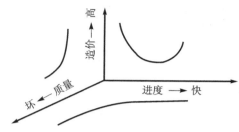

图 4 - 8　质量、造价、工期的关系

4.3.2　建设工程标底价(中标价)的控制手段与方法

　　从质量、造价和工期三方面因素的不同侧重点出发,可以研究出标底价(中标价)的控制手段与方法。其常用的控制手段与方法有以下几种:

1. 不低于工程成本的合理标底

(1) 概述

　　根据《招标投标法》的规定,标底反映行业平均成本(即社会平均成本),基本内容包括直接费、间接费、利润和税金。投标报价属于企业的自主报价行为,反映企业个别成本,基本内容包括项目预算成本、管理费用、利润和税金。投标报价基于标底价基础上下浮动一定额度后中标,如果浮动超过有效范围即视为废标,亦即投标报价可以低于标底,但不得低于成本;否则,视为违法行为,应被视为"废标"。

　　采用这种方法控制标底,符合我国国情,能较好地体现竞争机制,使有实力的施工企业能占据更多的市场份额。建设单位也能够使用较少的投入获得较大的经济效益,促进建筑市场的充分发展。

　　采用这种方法控制标底,可以为投标单位营造较大空间,在竞争机制的作用下达到降低工程造价的目的。因此,这种方法比较适用于在工期上有活动余地,资金筹措困难,但要求获得合格建筑产品的建筑企业。

(2) 应用步骤

　　采用不低于工程成本的合理标底确定中标承包商的方法,其应用步骤如下:

　　① 根据工程施工图、预算定额、费用定额市场材料价格等资料,正确计算成本费用利润和税金。

　　② 标底价的降低额度应控制在可降低间接费幅度和利润之和的范围之内。

　　③ 为了便于计算中标价,在标底价中标明工程成本价格。

　　④ 计算各单位投标报价成本与标底成本的接近程度,从而选择中标单位。

(3) 适用范围

　　① 对于招标单位方面,本方法适用于建设单位经营状况不好,资金短缺或工程质量无特

殊要求等情况下的建设工程招投标时,标底价或中标价的合理控制。

② 对于投标单位方面,本方法比较适合有经营实力且欲占有建设市场一定份额的施工企业运作。

(4) 应用举例

【例 4-1】   某建设单位为了增加经济来源,将原来的临街面的砖围墙拆除,利用院内场地修建建筑面积为 2000 m² 左右的砖混结构单层商业用房,其具体情况见表 4-2(招标标底价可在预算造价基础上调减 3/4 的利润)。甲、乙、丙、丁 4 个投标单位投标报价见表 4-3,拟采用不低于工程成本价的方法招标,选择中标施工企业。

表 4-2   某工程建筑概况及其费用

项目概况	建筑面积/m²	2105	造价费用	直接费/元	705250
	结构类型	砖混		间接费/元	94142
	工程类别	五类		利润/元	31975
	取费等级	四级 I 档		税金/元	29098

表 4-3   投标单位投标报价表

投标单位	工程投标报价	工程成本
甲施工企业	805060	777836
乙施工企业	878134	848439
丙施工企业	790468	763737
丁施工企业	836400	808116

【解】   (1)根据已知的预算造价费用,分析招标建设工程成本。

该建设工程预算成本＝直接费＋间接费＝705250 元＋94142 元＝799392 元

该建设工程预算造价＝799392 元＋31975 元＋29098 元＝860465 元

(2)确定标底价格。可以根据实际情况,考虑到建设工程地区的施工企业队伍多,质量信誉都较高,均有竞争能力,因而采取降低利润的办法降低工程造价。由于建设单位可通过贷款获得建设资金,应尽量减少建设支出。所以,拟定在原预算工程造价的基础上调减 3/4 的利润作为工程标底价。

标底价＝860465 元－31975 元×3/4≈836484 元

标底价的工程成本＝799392 元

(3)确定中标价。根据表 4-3,在本次建设工程开标会议上,在税率相同的情况下将 4 个投标单位的报价与确定的标底价对比。由于标底价的工程成本为 799392 元,所以甲施工企业、丙施工企业的工程成本低于标底价的工程成本,被淘汰。乙施工企业和丁施工企业进行报价与标底成本接近程度的计算,计算过程如下:

$$乙施工企业成本与标底成本接近程度＝1-\left|\frac{848439-799392}{799392}\right|＝93.86\%$$

$$丁施工企业成本与标底成本接近程度＝1-\left|\frac{808116-799392}{799392}\right|＝98.90\%$$

由于上述 4 个投标单位中，丁施工单位的工程成本不低于标底工程成本且最接近底价，接近程度为 98.90%，因此采用该方法选定丁施工企业为中标单位。

2. 综合评分法确定中标单位

(1) 概述

综合评分法是指在确定中标单位时，对投标单位报价的多个方面分别评分，然后选择总分最高者为中标单位的评标方法。它的基本原理是：招标机构在全面了解各投标人投标文件内容的基础上，对工程质量、造价、工期、企业资质业绩、社会信誉等方面进行综合评价，首先逐一对各项指标进行打分，再乘以权重系数后累加得分，最后总分最高者（能最大限度满足招标文件规定的各项评标标准的投标人），即可推荐为中标人。

采用综合评分法时，由于工程项目特点不同、工程所在地不同、招标单位要求不同，评标方法也相应灵活多样。为规范评标活动，需要量化的因素及其权重应当在招标文件中明确规定。

(2) 选择中标企业的原则

根据我国建设部颁发的《建设工程招标投标暂行规定》的要求，确定中标企业的主要依据是：标价合理，能保证质量和工期，经济效益好，社会信誉高。对选择中标企业有以下原则性要求：

① 标价合理。标价合理是指建设项目拟承包单位的投标报价与标底价较接近。但是，投标报价并非越低越好，其判定标准为投标报价的浮动不应超出审定标底价的 ±5%。

② 保证质量。投标单位提交的施工方案，在技术上应该达到国家规定的质量验收规范的合格标准，所采用的施工方法和技术措施能满足建设工程的需要。

③ 工期适当。建设工程依据建设部颁发的工期定额确定，并考虑采取技术措施和改进管理办法后可压缩的工期。

④ 企业社会信誉高。社会信誉高是指投标单位过去执行承包合同的情况良好，承包类似工程质量好、造价合理、工期适当、经验丰富。

(3) 应用步骤

1）确定评标定标目标

评标定标目标是指采用该方法筛选中标价的具体计算项目。在采用综合评分法时，通常考虑选择报价、工期、质量、信誉 4 个项目作为评标定标的目标。

2）评标定标目标的量化

根据招标项目的特点和招标人的要求，在评标时要将评标定标目标的上述 4 个项目量化，对投标单位相关项目进行评分、计算。实际运用过程中，还应结合不同建设工程具体分析，评分目标量化表的参考格式见表 4-4。

表 4-4　评标定标目标量化表

评标定标目标	量化指标	计算方法
工程报价 合理程度 ($K_1 = 40\%$)	相对报价 X_p	$X_p = \left(1 - \left\| \dfrac{标价-标底}{标底} \right\| \right) \times 100$ 注：当 $\left\| \dfrac{标价-标底}{标底} \right\| \leqslant 5\%$ 时才有效

评标定标目标	量化指标	计算方法		
工期适当 （$K_2 = 10\%$）	工期缩短 X_t	$X_t = \left\| \dfrac{招标工期-投标工期}{投标工期} \right\| \times 1000$ 注：工期缩短 10％为 100 分；超过或低于 10％被取消资格；投标 工期在 100％～110％之间扣分		
工程质量好 （$K_3 = 35\%$）	优良工程率 X_q	$X_q = \dfrac{上二个年度优良工程竣工面积}{上二个年度承包工程竣工面积} \times 100$		
企业信誉好 （$K_4 = 15\%$）	企业信誉 X_n	项目	等级	分值
		企业资质 X_1	特级	20
			一级	15
			二级及以下	10
		上两年度企业获荣誉称号 X_2	省部级	30
			地市级	25
			县级	20
		上两年度工程 质量奖 X_3	"鲁班奖"	50
			省优奖	40
			市优奖	30

3）确定各个量化指标的权重

在明确具体的评标因素后，接下来的核心工作便是考虑和评价每个评标因素对评标结果的影响力大小，并按其重要程度进行排序，分别给予其大小不一的权值。对起关键性作用的因素，要重点和优先考虑，并赋予其较高的权值，如投标的价格等；对一般性、影响力不大的因素，则给予较小的权值。如此研究各评标因素的权值大小范围，有利于把握重要评审因素及其审核环节，便于防范和遏制评标工作中的随意性，进一步提高评标工作的科学性和严肃性。

4）对投标单位进行综合评价

在实际工作中，首先对各评定指标规定了一个上下限，超过这个界限的投标单位不能继续参加评标活动。例如，某地区规定工程报价超过标底价格的±5％的范围，就应终止投标单位参加后续的评标工作。然后，评价者收集与指标相关的资料，给评价对象打分，填入表格。打分的方法一般是：先对某项指标达到的成绩做出等级判断；然后进一步细化，在这个等级的分数范围内打上一个具体分数；最后确定各单项评价指标得分，计算各组的综合评分和评价对象的总评分，将各评价对象的综合评分，按原先确定的评价目的加以运用。

（4）应用举例

【例 4 - 2】　某住宅工程的标底价为 850 万元，标底工期为 360 天，评定各项指标的相对权重为：工程报价 40％，工期 10％，质量 35％，企业信誉 15％。现在针对以下甲、乙、丙、丁 4 个投标单位的投标报价情况（详见表 4 - 5）进行综合评价，确定其中标单位。

表4-5　各投标单位投标报价情况一览表

投标单位	工程报价/万元	投标工期/天	上两年度优良工程面积/m²	上两年度承建工程面积/m²	企业资质等级	上两年度获荣誉称号	上两年度获工程质量奖
甲	809	355	24000	50600	特级	地市级	"鲁班奖"
乙	861	365	46000	60090	二级	地市级	省优
丙	798	350	18000	46000	一级	县级	无
丁	824	340	21500	73060	一级	无	市优

【解】　（1）根据评分标准及评分方法计算各指标值，见表4-6。

表4-6　各投标单位指标值计算表

评价指标 投标单位	相对报价 X_p/%	工期缩短 X_t/‰	优良工程率 X_q/%	企业信誉 企业资质 X_1/%	荣誉称号 X_2/%	质量奖 X_3/%	合计 $X_n = \sum_{i=1}^{3} X_i$
甲	$=\left(1-\left\|\frac{809-850}{850}\right\|\right)\times100$ $=95.2$	$=\frac{360-355}{360}\times1000$ $=13.9$	$=\frac{24000}{50600}\times100$ $=47.4$	20	25	50	95
乙	$=\left(1-\left\|\frac{861-850}{850}\right\|\right)\times100$ $=98.7$	$=\frac{360-365}{360}\times1000$ $=-13.9$	$=\frac{46000}{60090}\times100$ $=76.6$	10	25	40	75
丙	$=\left(1-\left\|\frac{798-850}{850}\right\|\right)\times100$ $=93.9$	$=\frac{360-350}{360}\times1000$ $=27.8$	$=\frac{18000}{46000}\times100$ $=39.1$	15	20	—	35
丁	$=\left(1-\left\|\frac{824-850}{850}\right\|\right)\times100$ $=96.9$	$=\frac{360-340}{360}\times1000$ $=55.6$	$=\frac{21500}{73060}\times100$ $=29.4$	15	—	30	45

（2）根据表4-6计算所得的指标值与表4-4所列权重，计算确定各投标单位综合评分，按分数从高到低排列名次，详见表4-7。

表4-7　各投标单位综合评分计算及名次表

评价指标 投标单位	工程报价 $X_p \times K_1$	工期 $X_t \times K_2$	优良率 $X_q \times K_3$	企业信誉 $X_n \times K_4$	总分	名次
甲	$95.2\times40\%=38.08$	$13.9\times10\%=1.39$	$47.4\times35\%=16.59$	$95\times15\%=14.25$	70.31	2
乙	$98.7\times40\%=39.48$	$-13.9\times10\%=-1.39$	$76.6\times35\%=26.81$	$75\times15\%=11.25$	76.51	1
丙	投标报价低于标底价5%，取消评标					—
丁	$96.9\times40\%=38.76$	$55.6\times10\%=5.56$	$29.4\times35\%=10.29$	$45\times15\%=6.75$	61.36	3

（3）确定中标单位。根据表 4 - 7 的评定结果,应该确定总分最高者——乙施工企业为中标单位。

3. 以各投标报价的算术平均值为实施标底价

(1) 概述

以各投标报价的算术平均值为实施标底价是指工程招标时由招标方按规定编制标底价,开标时先判断各投标报价是否在标底价的±5%范围之内(也可另外确定一个范围),如果有若干投标报价符合该条件,可称之为有效工程报价;然后将这些有效工程报价的算术平均值确定为实施标底价,以实施标底价作为依据计算各有效工程报价的分值,以最接近实施标底价的投标价作为中标价。

(2) 应用步骤

1）编制工程标底

采用算术平均值作为实施标底价选择中标企业时,需要按照建设工程招标投标程序,由招标单位或委托有相应资质的中介机构代理编制工程标底价。

2）筛选有效工程报价

招标投标过程中,在收取各投标单位的投标报价之后,应进行资格审查和有效报价的筛选。具体筛选过程为:比较各投标报价与工程标底价,若投标单位的投标报价在工程标底价的±5%范围以内的,视为有效工程报价。

3）计算实施标底价格

预先编制的工程标底并不能作为准确衡量各投标报价的依据,需在上述步骤中筛选出来的有效工程报价的基础上进行计算,求得实施标底价格,用来作为衡量投标报价的依据。实施标底价格在数量上等于各个有效投标报价的算术平均值,即有效投标报价之和与有效投标报价数量的比值。

4）选择最接近实施标底价格的工程报价作为中标价

根据上述步骤中计算得出的实施标底价,用以衡量其与各投标报价之间的接近程度,计算各工程投标报价与实施标底价之间的差额绝对值。差额绝对值最小者,即最接近实施标底价格的投标报价,可推荐为中标价。

(3) 应用举例

【例 4 - 3】 某建设项目进行招投标,按照招标文件要求编制出的工程标底价为 270 万元。现有 6 个投标单位参与投标,其投标报价见表 4 - 8。试采用以各投标报价的算术平均值为实施标底价选择最优报价。

表 4 - 8 有效工程报价筛选表

投标单位	投标报价/万元	占标底价的百分比	超出百分比	有效报价认定
①	②	③＝(②/270)×100%	④＝③－100%	⑤
A	285	(285/270)×100%＝105.56%	5.56%	×
B	272	(272/270)×100%＝100.74%	0.74%	√
C	260	(260/270)×100%＝96.3%	－3.70%	√
D	256	(256/270)×100%＝94.81%	－5.19%	×

投标单位	投标报价/万元	占标底价的百分比	超出百分比	有效报价认定
E	258	(258/270)×100%＝95.56%	−4.44%	✓
F	263	(263/270)×100%＝97.41%	−2.59%	✓

【解】　（1）筛选有效工程报价。根据上述项目概况和报价资料以及投标价格必须在标底价±5%以内的规定，筛选有效报价，具体计算步骤及结果见表 4 − 8。

（2）计算实施标底价格。根据表 4 − 8 计算数据可知，B、C、E、F 4 个投标单位的报价为有效报价，则有

$$实施标底价 = \frac{\sum 有效投标报价}{有效投标报价个数}$$

$$= \frac{272 + 260 + 258 + 263}{4} 万元 = 263.25 万元$$

（3）计算、确定最接近实施标底价的工程投标报价顺序。计算各工程投标报价与实施标底价之间的差额绝对值。差额绝对值最小者，即最接近实施标底价的工程投标报价。计算步骤及结果详见表 4 − 9。

表 4 − 9　最接近实施标底价计算表

投标单位	工程报价/万元	实施标底价/万元	工程报价与实施标底价比值	差额绝对值	接近顺序
①	②	③	④＝②÷③	⑤＝|④−1|	⑥
B	272	263.25	1.033	0.033	4
C	260	263.25	0.988	0.012	2
E	258	263.25	0.980	0.020	3
F	263	263.25	0.999	0.001	1

从表 4 − 9 的计算结果可以看出，F 投标单位的工程报价最接近实施标底价，可推选其为中标人。

4．算术平均投标报价后再与标底价加权平均确定中标价

（1）概述

建设工程进行招标投标时，可采用算术平均加权法。该方法的基本思路是：首先计算有效投标报价的算术平均值；然后将算术平均值、标底价分别与权重百分比相乘，计算期望工程造价，从而比较选出最接近期望工程造价者为中标单位。在这个过程中所提到的可以进行算术平均的投标报价并非所有的投标报价，而是指在开标后，从所有的投标报价中，去掉一个最高价和一个最低价之后，留下的投标报价，也叫作有效投标报价。

（2）应用步骤

1）确定投标单位

在建设工程进行招投标的过程中，发出招标公告或投标邀请书之后，招引若干投标单位前来参与投标。（这些投标单位首先要通过资格审查），然后从通过资格审查的投标单位中随机

抽取 7 个或 7 个以上的单位作为投标单位。

2）确定标底价

建设工程项目招投标过程中，招标单位或委托中介机构根据自身资质或能力按社会平均水平计算该建设工程项目的预期价格。招标单位将该价格称为工程标底价，并提交报审。

3）投标报价的确定

各个参与招投标活动的投标单位根据招标文件进一步复核工程量，编制、提交承建工程的投标报价。招标单位在招标文件所规定的投标文件截止时间内，收集投标人所提交的投标报价。

4）确定权重

在收到上述 7 个或者 7 个以上的投标单位的投标报价后，开标评标小组专家展开讨论并给予意见，最终确定投标价和标底价的权重。

5）计算期望工程造价

首先，从有效报价中去掉一个最高报价和一个最低报价，留下的工程报价为有效工程报价；其次，求得各有效工程报价的算术平均值，作为投标报价的综合报价；最后，根据投标价和标底价的权重、综合报价、标底价计算期望工程造价。

6）计算接近程度

求取每个投标报价与期望工程造价的差额绝对值，差额绝对值最小者，即最接近期望工程造价者，可推选为中标承包商。计算接近程度的公式为

$$接近程度＝\{1－|1－(投标价/期望工程造价)|\}×100\%$$

（3）应用举例

【例 4 - 4】　某工程在招标过程中有若干投标单位参与投标，按规定随机抽取 7 个投标单位之后，根据图纸、定额、现行材料费用等编制出工程标底价为 560 万元。按照招标文件规定，综合开标评标小组专家的意见，按照投标价占 55%、标底价占 45%的权重进行期望工程造价的计算。7 个投标单位的报价见表 4 - 10。试确定各投标单位与期望工程造价的接近程度排序。

表 4 - 10　投标报价情况表

投标单位	A	B	C	D	E	F	G
投标报价/万元	600	580	550	565	480	490	545

【解】　（1）确定有效报价。根据表 4 - 10 中的数据资料，从 7 个投标单位报价中去掉一个最高报价（A 施工企业的投标报价）和一个最低报价（E 施工企业的投标报价）之后，留下 B、C、D、F、G 五个施工企业的投标报价为有效报价。

（2）计算期望工程造价：

期望工程造价＝560 万元×45%＋[（580＋550＋565＋490＋545）/5]万元×55%

＝252 万元＋300.3 万元＝552.3 万元

（3）计算各投标报价与期望工程造价的接近程度：

B 标价接近程度＝{1－|1－(580/552.3)|}×100%＝94.98%

C 标价接近程度＝{1－|1－(550/552.3)|}×100%＝99.58%

D 标价接近程度＝{1－｜1－(565/552.3)｜}×100％＝97.70％

F 标价接近程度＝{1－｜1－(490/552.3)｜}×100％＝88.72％

G 标价接近程度＝{1－｜1－(545/552.3)｜}×100％＝98.68％

上述各投标单位的投标报价接近期望工程造价的排序如表 4－11。

表 4－11　接近程排序表

投标单位	B	C	D	F	G
接近程度/%	94.98	99.58	97.70	88.72	98.68
排列顺序	4	1	3	5	2

5．用工程单价法编制标底价法

(1) 概述

工程单价法是指建设工程招标时,首先根据列出的招标工程量清单,分别确定每个分项工程的完全工程单价,然后计算出工程标底价的方法。

每个分项工程的完全工程单价计算公式为

分项工程完全单价＝直接工程费×(1＋其他直接费费率)×(1＋间接费费率)×

(1＋利润率)×(1＋税率)

(2) 使用特点

1) 明显反映出各投标报价的水平

由于采用的是相同的工程量清单,能为选择中标单位提供明确的数字依据。

2) 工程单价固定,工程量按实际调整

投标的侧重点放在了工程单价的报价上,避免了因工程量计算错误影响标底或标价的准确性。

3) 调整工程造价简单方便

在签订合同后到竣工验收的整个过程中,由于各种原因,总会发生减少或者增加若干项目的情况。采用完全工程单价法调整工程造价很方便,容易操作。

(3) 应用举例

【例 4－5】 某招标工程中 M5 水泥砂浆砖基础工程量为 200 m³,该项目分项工程直接费(基价)为 200 元/m³,其他直接费率为 10％,间接费率为 8％,利润率为 6％,税率为 3％。试计算该项目工程造价。

【解】 分项工程完全单价＝分项工程直接工程费(基价)×(1＋其他直接费费率)

×(1＋间接费费率)×(1＋利润率)×(1＋税率)

＝200 元/m³×(1＋10％)×(1＋8％)×(1＋6％)×(1＋3％)

＝259.41 元/m³

该项目工程造价＝200 m³×259.41 元/m³＝51882 元

6．异地编制标底

(1) 概述

异地编制标底是指为了避免本地编制标底,参与投标的单位利用复杂的关系网获取标底情报资料而采取的方式。具体做法是:行业协会有计划地联系若干城市的标底编制小组建成协作网。当某地需要编制标底时,在招标主管部门的监督下,用随机的方式,选定异地编制标底的城市,然后将招标资料送达编制标底的小组,最后在规定的时间内将编制好的标底密封后交委托方。

(2) 应用步骤

① 由招标单位向相关行业协会提出异地编制标底的要求。

② 相关行业协会根据有关规定采用随机抽取的方式确定标底的编制地点。

③ 将完整的招标文件送到指定具有资格证书的编制小组或事务所。

④ 招标单位与编制单位签订异地编制标底的合同书。

⑤ 编制小组按照要求编制标底后,按照合同规定时间将标底密封后交委托单位。

7. 先分后合法

(1) 概述

采用先分后合法时,通过编制施工图预算确定标底,适当将单位工程划分为若干分部工程,并合理分配给若干编制人员分别计算,最后在报审之前收集起来,汇总成为标底价。

(2) 应用步骤

1) 将单位工程分解成为若干可独立计算的分部工程(或分项工程)

通常,一个单位工程可以分解为若干可独立计算的部分:基础工程(以室外地坪为界),金属结构工程,门窗工程,钢筋混凝土工程,墙体、内外抹灰工程,钢筋工程;屋面、楼地面工程。

2) 确认每一个单位工程组织 2~7 人分头编制各分部工程工程量及计价

每人一套完整的施工图、预算定额、费用定额和招标文件;根据分配的任务列出分项工程名称,若某个分项工程的归类不清楚,可提交组长协调,每个人将列出的分项工程名称清单交组长汇总,由组长处理和解决漏项、重算的项目;分别计算工程量,套用定额计算工程造价,调整价差,最后汇总。

8. 用工程主材料费控制标底

采用工程主材料费控制标底,是指在编制标底时,一律按照招标单位所规定的材料价格计算材料费或采取主材料费不列入标底价的方法来控制标底价格。

(1) 统一规定材料价格

目前,在招投标工作中,招标单位统一规定材料价格是有一定条件的。首先,确定材料价格不能超过工程造价主管部门制定的指导价;其次,工程材料没有指导价的需要根据市场调查的平均价确定;第三,新材料要制定暂估价,执行价在工程建设中解决。

采用统一规定材料价格从总体上能实现控制工程造价的目标;能降低底标价与标底的误差率,增强标底的稳定性和可靠性;可以灵活地采用材料费包干或可调整的承包方式,使风险和利润并存。

(2) 主材料费不计入标底价格

在编制标底时,不计算主材费,这是安装工程和装饰工程比较适用的办法。

主材料费不计入标底价格包括两种情况:一种是将来工程建设中由招标单位供应材料,施工单位只收取部分材料保管费;另一种是招标时不计算,中标后由建设单位和施工单位共同确定材料价格。

4.3.3　建设工程投标价的控制手段与方法

为了提高在建筑市场的竞争能力,合理控制建设工程的投标报价,会收到理想的效果。

1. 用企业定额确定工程消耗量

(1) 概述

施工企业内部适用的定额称为企业定额。企业定额是企业根据自身的生产力水平和管理水平制定的内部定额。显然,企业定额的水平高于预算定额。目前,一般以预算定额作为投标报价的计算依据。但是,如果采用比预算定额水平更高的企业定额来编制投标报价,就能有根据地降低工程成本,编制出合理的工程投标报价。

(2) 应用步骤

1) 不断编制和修订施工定额

企业施工定额劳动效率高、消耗量低,能促使企业内部革新,努力降低成本,不断降低各种消耗。

2) 根据施工定额计算工程消耗量

施工定额反映了企业的技术和管理水平,采用该定额确定消耗量,计算投标报价,可以使企业生产成本低于行业平均成本,能使企业在投标中处于价格的优势地位。

2. 预算成本法

(1) 概述

预算成本法是指投标企业根据工程施工图、预算定额和招标文件计算出预算成本价,然后在此基础上调整有关费用,最后确定投标价的方法。

(2) 适用范围

① 采用预算定额编制标底和投标报价的地区。

② 招标文件中允许间接费率、利润率浮动。

③ 招标文件中规定以最接近标底的较低报价为中标价。

(3) 应用步骤

① 根据施工图和预算定额及有关文件计算工程量。

② 根据工程量、预算定额和生产要素单价计算工程直接费。

③ 根据直接费和间接费定额计算间接费,最后得到工程预算成本。

④ 根据工程预算成本、利润率、利税率计算利润、税金。

⑤ 汇总以上费用确定工程造价。

⑥ 根据投标策略和企业经营管理水平、施工技术水平状况调减间接费和利润,使工程标价总额控制在企业预算成本加税金的范围内。

3. 不平衡报价法

(1) 概述

不平衡报价法是指在总报价保持不变的前提下,与平衡报价相比,提高一些分项工程项目单价,同时降低另一些分项工程项目单价的报价方法。其主要目的是:为了尽早收取工程备料款和进度款,增加流动资金数量,有利于资金周转;尽可能获得银行存款利息或减少贷款利息而获取额外利润。不平衡报价法的数学模型为

$$\sum_{i=1}^{x} (A_i \times V_i) = \sum_{i=1}^{m} (B_i \times P_i) + \sum_{i=1}^{n} (C_i \times Q_i)$$

平衡报价　　　　　调增部分　　　　　调减部分

不平衡报价

模型中：A_i——平衡报价情况下的分项工程项目工程量；

V_i——平衡报价情况下的分项工程项目单价；

x——投标报价分项工程项目个数，$x = m + n$；

B_i——不平衡报价情况下调增单价部分的分项工程项目工程量；

P_i——不平衡报价情况下调增单价部分的分项工程项目单价；

m——不平衡报价情况下调增单价部分的分项工程项目个数；

C_i——不平衡报价情况下调减单价部分的分项工程项目工程量；

Q_i——不平衡报价情况下调减单价部分的分项工程项目单价；

n——不平衡报价情况下调减单价部分的分项工程项目个数。

(2) 不平衡报价的原则

不平衡报价的总原则是：保持正常报价的总额不变，人为地调整某些项目的工程单价。

① 对于难以准确计算工程量的项目，如土石方工程，其单价可以稍稍报高一些，这样做既不会影响总体报价，又可以提高获利的可能性。

② 对于能先结算工程价款的项目，如土石方工程、基础工程等，可以适当提高报价，以便加快资金周转，增加存款利息。对于后期项目，不能先进行结算，如电气照明工程、装修工程等，其报价可以适当地调低一点点。

③ 对于施工过程中工程量会增加的项目，可以适当调高单价，这样可以在对报价影响不大的情况下，在工程施工时增加收入；对于施工过程中工程量可能会减少的项目，可以适当调低单价，对降低投标报价有积极作用。

④ 在估计暂定工程或暂估价时，对确定将来一定会施工的部分，其单价可以稍报高一点，对于不确定是否施工，或者估计不会施工的部分，其报价则可稍报低一点。

⑤ 由于施工图纸说明不清楚或有误的情况，导致发生设计变更修改工程量，其投标报价可以报高一些，以便在修改设计、调整工程量后误差不至于太大，方便获得较高的收入。

⑥ 对于工程内容做法说明不清楚的项目，或者其他有漏洞的地方，其单价可以稍报低一点，以利于降低总报价水平和工程实施过程中的索赔。

不平衡报价的简要分析如图4-9所示。

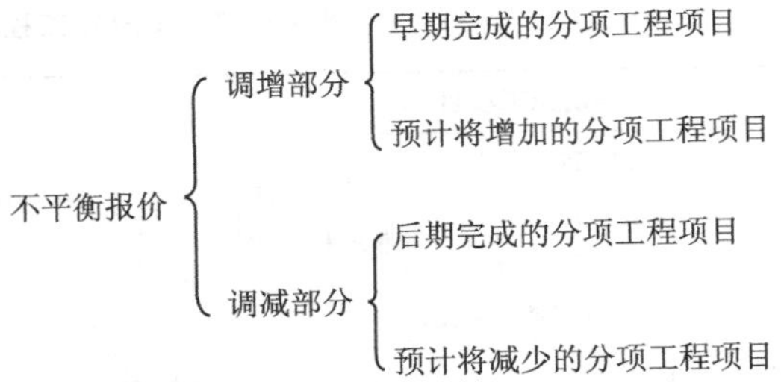

不平衡报价 ┫ 调增部分 ┫ 早期完成的分项工程项目　预计将增加的分项工程项目 ┃ 调减部分 ┫ 后期完成的分项工程项目　预计将减少的分项工程项目

图 4-9　不平衡报价的简要分析示意图

(3) 应用步骤

1) 分析工程量清单，确定调增工程单价的分项工程项目

例如，通过分析 A 招标工程的工程量清单，将早期完成的基础垫层、混凝土满堂基础、混凝土挖孔桩的工程单价适当提高；将少计算工程量的外墙花岗岩贴面、不锈钢门安装的工程单价提高。

2）分析工程量清单，确定调减工程单价的分项工程项目

例如，通过分析上述 A 招标工程的工程量清单，将后期完成的混合砂浆抹内墙面、混合砂浆抹顶棚面、铝塑窗、屋面保温层的工程单价降低；将多计算工程量的铝合金卷帘门、抹灰面乳胶漆的工程单价降低。

3）根据数据模型，用不平衡报价计算表分析计算

不平衡报价计算分析见表 4 - 12。

表 4 - 12　A 招标工程不平衡报价计算分析表

序号	项目名称	单位	平衡报价			不平衡报价			差额
			工程量	工程单价/元	合价/元	工程量	工程单价/元	合价/元	
1	C15 混凝土挖孔桩护壁	m³	303.60	272.63	82770.47	303.60	299.89	91046.60	8276.13
2	C20 混凝土挖孔桩桩芯	m³	1079.90	194.61	210159.34	1079.90	214.07	231174.19	21014.85
3	C10 混凝土基础垫层	m³	139.69	169.20	23635.55	139.69	186.12	25999.10	2363.55
4	C20 混凝土满堂基础	m³	2016.81	196.64	396585.52	2016.81	216.30	436236.00	39650.48
5	不锈钢门安装	m²	265.72	237.47	63100.52	265.72	293.69	78040.38	14939.86
6	花岗岩贴外墙面	m²	77.35	377	29160.95	77.35	816.76	63176.39	34015.44
7	混合砂浆抹内墙面	m²	13685.00	6.71	91826.35	13685.00	5.21	71298.85	−20527.50
8	混合砂浆抹顶棚面	m²	8016.00	6.01	48176.16	8016.00	4.32	34629.12	−13546.60
9	铝塑窗安装	m²	981.00	216.00	211896.00	981.00	160.00	156960.00	−54936.00
10	屋面珍珠岩混凝土保温层	m³	285.41	212.46	60638.21	285.41	150.00	42811.50	−17826.71
11	铝合金卷帘门	m²	235.50	185.00	43567.50	235.50	128.00	30144.00	−13423.50
	小　计				1261516.13			1261516.13	

4）不平衡报价效果分析

不平衡报价效果分析见表 4 - 13。

表 4 - 13　A 招标工程不平衡报价效果分析表

早期施工项目			预计工程量增加项目						
项目名称	提高工程单价后可多结算费用/元（详见表 4 - 12）	多结算费用带来利息收入(10%)	项目名称	预计增加工程量/m²	不平衡报价金额/元		平衡报价金额/元		增加金额/元
					工程单价	小计	工程单价	小计	
C15 混凝土挖孔桩护壁	8276.13	827.61	不锈钢门安装	105.60	291.50	30782.40	237.47	25076.83	5705.57
C20 混凝土挖孔桩桩芯	21014.85	2101.49	花岗岩贴外墙面	334.00	810.76	270793.84	377.00	125918.00	144875.84
C10 混凝土基础垫层	2363.55	236.36							

早期施工项目			预计工程量增加项目						增加金额/元
项目名称	提高工程单价后可多结算费用/元（详见表 4-12）	多结算费用带来利息收入(10%)	项目名称	预计增加工程量/m²	不平衡报价金额/元		平衡报价金额/元		
					工程单价	小计	工程单价	小计	
C20 混凝土满堂基础	39650.48	3965.05							
合　计		7130.51							150581.41

通过表 4-13 分析可知,A 招标工程采用不平衡报价后,较平衡报价增加 7130.51 元 + 150581.41 元 = 157711.92 元的直接工程费,比平衡报价的直接工程费提高(157711.92/1261516.13)×100% = 12.5%,其效果是显著的。

4. 相似程度估价法

(1) 概述

相似程度估价法是指利用已办理竣工结算的资料估算投标工程造价的报价方法。在一定地区的一定时期内,同类建筑或装饰工程在建筑物层高、开间、进深等方面具有一定的相似性;在建筑物的结构类型、各部位的材料使用及装饰方案上具有一定的可比性。因此,可以采用已完工同类工程的结算资料,通过相似程度系数计算的方式来确定投标工程报价。

(2) 适用范围

① 工程报价的时间紧迫。

② 定额缺项较多。

③ 建筑装饰工程。

(3) 运用的基本条件

① 投标工程与类似工程的结构类型基本相同。

② 投标工程与类似工程的施工方案基本相同。

③ 投标工程与类似工程的装饰材料基本相同。

④ 投标工程的建筑面积、层高、进深、开间等特征要素与类似工程基本相同。

⑤ 类似工程的施工工期与竣工日期接近投标工程的工期和日期。

(4) 应用步骤

① 计算类似工程分部工程造价占总造价百分比:

$$\text{类似工程的分部工程造价占总造价的百分比} = \frac{\text{类似工程的分部工程造价}}{\text{类似工程总造价}} \times 100\%$$

② 计算投标工程分部工程造价相似程度百分比:

$$\text{投标工程的分部工程造价相似程度百分比} = \frac{\text{投标工程主要材料单价}}{\text{类似工程主要材料单价}} \times 100\%$$

③ 计算投标工程相似程度:

$$\text{投标工程相似程度系数} = \sum \text{类似工程的分部工程造价占总造价的百分比} \times \text{投标工程的分部工程造价相似程度百分比}$$

④ 计算投标工程估算造价:

$$\frac{投标工程}{估算造价}=\frac{投标工程}{建筑面积}\times\frac{类似工程}{平方米造价}\times\frac{投标工程相}{似程度系数}$$

(5) 应用举例

【例 4-6】 根据表 4-14 中类似住宅工程和投标住宅工程的有关资料,估算住宅装饰工程报价。

表 4-14 住宅装饰工程有关资料表

工程对象\有关资料	每平方米造价/(元/m²)	建筑面积/m²	主房间开间/m	主房间进深/m	层高/m	地面装饰材料单价/(元/m²)	顶棚装饰项目定额基价/(元/m²)	墙面装饰材料单价/(元/m²)	灯饰/(元/套)	卫生洁具/(元/户)
类似工程	1000	2500	3.90	5.00	3.10	200	50	50	1000	5000
投标工程		2800	3.60	4.80	3.10	240	70	60	800	5500
类似工程分部造价占总造价百分比/%						20	30	25	10	15

【解】 (1)计算投标工程分部工程造价相似程度系数:

地面装饰分部相似程度百分比=(240/200)×100%=120%

顶棚装饰分部相似程度百分比=(70/50)×100%=140%

墙面装饰分部相似程度百分比=(60/50)×100%=120%

灯饰分部相似程度百分比=(800/1000)×100%=80%

卫生洁具分部相似程度百分比=(5500/5000)×100%=110%

投标工程的总相似程度系数=20%×120%+30%×140%+25%×120%+10%
 ×80%+15%×110%
 =0.24+0.42+0.3+0.08+0.165=1.205

(2)估算该住宅装饰工程报价:

该项住宅装饰工程报价=2800 m²×1000 元/m²×1.205=3374000 元

5. 面积系数法

(1) 概述

面积系数法是指通过有关面积系数的计算,估算建筑装饰工程投标价的方法。建筑装饰工程的主要内容是装饰建筑物的内外表面。由于同一建筑物的建筑面积与建筑装饰面积具有相关性,因此利用建筑面积或者墙面面积等乘以相关系数可以较方便地估算建筑装饰工程造价。

使用面积系数法的主要思路:根据建筑面积、墙面面积与各个装饰面积相关性的内在联系,用统计、测算的方法确定若干相关系数,再用投标工程的建筑面积(或轴线间的面积)、墙面面积乘以对应的相关系数估算出装饰工程量,再乘以单位造价后汇总估算出整个投标工程造价。

(2) 主要工程量计算公式及相关系数

主要装饰工程量计算公式及相关系数见表 4 - 15。

表 4 - 15　主要装饰工程量计算公式及相关系数表

序　号	项目名称	计算公式	相关系数(统计测算取得)
1	楼地面	工程量=建筑面积(轴线尺寸面积)×净面积系数	净面积系数： 商场为 0.98 住宅为 0.90 宾馆为 0.93
2	顶棚	工程量=建筑面积(轴线尺寸面积)×复杂程度系数	复杂程度系数： 在同一平面上为 1.00 高差 10 cm 内为 1.05 高差 20 cm 内为 1.10
3	外墙面	工程量=外墙面全部面积－门窗面积＋门窗面积×门窗洞口侧面面积系数	门窗洞口侧面面积系数： 门为 0.36 窗为 0.26
4	内墙面	工程量=室内净高×[(内墙轴线长×2＋外墙轴线长)－装饰房间数×0.96]－内外墙门窗面积×调整系数	门窗面积调整系数： 内墙上门为 1.64 外墙上门为 0.64 有内窗台为 0.74 无内窗台为 0.97 铝塑窗为 0.82
5	台阶	工程量=台阶投影水平面面积×台阶装饰系数	台阶装饰系数： 1＋0.15×台阶踏步数
6	楼梯	工程量=梯间轴线面积(净面积)×展开系数	展开系数：1.45

(3) 计算公式

$$\genfrac{}{}{0pt}{}{\text{装饰工程}}{\text{估算造价}}=\sum\left(\genfrac{}{}{0pt}{}{\text{各分项装饰工程}}{\text{工程量}}\times\text{单位造价}\right)$$

式中：

单位造价=装饰工程预算定额基价×(1＋其他直接费费率)×(1＋间接费费率)×

　　　　　(1＋利润率)×(1＋风险率)×(1＋税率)

在市场经济条件下,可以将以上各种费率规定一个浮动范围,以供估算工程造价时取定使用。经统计测算,各种费率的浮动取值范围可参考表 4 - 16。

表 4 - 16　面积系数估价法主要费率浮动取值表

浮动等级	其他直接费率/%	间接费率/%	利润率/%	风险率/%	税率/%
一	5.5	11	10	3	3.5
二	4.5	9.5	8	3	3.5
三	3	7.5	6.5	3	3.5

(4) 应用步骤

① 计算基本数据：建筑面积、按不同装饰材料分类计算轴线尺寸水平面积、室内层高、建

筑物总高、门窗及洞口面积、台阶投影面积、内外墙轴线尺寸长。

② 计算装饰工程量:

$$装饰工程量＝基本数据×相关系数$$

③ 估算装饰工程造价。

(5) 应用举例

【例 4－7】 某商住楼装饰工程的基本数据如下:

建筑面积＝2561.60 m²＋12.96 m²(半个山墙厚所占面积)＝2574.56 m²

层数:商店 1 层,住宅 4 层,共 5 层。

每层建筑面积＝2574.56 m²÷5 层＝514.91m²/层

水磨石楼梯:	57.60 m²
地砖地面:	88.00 m²
花岗岩地面(含走道):	456.00 m²
木地板楼面:	856.00 m²
地砖楼面:	1104.00 m²

2561.60 m²
(按轴线尺寸计算)

花岗岩台阶(二步踏步): 37.31 m²

底层商店净高: 4.32 m

住宅净高: 2.95 m

外墙总高: 18.20 m

装饰房间数:20 间/层×4 层＋3 间＝83 间(其中商店 3 间)

内墙上木门面积: 324.00 m²

(木门已计算费用) (其中商店 21.60 m²)

铝塑窗面积: 412.00 m²

(外墙上)

铝合金卷帘门: 97.20 m²

金属防盗门: 36.00 m²

(内墙上)

每层住宅 {外墙长:108.00 m 墙厚:0.24 m / 内墙长:366.00 m 墙厚:0.24 m}

底层商店 {外墙长:108.00 m 墙厚:0.24 m / 内墙长:89.00 m 墙厚:0.24 m}

底层顶棚面高差:16 cm

(轻钢龙骨、埃特板面、乳胶漆面)

住宅顶棚:无高差

(混合砂浆底已算费用,需算乳胶漆面)

外墙面装饰:墙面砖

内墙面装饰:乳胶漆面

要求:采用面积系数法确定该装饰工程的投标报价。

【解】 1. 计算装饰工程量

(1) 水磨石楼梯:

$$S=57.60 \text{ m}^2 \times 1.45^* = 83.52 \text{ m}^2$$

（注：带"*"的数据为表 4-15 中的相关系数，下同。）

（2）商场地砖地面：

$$S=88.00 \text{ m}^2 \times 0.98^* = 86.24 \text{ m}^2$$

（3）住宅地砖楼面：

$$S=1104.00 \text{ m}^2 \times 0.90^* = 993.60 \text{ m}^2$$

（4）商场花岗岩地面：

$$S=456.00 \text{ m}^2 \times 0.98^* = 446.88 \text{ m}^2$$

（5）住宅木地板楼面：

$$S=856.00 \text{ m}^2 \times 0.90^* = 770.40 \text{ m}^2$$

（6）花岗岩台阶：

$$S=37.31 \text{ m}^2 \times (1+0.15 \times 2)^* = 48.50 \text{ m}^2$$

（7）铝塑窗安装：

$$S=412.00 \text{ m}^2$$

（8）铝合金卷帘门安装：

$$S=97.20 \text{ m}^2$$

（9）金属防盗门安装：

$$S=36.00 \text{ m}^2$$

（10）商场轻钢龙骨、埃特板面吊顶，面刷乳胶漆：

$$S=514.91 \text{ m}^2 \times 0.98^* \times 1.10^* = 555.07 \text{ m}^2$$

（11）住宅顶棚面刷乳胶漆：

$$S=514.91 \text{ m}^2 \times 0.90^* \times 1.0^* \times 4 = 1853.68 \text{ m}^2$$

（12）商场、住宅内墙面刷乳胶漆：

$$S_{商场}=4.32\text{m} \times [(89.00\text{m} \times 2 + 108.00\text{m}) - 3 \times 0.96^*] - 97.20\text{m}^2(卷帘门) \times 0.64^* -$$
$$21.60\text{m}^2(木门) \times 1.64^* = 4.32\text{m} \times 283.12\text{m} - 62.21\text{m}^2 - 35.42\text{m}^2 = 1125.45 \text{ m}^2$$

$$S_{住宅}=2.95\text{m} \times [(366.00\text{m} \times 2 + 108.00\text{m}) - 20 \times 0.96^*] \times 4 - (324.00\text{m}^2 - 21.60\text{m}^2)$$
$$(木门) \times 1.64^* - 412.00\text{m}^2 \times 0.82^* - 36.00\text{m}^2 \times 1.64^*$$
$$=9685.44\text{m}^2 - 892.82\text{m}^2 = 8792.62 \text{ m}^2$$

两项合计为 9918.07 m²。

（13）外墙面砖：

$$S=[(108.00\text{m} \times 18.20\text{m}(高) - (412.00\text{m}^2 + 97.20\text{m}^2)(门窗面积) + (412.00\text{m}^2 \times$$
$$0.26^* + 97.20\text{m}^2 \times 0.36^*)(门窗洞口侧面积)]$$
$$=1965.60\text{m}^2 - 509.20\text{m}^2 + 142.11\text{m}^2 = 1598.51\text{m}^2$$

2. 计算装饰工程单位造价

根据某地区装饰工程预算定额及表 4-16 中第二等级费率，计算装饰工程单位造价见表 4-17。

表4-17 某装饰工程单位造价计算表

序 号	项目名称	定额基价 /(元/m²)	综合费率 (1+4.5%)×(1+9.5%)×(1+8%)×(1+3%)×(1+3.5%)	单位造价 /(元/m²)
①	②	③	④	⑤=③×④
1	水磨石楼梯	25.88	1.3174	34.09
2	商场地砖地面	45.34	1.3174	59.73
3	住宅地砖楼面	39.07	1.3174	51.47
4	商场花岗岩地面	198.24	1.3174	261.16
5	住宅木地板楼面	86.50	1.3174	113.96
6	花岗岩台阶	198.94	1.3174	262.08
7	铝塑窗安装	323.76	1.3174	426.52
8	铝合金卷帘门安装	210.84	1.3174	277.76
9	金属防盗门安装	281.52	1.3174	370.87
10	商场轻钢龙骨、埃特板面吊顶,面刷乳胶漆	73.61	1.3174	96.97
11	住宅顶棚面刷乳胶漆	15.98	1.3174	21.05
12	商场、住宅内墙面刷乳胶漆	15.31	1.3174	20.17
13	外墙面砖	61.06	1.3174	80.44

3. 计算装饰工程造价

计算装饰工程造价见表4-18。

表4-18 某装饰工程造价计算表

序 号	项目名称	工程量/m²	单位造价/(元/m²)	分项工程造价/元
①	②	③	④	⑤=③×④
1	水磨石楼梯	83.52	34.09	2847.20
2	商场地砖地面	86.24	59.73	5151.12
3	住宅地砖楼面	993.60	51.47	51140.59
4	商场花岗岩地面	446.88	261.16	116707.18
5	住宅木地板楼面	770.40	113.96	87794.78
6	花岗岩台阶	48.50	262.08	12710.88
7	铝塑窗安装	412.00	426.52	175726.24
8	铝合金卷帘门安装	97.20	277.76	26998.27
9	金属防盗门安装	36.00	370.87	13351.32

续表 4-18

序　号	项目名称	工程量/m²	单位造价/(元/m²)	分项工程造价/元
10	商场轻钢龙骨、埃特板面吊顶,面刷乳胶漆	555.07	96.97	53825.14
11	住宅顶棚面刷乳胶漆	1853.68	21.05	39019.96
12	商场、住宅内墙面刷乳胶漆	9918.07	20.17	200047.47
13	外墙面砖	1598.51	80.44	128584.14
	工程总造价			913904.29
	工程单方造价	913904.29 元÷2574.56m²＝354.97 元/m²		

4. 确定装饰工程投标报价

根据投标策略与其他条件调整装饰工程造价,最终确定本项工程投标报价。

本章重点回顾

● **实战训练**

○ 专项能力训练

建设工程标底价(中标价)的控制手段与方法

背景资料

某工程在招标过程中有若干投标单位参与投标,按规定随机抽取 7 个投标单位之后,根据图纸、定额、现行材料费用等编制出工程标底价为 1000 万元。按照招标文件规定,综合开标评标小组专家的意见,按照投标价占 55%、标底价占 45% 的权重进行期望工程造价的计算。7 个投标单位投标报价见表 4-19。

表 4-19　投标报价情况表　　　　单位:万元

投标单位	A	B	C	D	E	F	G
投标报价	1250	1040	980	960	1100	800	1080

训练要求

① 根据提供的背景资料,采用合适的方法对建设工程投标报价进行筛选,填写各投标单位投标报价排序表,格式见表 4-20。

表 4-20　各投标单位投标报价排序表

投标单位							
接近程度							
排列顺序							

② 建设工程标底价(中标价)常用的控制手段与方法有哪些? 组织学习、讨论这些控制手段与方法的特点。

训练路径

① 教师事先对学生按照 3～5 人进行分组,分组进行计算和组织学习、讨论。

② 每组在学习、总结基础上形成小组《总结报告》。

③ 班级交流,教师对各组《总结报告》进行点评。

〇 综合能力训练

建设工程招标投标模拟训练

训练目标

组织学生进行建设工程招标投标模拟训练;熟悉建设工程招标投标的内容和程序,提高学生对建设工程招标投标阶段工程造价管理的认识。

训练内容

选择当地某项建设工程,组织学生开展建设工程招标投标模拟训练。将学生分成若干小组,其中一个小组代表招标方(建设单位、业主)拟订各类招标文件,组织完成所选建设工程的招标工作;余下小组以小组为单位分别代表不同的投标方(施工单位、设计单位、监理单位等),根据招标文件要求拟订投标文件并组织参与投标。

训练步骤

① 聘用实训基地1~2名建设项目管理从业人员为本课程的兼职教师,结合所选建设工程进行任务布置。

② 将班级分成若干小组,其中代表招标方的小组10~11人,代表投标方的每组5~6人,每组指定1名组长。小组成员经过充分讨论、协商,明确分工,落实责任,合作完成本组任务并对活动情况进行详细记录。

③ 归纳总结,每组撰写一份小组活动情况报告。

④ 各组在班级进行交流、讨论,由任课教师予以点评。

训练成果

实操;招标文件与投标文件;小组活动情况报告。

● 思考与练习

一、名词解释

招标	投标	标底	投标报价
综合评分法	施工合同	施工定额	不平衡报价法

二、单项选择题

1. 建筑安装工程投资包括(　　)。

    A. 人工费、材料费、施工机械使用费　　　B. 直接费、间接费、现场管理费

    C. 直接费、间接费、计划利润、税金　　　D. 直接工程费、间接费、利润、税金

2. 工程量清单计价制度要求采用的合同计价方式为(　　)。

    A. 总价合同　　　B. 单价合同　　　C. 可调价格合同　　　D. 固定价格合同

3. 某建筑材料包含包装费的原价是600元/吨,手续费、运杂费、运输损耗费等费用是50元/吨,采购及保管费率是2%。这种材料的预算价格是(　　)元。

    A. 600　　　　B. 663　　　　C. 612　　　　D. 650

4. 具有通用技术、性能标准或者招标人对其技术和性能没有特殊要求的招标项目适用的评标方法是(　　)。

A. 最低投标价法　　B. 综合评估法　　　C. 评议法　　　　　　　D. 专家法

5. 根据《建设工程工程量清单计价规范》中的规定,工程量清单项目编码中第一级编码为分类码,02 表示(　　)。

A. 建筑工程　　　　B. 装饰装修工程　　C. 安装工程　　　　　　D. 市政工程

6. 一个项目总报价确定后,通过调整内部各个项目的报价,以期既不提高总价,不影响中标,又能在结算时得到更理想的经济效益的报价方法是(　　)。

A. 多方案报价法　　B. 不平衡报价法　　C. 增加建议方案法　　　D. 不同特点报价法

7. 预算定额水平与施工定额水平相比(　　)。

A. 相同　　　　　　B. 比较高　　　　　C. 比较低　　　　　　　D. 关系不确定

8. 编制基本直接费单价时不包括(　　)。

A. 人工费　　　　　B. 材料费　　　　　C. 机械台班使用费　　　D. 临时设施费

9. 建设工程招标方式分为公开招标和邀请招标,分类的角度是(　　)。

A. 招标效率　　　　B. 竞争程度　　　　C. 组织形式　　　　　　D. 招标范围

10. 设备材料采购招投标与施工招投标相比,其不同点在于(　　)。

A. 招投标有公开招标和邀请招标两种形式

B. 施工公开招投标又分为国际竞争性招标和国内竞争性招标

C. 设备、材料采购有时也通过询价方式选定设备、材料供应商

D. 在施工招投标方式中,有时也采用非竞争性采购方式——直接订购方式

11. 建筑安装企业计取的教育费附加,计税基础是(　　)。

A. 教育培训费　　　B. 增值税额　　　　C. 城乡维护建设税　　　D. 增值税

12. 施工企业在投标报价中,下列说法错误的是(　　)。

A. 应掌握工程现场情况

B. 发现工程量清单有误,可自行更正后报价

C. 工程单价可同国家颁布的预算定额不一致

D. 投标报价按规定税率进行报价

13. 若投标单位在编制投标报价时,工程量清单中某些项目未填写单价和合价,则(　　)。

A. 该标书视为废标

B. 该标书将被退回投标单位重新编写

C. 此部分价款将不予支付,并认为此项费用已包括在其他单价和合价中

D. 此部分单价及合价将按照其他投标单位的平均投标价计算

14. 当投标人对现场考察后向招标人提出问题质疑,而招标人书面回答的问题与招标文件中的规定不一致时,应以(　　)为准。

A. 现场考察的招标人的口头解释　　　B. 招标文件规定

C. 书面回函解答　　　　　　　　　　D. 仲裁机构裁定

15. 下列按平均先进性原则编制的定额是(　　)。

A. 预算定额　　　　B. 企业定额　　　　C. 概算定额　　　　　　D. 概算指标

16. (　　)适用于建设单位经营状况不好,资金短缺或工程质量无特殊要求等情况的工程招标。

A. 以不低于工程成本确定中标单位

B. 以综合评分法确定中标单位

C. 以各投标报价的算术平均值确定中标单位

D. 以算术平均投标报价后再与标底价加权平均确定中标单位

三、多项选择题

1. 概算定额的编制依据有（　　）。

　　A. 预算定额　　　　B. 概算指标　　　　C. 施工定额　　　　D. 人、材、机的价格

2. 采用工料单价法编制标底时，各分项工程的单价中应包括（　　）。

　　A. 人工费　　　　B. 材料费　　　　C. 机械使用费　　　　D. 其他直接费

3. 在利用工程量清单进行投标报价时，工程量单价的套用方法有（　　）。

　　A. 工料单价法　　B. 全费用单价法　　C. 实物量单价法　　D. 综合单价法

4. 下列关于企业定额与预算定额的平均先进性原则的说法正确的是（　　）。

　　A. 企业定额的平均先进性是以企业平均先进水平为基准

　　B. 企业定额的平均先进性是以本地区行业平均先进水平为基准

　　C. 企业定额的平均先进性是以社会平均先进水平为基准

　　D. 预算定额的平均先进性是以社会平均先进水平为基准

5. 工程招投标的评标原则是（　　）。

　　A. 公平　　　　B. 标价最低　　　　C. 公正　　　　D. 择优

6. 分部分项工程量清单的组成部分是（　　）。

　　A. 项目编码　　B. 项目名称　　C. 工程数量　　D. 计量单位

7. 按税法规定，可以计入建筑安装工程费的税费是（　　）。

　　A. 房产税　　　　B. 城市维护建设税　　　　C. 印花税　　　　D. 增值税

8. 实物法与单价法相比，其主要的特点是（　　）。

　　A. 计算简单　　　　　　　　B. 便于管理

　　C. 工程造价准确性高　　　　D. 较好地反映实际价格水平

9. 日工资综合单价包括（　　）。

　　A. 生产工人基本工资　　B. 办公费　　C. 职工福利费　　D. 工资性补贴

10. 工程量清单计价的投标报价包括（　　）。

　　A. 分部分项工程费　　B. 分项工程费　　C. 投标保证金　　D. 措施项目费

11. 中标单位向招标单位提供的履约担保金应为合同价格的（　　）。

　　A. 5%　　　　B. 10%　　　　C. 2%　　　　D. 20%

12. 编制施工招标标底的基础有（　　）。

　　A. 以施工图预算为基础　　　　B. 以平方米造价为基础

　　C. 以设计概算为基础　　　　　D. 以扩大综合定额为基础

13. 建设工程投标价的控制方法有（　　）。

　　A. 以不低于工程成本确定中标单位　　B. 不平衡报价法

　　C. 用企业定额确定工程消耗量　　　　D. 预算成本法

14. （　　）属于实体项目费。

　　A. 人工费　　　B. 材料费　　　C. 机械台班费　　　D. 脚手架搭设费

四、计算题

1. 某招标工程中 M5 水泥砂浆砖基础工程量为 400 m³，该项目分项工程直接费（基价）为 500 元/m³，其他直接费率为 10％，间接费率为 8％，利润率为 6％，税率为 3％。试计算该项目工程造价。

2. 根据表 4-21 中类似住宅工程和投标住宅工程的有关资料，估算住宅装饰工程报价。

表 4-21　住宅装饰工程有关资料表

有关资料 工程对象	每平方米造价/（元/m²）	建筑面积/m²	主房间开间/m	主房间进深/m	层高/m	地面装饰材料单价/（元/m²）	顶棚装饰项目定额基价/（元/m²）	墙面装饰材料单价/（元/m²）	灯饰/（元/套）	卫生洁具/（元/户）
类似工程	2000	2500	3.90	5.00	3.10	200	50	50	1000	5000
投标工程		3000	3.60	4.80	3.10	240	70	60	1200	5500
类似工程分部造价占总造价百分比/%						20	30	25	10	15

五、简述题

1. 标底的编制原则有哪些？
2. 怎样判断不低于工程成本的合理标价？
3. 编制标底时应考虑的因素有哪些？
4. 怎样判断工程投标报价的合理程度？
5. 怎样计算期望工程造价？
6. 试描述先分后合法编制标底的步骤。
7. 试叙述不平衡报价法的原理。

项目5 建设工程实施阶段工程造价管理

学习任务5.1 概　述

5.1.1 建设工程实施阶段影响工程造价的主要因素

1. 工程变更与合同价调整

当工程的实际情况与招投标时的工程情况相比有变化时,就意味着会发生工程变更。设计变更是工程变更的主要形式。设计变更由工程项目原设计单位编制并出具设计变更通知书。由于设计变更,将会导致原预算书中某些分部分项工程量的增多或减少,所有相关的原合同文件要进行全面的审查和修改。因此,合同价要进行调整,从而引起工程造价的增加或者减少。

【知识链接】
FIDIC 合同条件
下的国际索赔

2. 工程索赔

合同一方发生违约或者由于第三方的原因,使另一方蒙受损失,则发生工程索赔。工程索赔发生后,工程造价就会受到影响。

3. 工期

工期与工程造价有着对立统一的关系,加快工期需要增加投入,而延缓工期则会导致管理费的提高,进一步影响工程造价,这些因素都会影响工程造价。

4. 工程质量

工程质量与工程造价有着紧密的联系,工程质量要求愈高,资金投入愈多;而降低工程质量,则故障成本会增加。

5. 人力及材料、机械设备等资源的市场供求规律的影响

供求规律是反映商品供应和需求的基本规律。市场上人力及材料、机械设备等资源的供求发生变化,会影响工程造价。

6. 材料代用

材料代用是指设计图中所采用的某种材料规格、型号或品牌不能适应工程质量要求,或难以订购,或库存不足工艺上又不允许等待,经施工单位提出,设计单位同意用相近材料代用,并签发代用材料通知单,所引起的材料用量或价格的增减。显然,材料代用也会影响工程造价。

5.1.2　建设工程实施阶段工程造价管理的内容

建设工程实施阶段工程造价管理的工作涵盖了组织、经济、技术、合同等多方面的内容,其具体项目包括:

1. 组织工作的内容

① 在建设项目管理班组中落实相关服务于工程造价控制的人员分工、职能分工和任务分工。

② 编制本阶段工程造价控制的工作计划和详细的工作流程图。

2. 经济工作的内容

① 编制资金使用计划,确定和分解各个子阶段工程造价控制目标。

② 对建设项目造价控制目标进行风险分析,并制定相应的防范措施。

③ 进行工程量计算。当工程采用单价合同形式时,在工程进行价款支付时,需要对已经完工的工程进行计量,用于支付工程款。

④ 复核工程付款账单,签发付款证书。工程价款的支付包括工程预付款和工程进度款的支付。工程预付款的支付额度及支付时间,进度款的付款周期、付款程序及付款额度,均为工程施工过程中造价控制的主要内容。

⑤ 在施工过程中进行工程造价的跟踪控制,须定期对投资偏差进行分析,分析偏差产生的原因并采取纠偏措施。

⑥ 协商确定工程变更的价款。

⑦ 审核竣工结算。

⑧ 对工程施工过程中的造价支出做好分析与预测,定期向发包方提交建设项目造价控制及其存在问题的报告。

3. 技术工作的内容

① 对设计变更进行经济技术比较,严格控制设计变更。

② 继续寻找能通过设计挖掘费用节省的可能性。

③ 审核承包人编制的施工组织设计,对主要施工方案进行经济技术分析。

4. 合同工作的内容

① 做好工程施工记录,保存各种文件图纸,特别是与施工变更有关的图纸,注意积累素材,为处理可能发生的索赔提供依据。

② 参与合同的修改、补充工作,处理索赔等事宜。

通过以上内容可知,建设工程实施阶段工程造价控制的主要工作是:做好工程计量,进行已完工程量的价款结算,根据工程变更调整工程价款,进行工程索赔价款的计算等等。其主要内容及程序如图 5-1 所示。

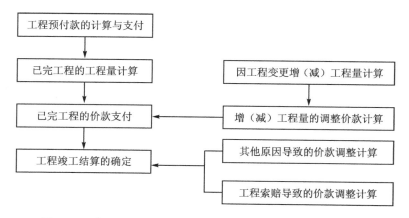

图 5-1 建设工程实施阶段工程造价控制的主要内容及程序图

学习任务 5.2 施工组织设计的基本常识

5.2.1 施工组织设计的概念

施工组织设计是指导土木工程施工的技术经济文件。实际操作过程中,施工组织设计应分阶段根据工程设计文件进行编制。通常来讲,施工组织设计存在以下 3 种类型:施工组织总设计、单位工程施工设计和分部(分项)工程施工设计。

1. 施工组织总设计

施工组织总设计是以整个建设项目为编制对象并指导施工的技术经济文件,旨在对整个建设工程的施工进行通盘考虑、全面规划,用以指导全场性的施工准备和有计划地运用施工力量,开展施工活动。它的主要作用是确定拟建工程的施工期限、施工顺序、主要施工方法、各种临时设施的需要量及现场总的布置方案等,并提出各种技术物资资源的需要量,为施工准备创造条件。从时间节点上看,施工组织总设计应在扩大初步设计批准后,依据扩大初步设计文件和现场施工条件,由建设总承包单位组织编制。在建设项目实施阶段,一般还应做好施工组织总设计的深化与调整,便于实施。

2. 单位工程施工设计

单位工程施工设计亦称单位工程施工组织设计,是以单项工程或单位工程为编制对象,用以直接指导建设工程施工的技术文件。在施工组织总设计和施工单位总的施工部署的指导下,单位工程施工设计具体地确定施工方案,安排人力、物力、财力,是施工单位编制作业计划和进行现场布置的重要依据,也是指导现场施工的纲领性技术文件。从时间节点上看,单位工程施工设计是在施工图设计完成后,由施工承包单位负责编制。

3. 分部(分项)工程施工设计

分部(分项)工程施工设计是以分部(分项)工程或冬、雨季施工等为对象编制的专门的、更为详尽的施工设计文件。

实际操作过程中,有时还需要进行施工组织条件设计。在不同设计阶段编制的施工组织设计文件,在内容和深度方面不尽相同,其作用也不一样。一般来讲,施工组织条件设计是概略的施工条件分析,提出实施设计思想的可能性,并作为施工条件和建筑生产能力配备的总体规划;施工组织总设计是对建设项目进行总体部署的战略性施工纲领;单位工程施工设计则是详尽的实施性的施工计划,用以具体指导现场施工活动。

5.2.2　施工组织设计的核心内容

施工组织设计的一般内容包括:工程概况,开工前施工准备,施工部署与施工方案,施工进度计划,施工现场平面布置图,劳动力、机械设备、材料和构件等供应计划,建筑工地施工企业的组织规划,主要经济技术指标的确定。

在上述几项基本内容中,施工部署与施工方案、施工进度计划、施工现场平面布置图是施工组织设计的核心内容。

1. 编制施工方案

编制施工方案包括施工方法和施工机械的选择、施工段的划分、工程开展顺序和施工安排等。编制与选择合理的施工方案是单位工程施工组织设计的核心。施工方案的合理与否直接关系到工程的进度、质量和成本,所以必须予以充分重视。施工方可以按下述顺序进行设计。

(1) 施工流向的确定

单位工程的施工流向是指施工活动在空间的展开与进程。对单层建筑要定出分段施工在平面上的流向;对多层建筑除了定出平面上的流向外,还要定出分层施工的流向。

(2) 施工顺序

单位工程的施工顺序是指分部工程(或专业工程)以及分项工程(或工序)在时间上展开的先后顺序。

(3) 选择施工方法和施工机械

施工方法和施工机械的选择是紧密相关的,它们是在技术上解决分部分项工程的施工手段。施工方法和施工机械的选择在很大程度上受结构形式和建筑特征的制约。结构选型和施工方案是不可分割的,一些大型工程,往往在结构设计阶段就要考虑施工方法,并根据施工方法确定结构计算模式。

2. 编制施工进度计划

单位工程施工进度计划以施工方案为基础,根据规定工期和技术物资的供应条件,遵循各施工过程合理的工艺顺序,统筹安排各项施工活动。其任务是为各施工过程指明一个确定的施工日期(即进出场的时间计划),并以此为依据确定施工作业所必需的劳动力和各种技术物资的供应计划。

施工进度计划通常采用水平图表(横道图)或网络计划图表达。

施工进度计划编制的一般步骤如下:

(1) 确定施工过程

根据结构特点、施工方案及劳动组织确定拟建工程的施工过程,包括直接在建筑物(构筑物)上施工的所有分部分项工程,一般不包括加工厂的构配件制作和运输工作。

(2) 计算工程量

工程量计算应根据施工图和工程量计算规则进行。为了便于计算和复核,工程量计算应按一定的顺序和格式进行。工程量计算的方法与工程预算类似。

(3) 确定劳动量和机械台班数

根据施工过程的工程量、施工方法和地方颁发的施工定额,并参照施工单位的实际情况,确定计划采用的定额(时间定额和产量定额),以此计算劳动量和机械台班数。

(4) 确定各施工过程的作业天数

计算各施工过程持续时间的方法一般有以下两种:

① 根据配备在某施工过程上的施工工人数量及机械数量确定作业时间。

② 根据工期要求倒排进度。

(5) 编制施工进度计划

编排施工进度计划的一般方法是首先找出并安排控制工期的主导施工过程,并使其他施工过程尽可能地与其平行施工或进行最大限度的搭接施工。在主导施工过程中,先安排其中主导的分项工程,而其余的分项工程则与它配合、穿插、搭接或平行施工。在编排时,主导施工过程中的各分项工程,各主导施工过程之间的组织,可以应用流水施工方法和网络计划技术进行设计,最后形成初步的施工进度计划。

(6) 编制资源计划

单位工程施工进度计划确定之后,可据此编制各主要工种劳动力需要量计划及施工机械、模具、主要建筑材料、构件、加工品等需要计划,以利于及时组织劳动力和技术物资的供应,保证施工进度计划的顺利执行。

3. 设计施工平面图

有的建筑工地秩序井然,有的则杂乱无章,这与施工平面图设计的合理与否有直接关系。单位工程施工平面图是施工组织设计的核心内容之一。

(1) 设计内容

单位工程施工平面图通常用1:200~1:500的比例绘制,一般应在图上标明下列内容:

① 建筑总平面上已建和拟建的地上和地下的一切房屋、构筑物及其他设施的位置和尺寸。

② 移动式起重机(包括有轨起重机)开行路线及垂直运输设施的位置。

③ 各种材料、半成品、构件以及工业设备等的仓库和堆场。

④ 为施工服务的一切临时设施的布置(包括搅拌站、加工棚、仓库、办公室、供水供电线路、施工道路等)。

⑤ 测量放线标桩、地形等高线、土方取弃场地。

⑥ 安全、防火设施。

(2) 设计步骤

① 确定起重机械的位置。

② 确定搅拌站、仓库和材料、构件堆场的位置。

③ 布置运输道路。

④ 布置行政管理及文化生活福利用临时设施。

⑤ 布置水电管网。

5.2.3　施工组织设计的评价

施工组织设计的编制,应考虑全局,抓住主要矛盾,预见薄弱环节,实事求是地做好施工全过程的合理安排。因此,建设单位还应组织相关单位、经济技术人员对其合理性进行一系列的评价,具体可从以下几方面着手:

1. 施工方案的评价

每一施工过程都可以采用多种不同的施工方法和施工机械来完成。确定施工方案时,应当根据现有的或可能获得机械的实际情况,首先拟定几个技术上可能的方案,然后从技术及经济上互相比较,从中选出最合理的方案,使技术上的可行性同经济上的合理性统一起来。

评价施工方案优劣的主要技术经济指标包括施工持续时间(工期)、成本、劳动消耗量、投资额。

2. 施工进度计划的评价

评价单位工程施工进度计划的质量,通常采用以下指标:

① 工期。

② 资源消耗的均衡性。对于单位工程或各个施工过程来说,每日资源(劳动力、材料、机具等)消耗力求不发生过大的变化,即资源消耗力求均衡。

③ 主要施工机械的利用程度。主要施工机械通常是指混凝土搅拌机、砂浆机、起重机、挖土机等。

3. 施工平面图的评价

评价施工平面图设计的优劣,可参考以下技术经济指标:

① 施工用地面积,在满足施工的条件下,要紧凑布置,不占和少占场地。

② 场内运输的距离,应最大限度地缩短工地内的运输距离,特别要尽可能避免场内两次搬动。

③ 临时设施数量,包括临时生活、生产用房的面积,临时道路及各种管线的长度等。为了降低临时工程费用,应尽量利用已有或拟建的房屋、设施和管线为施工服务。

④ 安全、防火的可靠性。

⑤ 工地施工的文明化程度。

学习任务 5.3　建设施工成本控制

5.3.1　用施工预算控制工程成本

1. 施工预算概述

施工预算是指为了适应施工企业管理的需要，按照项目核算的要求，根据施工图纸、施工定额（企业定额）、施工组织设计，考虑挖掘企业内部潜力，在开工前由施工单位编制的技术经济文件。

施工预算规定了单位工程或分部、分层、分段工程的人工、材料、施工机械台班消耗量和工程直接费，是施工企业加强经济核算、控制工程成本的重要手段。

（1）施工预算的编制内容

① 计算工程量。

② 套用施工定额（即企业定额）。

③ 人工、材料、机械台班用量分析和汇总。

④ 进行施工预算和施工图预算对比。

（2）施工预算的编制依据

① 经过会审的施工图、有关标准图和会议纪要等。

② 施工方案。

③ 施工定额。

④ 人工工资标准、材料价格、机械台班单价。

（3）施工预算的编制方法

① 实物法，是指根据施工图纸、施工定额，结合施工方案所确定的施工技术措施，计算出工程量后，再套用施工定额，分析人工、材料和机械台班的消耗量。

② 实物金额法，是指根据实物法计算出的人工、材料和机械台班的消耗量，分别乘以所在地区的工日单价、材料单价、机械台班单价，计算出人工费、材料费和机械台班费。

③ 单位估价法，是指根据施工图纸、施工定额计算出工程量后，套用施工定额基价，逐项计算出直接费后汇总单位工程、分项工程、分层及分段工程的工程直接费。

2. 对比"两算"

"两算"是指施工图预算和施工预算。前者是确定工程造价的依据，后者是施工企业控制工程成本的尺度。通过对比"两算"，可分析节约和超支的原因，以便提出解决问题的措施，防止工程成本的亏损，为降低工程成本提供依据。

对比"两算"的方法包括实物对比法和金额对比法。

（1）实物对比法

将由施工预算和施工图预算计算出的人工、材料和机械台班消耗量，分别填入"两算"对比表进行对比分析，计算出节约或超支的数量及百分比并分析原因，见表 5-1。

表 5-1　人工工日"两算"对比表

工程名称:×××会议室

建筑面积:54.08 m²

结构与层数:砖混结构、单层

序号	分部工程名称	施工预算/工日	施工图预算		对比分析			
			工日	占单位工程百分比/%	节约/工日	超支/工日	节约或超支占本分部工程百分比/%	节约或超支占单位工程百分比/%
(1)	(2)	(3)	(4)	(5)	(6)=(4)-(3)	(7)=(4)-(3)	(8)=(6)÷(4) (8)=(7)÷(4)	(9)=(5)×(8)
1	土方	28.85	42.13	14.82	13.28		31.52	4.67
2	砖石	53.28	63.46	22.33	10.18		16.04	3.58
3	脚手架	6.65	2.43	0.86		-4.22	-173.66	-1.49
4	混凝土	28.72	37.87	13.32	9.15		24.16	3.22
5	木结构	24.09	15.13	5.32		-8.96	-59.22	-3.15
6	楼地面	27.16	29.53	10.39	2.37		8.03	0.84
7	屋面	13.78	15.57	5.48	1.79		11.50	0.63
8	装饰	70.93	78.12	27.48	7.19		9.20	2.53
	小计	253.46	284.24	100	43.96 (节约:30.78)	-13.18		10.83

(2) 金额对比法

将由施工预算和施工图预算计算出的人工费、材料费和机械台班费分别填入"两算"对比表进行对比分析,计算出节约或超支的金额及百分比并分析原因,见表 5-2。

表 5-2　主要材料"两算"对比表

工程名称:×××会议室

建筑面积:54.08 m²

结构与层数:砖混结构、单层

序号	材料名称	单位	施工预算			施工图预算			对比分析						
									数量差			金额差			
			数量	单价/元	金额/元	数量	单价/元	金额/元	节约/元	超支/元	占比/%	节约/元	超支/元	占比/%
(1)	(2)	(3)	(4)	(5)	(6)=(4)×(5)	(7)	(8)	(9)=(7)×(8)	(10)=(7)-(4)	(11)=(7)-(4)	(12)=(10)÷(7) (12)=(11)÷(7)	(13)=(9)-(6)	(14)=(9)-(6)	(15)=(13)÷(9) (15)=(14)÷(9)
1	标准砖	千块	21.615	127.00	2745.11	21.639	127.00	2748.15	0.024		0.11	3.04		0.11
2	42.5 级水泥	t	10.266	160.00	1704.16	9.179	160.00	1523.71		-1.087	-11.84		-180.45	-11.84
3	52.5 级水泥	t	1.366	188.00	256.81	2.633	188.00	495.00	1.267		48.12	238.19		48.12

序号	材料名称	单位	施工预算			施工图预算			对比分析					
									数量差			金额差		
			数量	单价/元	金额/元	数量	单价/元	金额/元	节约/元	超支/元	占比/%	节约/元	超支/元	占比/%
4	φ4 冷拔丝	t	0.209	2171.00	453.74	0.209	2171.00	453.74	0		0	0		
												241.23	−180.45	
	小计				5159.82			5220.60				(节约:60.78)		

3. 签发施工任务单和限额领料单

用施工预算控制工程成本的另一方法便是向生产班组下达施工任务单和限额领料单。在施工前,施工队(或工程项目部)向生产班组下达施工任务单和限额领料单,在分部分项工程完工后,按两单结算付酬,从而在基本环节上控制人工、机械、材料的消耗量。

(1) 施工任务单

根据施工预算,以施工班组为对象,将应完成的工程量项目所需要的定额工日数、材料需用量分别填入施工任务单,以控制施工中的人工费与材料费。完工后通过质量验收,记录实耗工日数、材料量,并据此计算劳动报酬。施工任务单见表 5 - 3。

表 5 - 3　施工任务单

项目名称 _____　　　编　　号 _____　　　开工日期 _____

部位名称 _____　　　签 发 人 _____　　　交 底 人 _____

施工班组 _____　　　签发日期 _____　　　回收日期 _____

定额编写	分项工程名称	单位	定额工数		定额工数	实际完成情况				考勤记录	
			工程量	时间定额 定额系数		工程量	实需工数	实耗工数	工效/%	姓名	日期
	小计										

材料名称	单位	单位定额	定额数量	实需数量	实耗数量	施工要求及注意事项							
						验收内容	签证人						
						质量分							
						安全分							
						文明施工分		合计					

计划施工日期：　　月　　日～　　月　　日　　　　实际施工日期：　　月　　日～　　月　　日　　　工期超　　天　　拖　　天

（2）限额领料单

以施工班组为对象，根据施工任务单中应完成的工程项目所需要的材料需用量签发限额领料单，以控制施工中的材料用量与材料费用。工程结束后，计算实际耗用量，节约奖励，超支扣减酬劳。

限额领料单见表 5 - 4。

限额领料发放记录见表 5 - 5。

表 5 - 4　限额领料单　　　　　　　　　　　　　年　月　日

单位工程		施工预算工程量			任务单编号					
分项工程		实际工程量			执行班组					
材料名称	规格	单位	施工定额	计划用量	实际用量	计划单价	金额	级配	节约	超用

表 5-5　限额领料发放记录

月日	名称、规格	单位	数量	领用人	月日	名称、规格	单位	数量	领用人	月日	名称、规格	单位	数量	领用人

5.3.2　绘制工程成本分析控制图(表)

在施工过程中,可以绘制工程成本分析控制图(表),找出比较显著的成本差异,从而有针对性地采取有效措施,达到控制工程成本的效用。

成本差异计算公式如下:

$$目标偏差 = 实际成本 - 计划成本$$

或

$$目标偏差 = 实际偏差 + 计划偏差$$

其中:

$$实际偏差 = 实际成本 - 承包成本(合同价)$$
$$计划偏差 = 承包成本(合同价) - 计划成本$$

绘制工程成本分析控制图,将分部分项工程的承包成本、施工计划(预算)成本按时间顺序绘制成本折线图。一般将横坐标定义为时间,纵坐标定义为费用。在工程实施的过程中,将发生的实际成本绘制在图中,再进行比较分析,如图 5-2 所示。

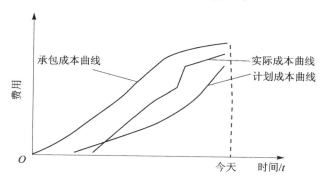

图 5-2　工程成本分析控制图

制定分部(分项)工程成本分析表进行比较分析,见表 5-6。

表 5 - 6　分部(分项)工程成本分析表

单位工程：

分部(分项)工程	计划成本(施工预算成本)			实际成本			成本分析				显著成本差异
							增加		减少		
	数　量	单　价	金　额	数　量	单　价	金　额	金　额	单　价	金　额	单　价	

5.3.3　控制工程成本的直接费用

1. 控制工程成本的直接人工费

在施工过程中,进行人工费的控制有较大的难度。尽管如此,我们可以从严格控制支出和按实签证两方面着手解决。

(1) 严格控制人工支出

按定额人工费控制施工中的人工费,尽量以下达施工任务单的方式承包用工,适当补充其他直接费、间接费。这是因为其他直接费中的内容,如夜间施工增加费、冬雨季施工增加费、材料二次或多次搬运费等费用含有人工费,属于该工程人工费的组成部分;由于承包方式不同,现场管理人员和企业管理人员相对减少,管理成本也相应降低,如此会给施工第一线的班组或承包队伍增加管理上的用工,从现场经费和企业管理费中适当补充一些人工费也是符合实际情况的。

(2) 按实签证

有些项目在施工过程中,若产生预算定额以外的用工项目,应按实签证。例如,由于建设单位的原因停止了供电,或者不能及时提供材料导致了停工,应及时签证;挖基础土方时,出现了埋在土内的旧管道,拆除废旧管道的用工应单独签证计算等等。

2. 控制工程成本的直接材料费

材料费在工程成本构成中占有很大的比例。由于材料种类、规格非常多,用量大,其成本变化的幅度比较大,因而施工单位应尽量控制好材料支出,才能在保证质量的同时降低成本。

材料费的控制一般从以下几方面考虑:

(1) 以最佳方式采购材料,控制材料采购成本

1) 选择适宜的采购地点、采购渠道,以降低采购成本

通常,同一种材料从生产厂家采购或从供应商处采购,价格是不同的。如果工程和材料生产厂家在同一地点时,显然应从厂家直接采购最合算;如果工程和材料生产厂家不在同一地点时,应计算分析采购费用(包括运杂费、采购人员发生的费用)后再决定选择直接向厂家采购还是由中间商供货。

2) 与供应商建立长期的合作关系

材料供应商往往给老客户较低的价格,以吸引老客户能与他们建立长期的合作关系,以薄利多销的策略经营建筑材料。施工单位与材料供应商之间的合作关系,除了有优惠的折扣,还有一种相互信任的关系,如质量、数量、付款方式等方面。

3）按工程进度计划采购材料

在各个施工阶段,明确施工现场需要多少材料进场,应以保证正常施工进度为原则。过多或不足都会增加其他相关费用,如存储费或停工费。因此,为了控制好材料成本,必须按施工进度计划采购材料。

（2）根据施工实际情况确定材料规格

在施工过程中,若材料品种确定后,材料规格的选择对节约材料有着重要的意义。例如,楼梯踏步贴瓷砖,当楼梯踏步长为 1350 mm,踏步宽为 300 mm,踏步高为 150 mm 时,选用哪种规格的地面砖较为合理? 通过调查得知,市场上符合楼梯用某品种地面砖有 350 mm×350 mm、400 mm×400 mm、450 mm×450 mm、500 mm×500 mm、600 mm×600 mm 等多种规格,假设该品牌地面砖各种规格的单价（每平方米）是相同的,如何选择最合理?

施工时楼梯踏步板和踢脚板贴瓷砖时,缝要对齐,因此只能选用一种规格,不能混用。分析如下:

① 以踏步宽计算:

350 mm×350 mm 规格:踏步板切割 1 次,丢掉 50 mm 宽;踢脚板切割 2 次,丢掉 50 mm 宽。

400 mm×400 mm 规格:踏步板切割 1 次,丢掉 100 mm 宽;踢脚板切割 2 次,丢掉 100 mm 宽。

450 mm×450 mm 规格:踏步板切割 1 次,分成 300 mm 宽和 150 mm 宽,无浪费。

500 mm×500 mm 规格:踏步板切割 1 次,分成 300 mm 宽和 150 mm 宽,丢掉 50 mm 宽。

600 mm×600 mm 规格:踏步板切割 1 次,分成 300 mm 宽 2 块,或切割 3 次分成 150 mm 宽 4 块,没有浪费。

结论:采用 450 mm×450 mm 规格或者 600 mm×600 mm 规格比较合理,无浪费。

② 以踏步长计算:

350 mm×350 mm 规格:1.35/0.35＝3.86 块≈4 块

400 mm×400 mm 规格:1.35/0.40＝3.38 块≈4 块

450 mm×450 mm 规格:1.35/0.45＝3 块

500 mm×500 mm 规格:1.35/0.50＝2.70 块＝3 块

600 mm×600 mm 规格:1.35/0.60＝2.25 块≈3 块

结论:采用 450 mm×450 mm 规格比较合理,无浪费。

综合上述两种计算结论,采用 450 mm×450 mm 规格无浪费,最经济合理。

（3）合理使用周转材料

对模板、金属脚手架等周转材料的合理应用,能达到节约和控制材料费的目的。要实现这一目标可以采取如下措施:

① 合理控制施工进度,减少模板的总投入量,提高其周转使用效率。占用的模板数量减少,会降低模板摊销费的支出。

② 控制好工期,做到不拖延工期或尽量合理提前工期,这样会降低脚手架的占用时间,充分提高脚手架的周转使用率。

③ 做好周转材料的保管、保养工作,及时除锈、防锈,通过增加周转次数达到摊销费用降低的目的。

（4）合理设计施工现场的平面布置

施工现场布置与材料费用有关的内容如下:

1）合理布置材料堆放场的位置

材料堆放场地布置合理是指根据现场施工的条件，合理布置各种材料或构件的堆放地点，尽量不发生或少发生二次搬运费，尽量减少施工损耗和其他损耗。

2）合理布置混凝土、砂浆搅拌站的位置

在没有使用商品混凝土的工地上，需要使用混凝土搅拌机、砂浆搅拌机。混凝土搅拌机、砂浆搅拌机的位置应设在与原材料和半成品运输地点之间的较短的一条线路上，这是因为较短的距离可以相对减少砂石、水泥等原材料或半成品混凝土、砂浆的运输损耗，从而达到控制材料费的目的。

学习任务 5.4　建设工程变更的控制

5.4.1　建设工程变更概述

1. 建设工程变更的概念

建设工程变更是指在施工过程中出现了与签约合同时的预计条件不一致的情况，而需要改变原定施工承包范围内的某些工作内容。建设工程变更包括设计变更、进度计划变更、施工条件变更、工程变更以及原招标文件和工程量清单中未包括的"新增工程"。

2. 建设工程变更的原因

建设工程施工阶段条件复杂，影响因素较多，出现建设工程变更是难以避免的。引起建设工程变更的原因是多方面的，可能来自建设单位（业主）、设计方、承包方或者监理人等。

(1) 建设单位（业主）提出的工程变更

建设单位对建设工程提出新的要求，如修改项目总计划、削减预算、更换不同材质的门窗等。例如，房地产开发商可能会因为规划条件的变化而改变建设项目的规模、标准甚至停建。

(2) 设计方提出的工程变更

如果设计上出现错误，那么设计单位必须对设计图纸进行修改，或者设计的预期与实际的现场条件出现较大差异，设计单位也需要修改或补充设计。

(3) 承包方提出的工程变更

一般情况下，承包方不得对原工程设计进行变更，但施工过程中对于承包方提出的合理化建议，经监理工程师同意后，可以对原工程设计或施工组织设计进行变更。

(4) 监理人提出的工程变更

随着我国涉外建设项目的增加，按照国际惯例，大部分工程采用《FIDIC 施工合同条件》。根据《FIDIC 施工合同条件》，监理人的主要职责包括对工程进行设计指导和技术指导，准备工程量报表和其他合同文件，对材料和工程质量进行检查，对工程进行测量和估价，确定额外工程价格等。该文件第一条明确说明，监理人可以根据本人或本单位的丰富经验，提出一些合理化建议，这些也可能导致工程变更。

(5) 自然原因造成的工程变更

由于施工现场的环境发生了变化，预定的工程条件不准确，如不利的地质条件的变化，特殊异常的天气变化以及不可抗力的自然灾害等。

(6) 其他原因造成的工程变更

由于使用新技术，有必要改变原设计、原施工方案，或者政府部门对建设项目有新的要求，如环境保护要求、城市规划要求等。

3. 建设工程变更的确认

由于工程变更会带来工程造价和工期方面的变化,为了有效地控制工程造价,不管是哪一方提出的工程变更,均应该由监理工程师确认,并签发工程变更指令。承包人收到变更指示后,应按变更指示进行变更工作。没有监理人的变更指示,承包人不得擅自变更。工程变更的一般过程如下:提出工程变更→分析提出的工程变更对项目的影响→分析有关合同条款和会议、通信记录→初步确定处理变更所需的费用、时间范围和质量要求(向业主提交变更详细报告)→确认建设工程变更。

4. 建设工程变更控制的意义

建设工程变更控制是施工阶段控制工程造价的重要内容之一。一般情况下,由于建设工程变更都会带来合同价的调整,而合同价的调整又是承发包双方利益的焦点。合理地处理好工程变更可以减少不必要的纠纷,保证合同的顺利实施,也有利于保护承发包双方的利益。

建设工程变更按照发生的时间划分,有以下几种情况:

① 工程尚未开始:此时变更只需对工程设计进行修改和补充。

② 工程正在施工:此时变更的时间通常比较紧迫,甚至可能发生现场停工,等待变更通知。

③ 工程已完工:此时变更,往往要返工处理。因此,应当尽可能避免工程完工后进行变更,既可以防止浪费,又可以避免一旦处理不好引起纠纷,损害投资者或承包商的利益,对项目目标控制不利。

建设工程变更也可以分为主动变更和被动变更。主动变更是指为了改善项目功能,加快建设速度,提高工程质量,降低工程造价而提出的变更;被动变更是指为了纠正人为的失误和自然条件的影响而不得不进行的设计工期的变更。

建设工程变更控制的意义在于能够有效控制不合理变更和工程造价,保证建设项目目标的实现。

5.4.2 建设工程变更的程序

1. 建设工程设计变更的程序

① 施工中发包人需对原工程设计进行变更,应提前14天以书面形式向承包人发出变更通知。变更超过原设计标准或批准的建设规模时,发包人应报规划管理部门和其他有关部门重新审查批准,并由原设计单位提供变更的相应图纸和说明。发包人办妥以上事宜后,承包人根据发包人变更通知并按工程师要求进行变更。因变更导致合同价款的增减以及造成的承包人损失,由发包人承担,延误的工期相应顺延。

② 承包人在施工中不得对原工程设计进行变更。因承包人擅自变更设计发生的费用和由此导致发包人的损失,由承包人承担,延误的工期不予顺延。

③ 承包人在施工中提出的合理化建议涉及对设计图纸、施工组织设计的更改及对材料、设备的换用,须经监理工程师同意,未经监理工程师同意擅自更改或换用时,承包人承担由此发生的费用,并赔偿发包人的有关损失,延误的工期不予顺延。

监理工程师同意采用承包人的合理化建议,所生的费用和获得的收益,发包人与承包人另行约定分担或分享。

建设工程变更程序一般由合同规定,最好的变更程序是在变更执行前,双方就办理工程变更中涉及的费用增加或造成损失签署补偿协议,以免因费用补偿的争议影响工程进度。

2. 建设工程其他变更的程序

合同履行中发包人要求变更工程质量标准或发生其他实质性变更,应由双方协商解决。只有双方协商一致,签署补充协议后,才可变更。

【例 5-1】 某工程地下室顶板设计厚度为 150 mm,承包商根据以往的施工经验,认为设计有问题,未报监理工程师,即按 200 mm 施工,多完成的工程量在计量时监理工程师(　　)。
A. 不予计量　　　B. 予以计量　　　C. 计量一半　　　D. 由业主与施工单位协商处理

分析:因施工方不得对工程设计进行变更,未经监理工程师同意擅自更改,发生的费用和由此导致发包人的直接损失,由承包人承担,故答案应为 A。

5.4.3　建设工程变更价款的确定

1. 建设工程变更后合同价款确定的程序

建设工程变更价款的确定应在双方协商的时间内,由承包商提出变更价款,报造价工程师批准后方可调整合同价或顺延工期。造价工程师对承包方所提出的变更价款,应按照有关规定进行审核、处理,主要情形有:

① 设计变更发生后,承包人在工程设计变更确定后 14 天内,提出变更工程价款的报告,经工程师确认后调整合同价款。

② 工程设计变更确认后 14 天内,如承包人未提出适当的变更价格,可视为该项变更不涉及合同价款的变更,则发包人可根据所掌握的资料决定是否调整合同价款和调整的具体金额。

③ 造价工程师收到变更工程价款报告之日起 14 天内,应予以确认。造价工程师无正当理由不确认时,自变更价款报告送达之日起 14 天后变更工程价款报告自行生效。

④ 重大建设工程变更涉及工程价款变更报告和确认的时限由承发包双方协商确定。收到变更工程价款报告一方,应在收到之日起 14 天内予以确认或提出协商意见,自变更工程价款报告送达之日起 14 天内,对方未确认也未提出协商意见时,视为变更工程价款报告已被确认。

⑤ 造价工程师不同意承包方提出的变更价款,可以和解或要求有关部门(如工程造价管理部门)调解。和解或调解不成的,双方可以采用仲裁或向法院起诉的方式解决。

⑥ 造价工程师确认增(减)的工程变更价款作为追加(减)合同价款与工程进度款同期支付。

⑦ 因乙方自身原因导致的工程变更,乙方无权追加合同价款。

建设工程变更后合同价款确定的程序如图 5-3 所示。

2. 建设工程变更后合同价款确定的方法

在建设工程变更确定后 14 天内,设计变更涉及工程价款调整的,由承包人向发包人提出,经发包人审核同意后调整合同价款。变更合同价款按照下列方法进行:

① 合同中已有适用于变更工程的价格,按合同已有的价格变更合同价款。

② 合同中只有类似于变更工程的价格,可以参照类似价格变更合同价款。

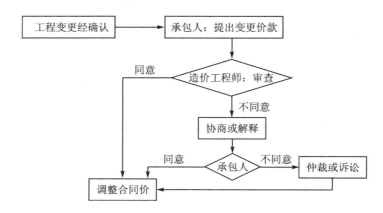

图 5-3　建设工程变更后合同价款确定程序图

③ 合同中没有适用或类似于变更工程的价格,由承包人或发包人提出适当的变更价格,经对方确认后执行。如双方不能达成一致,双方可提请建设工程所在地的工程造价管理机构进行咨询或按合同约定的争议或纠纷解决程序办理。

【例 5-2】　某工程项目原计划土方量为 12000 m^3,合同约定土方单价为 18 元/m^3。在施工过程中,业主提出增加一项新的土方工程,土方量为 4000 m^3,施工方提出 20 元/m^3,增加价款 4000 m^3×20 元/m^3=80000 元。施工方的工程价款计算能否被造价工程师支持?

【分析】　因合同中已有土方单价,应按合同单价执行,正确的工程价款为

$$4000 \text{ } m^3 \times 18 \text{ 元}/m^3 = 72000 \text{ 元}$$

故,80000 元不能被支持。

5.4.4　FIDIC 合同条件下的工程变更

1. 建设工程变更范围

FIDIC 组织编写了较多合同条件,本书所说的 FIDIC 合同条件是指由 FIDIC 编写的红皮书——《土木工程施工合同条件(第 4 版)》。FIDIC 合同条件授予监理工程师很大的工程变更权利。监理工程师可以根据施工进展的实际情况,在认为有必要对工程或其中的任何部分在形式、质量或数量方面作出任何变更时,有权发出工程变更指令,指示承包商进行下述工作:

① 增加或减少合同中所包括的任何工作的数量。

② 省略合同中所包括的任何工作。

③ 改变合同中所包括的任何工作的性质或质量或类型。

④ 改变工程任何部分的标高、基线、位置和尺寸。

⑤ 实施工程竣工所必需的任何种类的附加工作。

⑥ 改变工程任何部分的任何规定的施工顺序或时间安排。

当监理工程师决定更改由图纸所表现的工程以及更改作为投标基础的其他合同文件时,由工程师指示承包商进行变更。没有监理工程师的指示,承包商不得进行任何变更。当工程量的增加或减少不是由以上变更指令造成的,而是由于工程量超出或少于工程量表中规定的,则不必发出增加或减少工程量的指示。在特殊情况下,如由于承包商的原因违约或毁约应对此负有责任,导致监理工程师必须发出变更指示时,此时应由承包商承担费用。

2．工程变更估价

① 若监理工程师认为合同中规定的工程项目的价格适当,应以合同中规定的费率及价格进行估价。

② 若合同中未能包括适用于该变更工作的费率或价格时,应在合理范围内适用合同中的费率或价格作为估价基础。在监理工程师与业主和承包商适当协商之后,监理工程师和承包商商定一个合适的费率或价格。当双方意见不一致时,由监理工程师确定他认为合适的费率或价格,并通知承包商,同时将一份副本交给业主,以此费率或价格计算变更工程价款并与工程进度款同期支付。

③ 若监理工程师认为由于工作变更,合同中包括的任何工程项目的费率或价格已经变得不再不适用时,应由监理工程师与业主和承包商协商之后,监理工程师和承包商共同确定一个合适的费率或价格。当双方意见不一致时,由监理工程师确定他认为合适的费率或价格,并通知承包商,同时将一份副本交给业主,并以此费率或价格计算变更工程价款并与工程进度款同期支付。

在监理工程师的工程变更指示发出之日 14 天内,以及变更工作开始之前,承包商应向监理工程师发出索取额外付款或变更费率或价格的意向通知,或者是由监理工程师将其变更费率或价格的意向通知承包商,否则不应进行变更工程估价。

3．变更超过 15%

由于变更工作以及对工程量表中所列的估价工程量进行实测后所作的一切调整不包括暂列金额、计日工以及由于法规、法令、法律等变化而调整的费用,从而使合同价格的增减数值合计超过有效合同价(指不包括暂定金额及计日工补贴的合同价格)的 15%,经监理工程师与业主和承包商协商后,应在原合同价格中减去或加上承包商与工程师商议确定的一笔款额。如果双方未能达成一致意见,由监理工程师在考虑合同中承包商的现场费用和总管理费后予以确定,并相应地通知承包商,同时将一份副本交给业主。这笔款额仅仅以加上或减去超出有效合同价格 15% 的款额为基础。

4．计日工

若监理工程师认为必要或者可取时,可以发出指示,规定在计日工的基础上实施任何变更工作。对此类变更工作,应按合同中包括的计日工作表中所定项目和承包商在其投标书所确定的费率和价格向承包商付款。承包商应向监理工程师提供能证实所附款项的收据或其他凭证,并在订购材料前,向监理工程师提交订货报价单,并请其批准。

在该工程持续进行过程中,承包商应每天向监理工程师提交受雇从事该工作的所有工人的姓名、工种、工时的清单,一式两份;所有该项工程所用和所需的材料及承包商设备种类和数量报表,此报表不包括根据此类计日工作表中规定的附加百分比中包括的承包商设备,一式两份。

在每月末,承包商应向监理工程师送交一份上述所用劳务、材料和设备的标价报表,否则承包商无权获得任何款项。

5．按计日工作实施的变更

对于一些小的或者附带性的工作,监理工程师可以指示按计日工作实施变更。此时,应当按照包括在合同内的计日工作计划表进行估价。

在为工作订购货物前,承包商应向监理工程师提交报价单。当申请支付时,承包商应向监理工程师提交各种货物的发票、凭证,以及账单或收据。除计日工作计划表中规定不需支付任何项目外,承包商应向监理工程师提交每日的精确报表,一式两份,报表应当包括前一工作日使用的各项资源的详细资料。

学习任务 5.5　建设工程索赔的控制

5.5.1　建设工程索赔的概念

建设工程索赔是指在建设工程承包合同履行过程中,合同的一方由于合同的对方未履行或者未全面履行合同所规定的义务而遭受损失时,向对方提出赔偿要求的行为。建设工程索赔常常发生在施工阶段,合同的双方分别是发包人和承包人;索赔是双向的,既包括承包人向发包人的索赔,也包括发包人向承包人的索赔。对合同双方来说,索赔是维护自身合法权益的实现。

建设工程索赔有较广泛的含义,可以概括为如下三方面:

① 一方违约使另一方蒙受损失,受损方向对方提出赔偿损失的要求。

② 发生应由业主承担责任的特殊风险或遇到不利自然条件等情况,使承包商蒙受较大损失而向业主提出补偿损失要求。

③ 承包商本人应当获得的正当利益,由于没能及时得到监理工程师的确认和业主应给予的支付,而以正式函件向业主索赔。

5.5.2　建设工程索赔的原因

1. 当事人违约

当事人违约表现为没有按照合同约定履行自己的义务。在建筑工程承包合同中,当事人违约分别表现为发包人违约和承包人违约。

(1) 发包人违约

发包人违约一般表现为发包人未按合同约定完成各项义务。例如,没有为承包人提供合同约定的施工条件、未按照合同约定的期限和数额付款等。若工程师未能按照合同约定完成工作,如未能及时发出图纸、指令等也视为发包人违约。

(2) 承包人违约

承包人违约一般表现为承包人未能履行各项义务,未能按照合同约定的质量、期限完成施工,或者由于不当行为给发包人造成其他损失。

2. 不可抗力事件

不可抗力事件可以分为自然事件和社会事件。自然事件主要是不利的自然条件和客观障碍,如在施工过程中遇到了经现场调查无法发现、业主提供的资料中也未提到的、无法预料的情况,如地下水、地质断层,以及风、雪、洪水、地震等;社会事件则包括国家政策、法律、法令的变更,战争、动乱、罢工、火灾等。

【例 5-3】　某隧道工程开挖工程中,承包人在某一区段遇到了比合同标明更坚硬的岩石,使开挖工作更加困难,导致工期拖延了 5 个月。此种情况即是承包人遇到了与原合同规定不同的、无法预料的不利自然条件,监理工程师应给予证明,发包人应当给予工期延长及相应的额外费用赔偿。

3. 合同缺陷

合同缺陷表现为合同文件规定不严谨或者其中内容出现矛盾、遗漏或错误。如果由于合同文件缺陷导致承包人成本增加或工期延长,发包人应当给予补偿。

4. 合同变更

合同变更表现为设计变更、施工方法变更、追加或者取消某些工作、合同其他规定的变更等。

5. 监理工程师指令

监理工程师指令有时也会产生索赔,如监理工程师指令承包人加速施工、进行某项额外工作、更换某些材料、采取某些措施等。

6. 其他第三方原因

其他第三方原因常常表现为在工程合同履行的过程中与工程有关的第三方的问题而引起的对本工程的不利影响。

5.5.3　建设工程索赔的分类

1. 按索赔的合同依据分类

按索赔的合同依据可以将建设工程索赔分为合同中明示的索赔和合同中默示的索赔。

(1) 合同中明示的索赔

合同中明示的索赔是指承包人所提出的索赔要求,在该工程项目的合同中能找到相应依据,承包人可以据此提出索赔要求,并取得经济补偿,如工程变更造成的索赔。这些在合同文件中有文字规定的合同条款,称为明示条款。

(2) 合同中默示的索赔

合同中默示的索赔,即承包人的该项索赔要求,虽然在工程项目的合同条款中没有专门的文字叙述,难以在合同中直接找到,但可以根据该合同的某些条款的含义,推论出承包人有索赔权。这种索赔要求,同样具有法律效力,有权得到相应的经济补偿。这种具有经济补偿含义的条款,在合同管理工作中被称为"默示条款"或"隐含条款"。

2. 按索赔涉及的当事人分类

(1) 承包商与业主之间的索赔

例如,业主提供的图纸不完善,工程在招标范围划分描述不清晰准确等原因所引起的索赔。

(2) 承包商与分包商之间的索赔

总承包商与分包商之间所签订的分包合同,都包含向对方提出索赔的权利,以维护自己的权益,获得额外开支的经济补偿。

(3) 承包商与供货商之间的索赔

在工程材料采购中,承包商可以就不合格的材料向供货商提出索赔。

3．按索赔要求分类

按索赔要求可以将建设工程索赔分为工期索赔和费用索赔。

（1）工期索赔

由于非承包人责任的原因而导致施工进程延误，要求批准顺延合同工期，推迟合同工期的索赔，称之为工期索赔。工期索赔形式上是对权利的要求，以避免在原定合同竣工日不能完工时，被发包人追究拖期违约责任。一旦获得批准合同工期顺延后，承包人不仅免除了承担拖期违约赔偿费的严重风险，而且可能提前工期得到奖励，最终仍反映在经济收益上。

（2）费用索赔

费用索赔的目的是要求经济补偿，补偿损失费用，调整合同价格等。当施工的客观条件改变或者由于发包人的原因导致承包人增加开支时，对超出计划成本的附加开支要求给予费用补偿，目的是挽回不应由承包商自己承担的经济损失。

4．按索赔处理方式分类

（1）单项索赔

单项索赔一般采取一事一索赔的方式，即对某一干扰事件提出的索赔。单项索赔是施工索赔通常采用的形式，它可以避免多项索赔之间的相互影响，解决起来比较容易。

（2）综合索赔

综合索赔俗称"一揽子"索赔，是指在工程竣工前，承包商对工程中所发生的多起索赔事件集中起来，提出一份综合索赔报告，合同双方在工程支付前后进行最终谈判，以一揽子方案解决问题。这是国际承包工程中经常采用的索赔处理和解决方法。

5．按索赔事件的性质分类

（1）工程延误索赔

因发包人未按合同要求提供施工条件，如未及时交付设计图纸、施工现场、道路等，或因发包人指令工程暂停或不可抗力事件等原因造成工期拖延的，承包人对此提出索赔。这是工程中常见的一类索赔。

（2）工程变更索赔

由于发包人或监理工程师指令增加或减少工程量，或增加附加工程、修改设计、变更工程顺序等，造成工期延长和费用增加，承包人对此提出的索赔。

（3）合同被迫终止的索赔

由于发包人或承包人违约以及不可抗力事件等原因造成合同非正常终止，无责任的受害方因其蒙受经济损失而向对方提出的索赔。

（4）工程加速索赔

由于发包人或监理工程师指令承包人加快施工速度，缩短工期，引起承包人人、财、物的额外开支而提出的索赔。

（5）意外风险和不可预见因素索赔

在工程实施过程中，因人力不可抗拒的自然灾害，特殊风险以及一个有经验的承包人通常不能合理预见的不利施工条件或外界障碍，如地下水、地质断层、溶洞、地下障碍物等引起的索赔。

(6) 其他索赔

如因货币贬值、汇率变化、物价、工资上涨、政策法令变化等原因引起的索赔。

5.5.4　建设工程索赔的程序

1. 承包人提出索赔申请

索赔事件发生 28 天内,向监理工程师发出索赔意向通知。合同实施过程中,凡不属于承包人责任导致的项目拖期和成本增加事件发生后的 28 天内,必须以正式函件通知监理工程师,声明对此事项要求索赔,同时仍须遵照工程师的指令继续施工。逾期申报时,监理工程师有权拒绝承包人的索赔要求。

2. 承包人发出索赔报告

发出索赔意向通知后 28 天内,承包商向监理工程师提出追加的估款金额和需延长的工期的索赔报告及包括详细的索赔理由的相关资料等。

3. 监理工程师审核承包人的索赔申请

监理工程师在收到承包人送交的索赔报告和有关资料后,于 28 天内给予答复,给予批准或者不批准的具体意见,或要求承包人进一步补充索赔理由和证据。若监理工程师在收到最终索赔报告后 28 天内,没有给出任何答复,视为已经认可该项索赔报告。

4. 承包人阶段性索赔

当该索赔事件持续进行时,承包人应当阶段性向监理工程师发出索赔意向,在索赔事件终了后 28 天内,向监理工程师提供索赔的有关资料和最终索赔报告。

5. 监理工程师与承包人谈判

如果在处理的过程中,监理工程师和承包人就索赔事件的责任、索赔金额、工期延长时间等不能达成一致时,监理工程师可以提出一个他认为合理的价格作为处理意见,报送业主并同时通知承包人。

6. 发包人审批监理工程师的索赔处理证明

发包人收到监理工程师提出的索赔证明后,应依照合同对其审批回复。

7. 承包人接受或者不接受最终的索赔决定

若接受,则此起索赔事件宣告结束;反之,若不接受,可以参照合同纠纷处理方式解决。

5.5.5　建设工程索赔的费用

1. 人工费

可索赔的人工费包括增加工作内容的人工费、停工损失费和工作效率降低的损失费等。其中,增加工作量部分所涉及的人工费应按照计日工费计算;而停工损失费和工作效率降低的损失费按窝工费计算。窝工费的索赔标准双方在合同中约定。

2. 材料费

可索赔的材料费包括完成合同范围之外的额外增加的工程量所增加的材料费,由于发包人责任的工期延误所导致材料价格上涨和付出了超期的储存费，或者发包人的原因所导致材料实际用量超过计划用量而增加的材料费等。

3. 机械设备使用费

可索赔的机械设备使用费表现为机械台班费、机械折旧费、设备租赁费等几种形式。当工作内容增加引起的设备费索赔时，设备费的标准按照机械台班费计算。因窝工引起的设备费索赔，当施工机械属于施工企业自有时，按照机械折旧费计算索赔费用；当施工机械是施工企业从外部租赁时，索赔费用的标准按照设备租赁费计算。

4. 保函手续费

工程延期时，保函手续费相应增加；反之，取消部分工程且发包人与承包人达成提前竣工协议时，承包人的保函金额相应折减，则计入合同价内的保函手续费也应扣减。

5. 利息

一般为发包人延期付款利息，错误扣款的利息，索赔款的利息等。

6. 利润

在整个工程范围内所涉及的工程变更、文件缺陷或施工条件变化所引起的索赔，承包人可以合适的利润百分比计算利润。

7. 管理费

此项费用可分为现场管理费和公司管理费两部分，由于二者的计算方法有所不同，所以在审核过程中应区别对待。

5.5.6 建设工程索赔的计算

1. 工期索赔的计算

(1) 比例法

在工程实施中，业主(建设单位)推迟设计资料、设计图纸、建设场地、行驶道路等条件的提供，会直接造成工期的推迟或中断，从而影响整个工期。通常，上述活动的推迟时间可直接作为工期的延长天数。但是，当提供的条件能满足部分施工时，应按比例法计算工期索赔值。比例法计算起来比较简单，但有时不完全符合具体实际的情况。比例法一般不适用变更施工次序、加速施工或者删减工程量等事件的索赔情况。

【例5-4】 某承包建设工程，承包商总承包该工程的全部设计和施工任务。合同规定，业主应于2011年5月初向承包商提供全部设计资料。该工程的主要结构设计部分占80%，其他轻型结构和零星设计部分占20%。但是，在合同实施过程中，业主在2011年12月至2012年5月之间才陆续将主要结构设计资料交付齐全，其余资料在2012年5月至2012年10月才交付齐全(设计资料交付时间有资料交接表及交接手续为证)。

请问：承包商提出工期拖延索赔时间是多少？

【解】 根据以上资料可知，对于主要结构设计资料的提供时间应取2011年12月初至2012年5月末的中间值，即为2012年2月末；其他结构设计资料的提供时间应取2012年5月初至2012年10月末的中间值，即为2012年7月末。综合这两方面的日期，两个中间值相差5个月，按比例以二者平衡点的时间作为全部设计资料的提供时间，据以推算承包商提出工期拖延索赔时间。

假设主要结构设计资料的提供时间（2012 年 2 月末）与二者平衡点时间相差 x，则根据图 5-4 所示列出计算公式及计算结果为

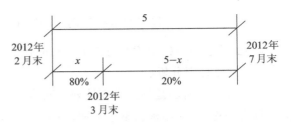

图 5-4　综合平衡日期示意图

$$x \times 80\% = (5-x) \times 20\%$$
$$0.8x = 1 - 0.2x$$
$$x = 1$$

由此可以推算出，该承包工程全部设计资料的提供时间为 2012 年 3 月末，承包商提出工期拖延索赔时间为 11 个月（由 2011 年 5 月初拖延至 2012 年 3 月末）。

值得强调的是，在实际施工过程中，某些干扰事件仅仅影响部分分项工程，若要分析其对总工期的影响，也可采用比例法进行分析、计算。

【例 5-5】　某建设工程施工过程中，业主推迟工程室外楼梯设计图纸的批准，使该楼梯的施工延期 20 周。该室外楼梯工程的合同造价为 50 万元，而整个工程的合同总价为 500 万元，则承包商应提出索赔工期是多少？

【解】　根据以上资料计算如下：

$$总工期索赔 = \frac{室外楼梯工程的合同价}{工程合同总价} \times 该部分工程工期拖延量 = \frac{50\ 万元}{500\ 万元} \times 20\ 周 = 2\ 周$$

故承包商应提出索赔工期为 2 周。

【例 5-6】　某建设工程合同总价为 400 万元，总工期为 12 个月，现业主指令增加附属工程的合同价为 50 万元，则承包商应提出索赔工期是多少？

【解】　根据以上资料计算如下：

$$总工期索赔 = \frac{增加附属工程的合同价}{原工程合同总价} \times 原合同总工期 = \frac{50\ 万元}{400\ 万元} \times 12\ 个月 = 1.5\ 个月$$

故承包商应提出索赔工期为 1.5 个月。

（2）相对单位法

由于工程变更会引起劳动量的变化，此时可以用劳动量相对单位法来计算工期索赔值。

【例 5-7】　某建设工程合同规定的工期为：土建工程 30 个月，安装工程 6 个月。现以一定量的劳动力需要量作为相对单位，合同所规定的土建工程可折算为 520 个相对单位，安装工程可折算为 140 个相对单位。另外，合同规定，在工程量增减 5% 的范围内，承包商不能要求工期补偿。该建设工程在实际施工中，土建和安装各分项工程量都有较大幅度的增加。通过计算，实际土建工程量增加了 110 个相对单位、安装工程量增加了 50 个相对单位。对此，承包商应提出索赔工期是多少？

【解】　（1）考虑工程量增加 5% 作为承包商的风险：

土建工程为：520 个相对单位 ×（1+5%）=546 个相对单位

安装工程为：140 个相对单位 ×（1+5%）=147 个相对单位

（2）计算索赔工期：

$$土建工程索赔工期 = 30\ 个月 \times \left(\frac{520+110}{546} - 1\right) \approx 4.6\ 个月$$

$$安装工程索赔工期＝6 个月 \times \left(\frac{140+50}{147} - 1 \right) \approx 1.8 个月$$

因此,承包商应提出索赔总工期＝4.6 个月＋1.8 个月＝6.4 个月。

（3）网络计划分析法

网络计划分析法是利用进度计划的网络图,分析关键路线。如果拖延的工作在关键路线上就称为关键工作,会延长整个工期,该关键工作所拖延的工期时间应该为批准的顺延事件。简单地说,就是通过分析干扰事件发生前后的网络计划,对比两种工期的计算结果,进而计算工期索赔时间值。

【例 5－8】 中国西部某市一承包商于某年 3 月 6 日与该市一名业主签订了一项施工合同。合同规定:

① 业主应于 3 月 14 日提交施工场地。

② 开工日期为 3 月 16 日,竣工日期为 4 月 22 日,合同日历工期为 38 天。

③ 工期每提前一天奖励 3000 元,每延误一天罚款 5000 元。承包商按时提交了施工方案和网络进度计划(如图 5－5 所示),并得到了业主代表的批准。

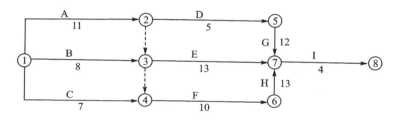

图 5－5　施工进度计划网络图

在施工过程中发生了如下一些事项:

① 因部分原有设施搬迁,致使施工场地的提供时间被延误,业主直至 3 月 17 日才提供全部场地,从而影响了 A、B 两项工作的正常作业,使该两项工作的持续时间均延长了 2 天,并使这两项工作分别窝工 6 个和 8 个工日。工作 C 没有受到影响。

② 承包商与设备租赁商原约定工作 D 使用的机械在 3 月 27 日进场,但由于运输问题推迟到 3 月 30 日才进场,造成工作 D 持续时间增加了 1 天,同时多用人工 7 个工日。

③ E 工作施工过程中,因设计变更,造成其施工时间增加了 2 天,多用人工 14 个工日,另增加其他费用 15000 元。

问题:(1) 在上述事项中,哪些方面承包商可以向业主提出索赔的要求?简述理由。

（2）该工程实际工期为多少天?可得到的工期补偿为多少天?

（3）假设双方规定人工费标准为 30 元/天,双方协商的窝工人工费补偿标准为 18 元/天,管理费、利润等不予补偿,则承包商可得到的经济补偿是多少?

【解】 问题(1):事项①可以提出工期补偿和费用补偿的要求。因为按合同要求提供施工场地是业主的工作内容,延误提供施工场地属于业主应承担的责任,并且工作 A 处于关键路线上。

事项②不可以提出索赔要求。因为租赁设备延迟进场属于承包商自身应承担的责任。

事项③索赔成立。设计变更的责任在业主,但由于受影响的工作 E 不在关键路线上(不是关键工作),且工期增加的时间(2 天)没有超过该项工作的总时差(10 天),故承包商只可以提出费用补偿的要求。

问题(2):该网络进度计划原计算工期为 38 天,关键路线为 A—F—H—I 或 1—2—3—4—6—7—8。发生各项变更后,其实际工期为 40 天,关键路线仍为 A—F—H—I 或 1—2—3—4—6—7—8。如果只考虑应由业主承担责任的各项变更,将其被延误的工期计算到总工期中,则此时计算工期为 40 天,关键路线仍为 A—F—H—I;工期补偿为 40 天 − 38 天 = 2 天。

问题(3):承包商可得到的费用补偿 = [(6 + 8) × 18]元 + (14 × 30)元 + 15000 元

$$= 15672 \ 元。$$

(4) 平均值计算法

平均值计算法是指当某工程包含多个分项工程时,通过计算业主的行为对各个分项工程的影响程度,然后综合得出应该索赔工期的平均值的方法。

【例 5 - 9】　施工承包合同规定,某建设工程 A、B、C、D 4 个分项工程由业主供应水泥。在实际施工中,业主未按合同规定的日期供应水泥,造成停工待料。根据现场工程有关资料和合同双方的有关文件证明,由于供应水泥不及时对施工造成的停工时间如下:

A 分项工程:15 天

B 分项工程:8 天

C 分项工程:10 天

D 分项工程:11 天

承包商在一揽子索赔中,对业主由于材料供应不及时造成施工工期延长提出工期索赔的计算如下:

总延长天数:15 天 + 8 天 + 10 天 + 11 天 = 44 天

平均延长天数:44 天 ÷ 4 = 11 天

工期索赔值:11 天

(5) 其他方法

在实际工程中,工期索赔值的计算方法多种多样。例如,在干扰事件发生前由双方协商,在变更协议或其他附加协议中直接确定补偿天数;或者按实际工期延长记录确定补偿天数等。

2. 费用索赔的计算

(1) 分项法

分项法又称实际费用法,是指按照各索赔事件所引起损失的费用项目分别分析计算索赔值,然后将各费用项目的索赔值汇总,即可得到总索赔费用值。这种方法以承包商为某项索赔工作所支付的实际开支为依据,但仅限于由于索赔事项引起的、超过原计划的费用,故也称额外成本法。在这种计算方法中,需要注意的是不要遗漏费用项目。

分项法能反映实际情况,比较科学、合理,容易被人们普遍接受,是工程费用索赔中最常用的一种方法。

【例 5 - 10】　某工程因设计资料的拖延引起额外费用,采用分项法计算费用索赔值见表 5 - 7。

表 5-7　索赔费用计算表(分项法)

序 号	索赔费用	费用/元
1	现场管理人员工资损失	25000
2	工地上不经济地使用劳动力损失	5000
3	现场管理人员和工人膳食补贴增加	6000
4	工地办公费增加	3000
5	工地交通费增加	3500
6	工地施工机械费用增加	25000
7	保险费增加	18000
8	分包商索赔	45000
9	总部管理费(1~8 项之和×10%)	13050
	索赔费用总计	143550

采用分项法计算费用索赔值,通常分以下 3 步进行:

① 分析每个或每类干扰事件影响哪些费用项目,这些费用项目通常应与合同报价中的费用项目一致。

② 确定各费用项目索赔值的计算基础和计算方法,然后计算每个费用项目受干扰事件影响后的成本或费用值,再与原合同报价对比,求取该费用的索赔值。

③ 将各费用项目的计算值列表汇总,计算总费用索赔值。

(2) 总费用法

总费用法是以承包商的额外成本为基础加上管理费用和利润等附加费作为费用索赔值,即承包商对索赔事件索赔金额的计算方法是一种成本加酬金的计算方法。

【例 5-11】 某工程原合同报价如下:

现场成本(工程直接费+工地管理费):5000000 元

公司管理费(现场成本×8%):400000 元

利润、税金[(现场成本+公司管理费)×10%]:540000 元

合同总价:5940000 元

在实际施工中,由于业主的原因造成现场实际成本增加 200000 元,支付利息费用 10000 元,试采用总费用法计算费用索赔值。

【解】 采用总费用法计算如下:

现场成本增加量:200000 元

公司管理费(现场成本增加量×8%):16000 元

支付利息(按实际发生计算):10000 元

利润、税金[(现场成本+公司管理费+利息)×10%]:22600 元

费用索赔值:248600 元

值得强调的是,采用总费用法计算费用索赔值应符合以下条件:

① 合同实施过程中的总费用核算是准确的;工程成本核算符合认可的会计原则;成本分摊方法、分摊基础选择合理;实际成本与报价成本所包括的内容是一致的。

② 承包商的报价是合理的,反映了实际情况。

③ 费用损失的责任,或干扰事件的责任与承包商无任何关系。

④ 合同争执的性质不适合其他计算方法确定索赔值,例如特殊的附加工程,业主要求加速施工,承包商向业主提供特殊服务,等等。

（3）修正的总费用法

修正的总费用法是对总费用法的改进,即在总费用计算的原则上,将一些不合理的因素去掉,对总费用法进行相应的调整,使其更合理。计算费用索赔值时,由于一些不合理的因素（事件）导致不能完全符合总费用法的计算条件,可采用修正的总费用法。

（4）因素分析法

因素分析法又称为连环替代法,是指将某一综合性指标分解成若干影响因素指标,然后将各影响因素指标按照客观存在的联系采取连乘形式。在分析过程中,要注意各影响因素的排列顺序,即数量指标在前、质量指标在后,实物指标在前、价值指标在后,基本指标在前、从属指标在后,相邻的影响因素指标相乘具有经济意义。例如:

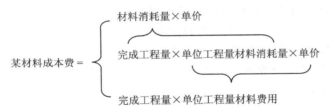

采用因素分析法计算索赔值的好处在于能反映各影响因素指标对费用索赔总值的影响程度,找到主要因素或明确重点,及时制定相应对策或措施。

【例 5 - 12】 某分项工程计划工程量为 850 m³,由于采取了一定的技术和组织措施,完成实际工程量 830 m³ 便达到了设计要求。但是,从该分项工程成本核算中发现某种材料实际费用为 73372 元,比计划材料费 71400 元增加了 1972 元。试采用因素分析法分析该种材料成本上升的原因。

【解】 通过上述资料可知,影响材料成本费用的因素包括完成工程量、单位工程消耗量（单耗）和单位材料价格（单价）,因此可以对材料成本变动采用因素分析法进行分析,分析资料及分析过程见表 5 - 8。

表 5 - 8　某材料成本变动影响因素分析表（因素分析法）

影响因素	单　位	计　划 ①	实　际 ②	指数（相对比较）③＝②÷①	增减量（绝对比较）④＝②－①	影响因素变动引起成本绝对变动		
						变动性质	工程量×单耗×单价	成本的绝对变动
工程量	m³	850	830	97.647%	−20	工程量减少	④×①×① −20×0.28×300	−1680
单耗	t/m³	0.28	0.26	92.857%	−0.02	单耗降低	②×④×① 830×（−0.02）×300	−4980

影响因素	单 位	计 划	实 际	指数（相对比较）	增减量（绝对比较）	影响因素变动引起成本绝对变动		
		①	②	③=②÷①	④=②−①	变动性质	工程量×单耗×单价	成本的绝对变动
单价	元/t	300	340	113.333%	40	价格上涨	②×②×④ 830×0.26×40	8632
材料成本	元	71400	73372	102.762%	1972	综合影响	(−1680)+(−4980) +8632	1972

表5-8因素分析数据表明，影响材料成本的因素及原因如下：

实际工程量比计划工程量减少 20 m³，是计划工程量的 97.647%，使材料费下降了 1680 元。

实际单耗比计划单耗减少 0.02 t/m³，是计划单耗的 92.857%，使材料费下降了 4980 元。

实际单价比计划单价上涨 40 元/t，是计划单价的 113.333%，使材料费上升了 8632 元。

3 种因素综合影响的结果是，实际材料费用比计划材料费用上涨了 2.762%，多花 1972 元。因此，采取的对策是向甲方索取价格补贴 8632 元。如果能得到价格差异补偿 8632 元，则该分项工程的材料费可以节省 6660 元(1680 元+4980 元)。

学习任务 5.6　建设工程价款结算

5.6.1　建设工程价款结算的意义

建设工程价款结算是指承包商在工程实施过程中，依据承包合同中关于付款条款的规定和已经完成的工程量，并按照规定的程序向建设单位（业主）收取工程价款的一项活动。

工程价款结算是建设工程承包中十分重要的工作之一，主要表现在以下几方面：

(1) 工程价款结算是反映工程进度的主要指标

在施工过程中，工程价款结算的依据之一是已经完成的工程量。承包商完成的工程量越多，应结算的工程价款就越多。因而根据累计已结算的工程价款占合同总价款的比例，能够近似地反映出工程的进度情况，有利于准确掌握工程进度。

(2) 工程价款结算是加速资金周转的重要环节

对于承包商来说，只有当工程价款结算完毕，才意味着其获得了工程成本和相应的利润，实现既定的经济效益和经营目标。

(3) 工程价款结算是考核经济效益的重要指标

对于承包商来说，只有工程价款如数结算，才意味着完成了"惊险一跳"，避免了经营风险，承包商也才能获得相应的利润，进而达到良好的经济效益。

5.6.2　我国建设工程价款结算的主要方式

建设产品具有单件性、生产周期长等特点。此特点决定其工程价款结算应采取不同的方

式进行。我国现行工程价款结算根据不同情况,常采用以下几种方式:

(1) 按月结算与支付

按月结算与支付是指实行按月支付进度款,竣工后清算的办法。合同工期在两个年度以上的工程,在年终进行工程盘点,办理年度结算。

(2) 分段结算与支付

分段结算与支付是指当年开工、当年不能竣工的工程按照工程形象进度,划分不同阶段支付工程进度款。具体划分在合同中予以明确。

(3) 竣工后一次结算

建设项目或单项工程全部建筑安装工程建设期在 12 月以内,或工程承包合同价在 100 万以下者,可实行工程价款每月月中预支,竣工后一次结算,即合同完成后承包人与发包人进行合同价款结算,确认的工程价款为承发包双方结算的合同价款总额。

(4) 目标结算方式

在工程合同中,将承包工程的内容分解成不同控制面(即验收单元),以业主验收控制界面作为支付工程价款的前提条件。换句话说,也就是将合同中的工程内容进行分解成若干验收单元,承包商完成单元工程内容并经工程师验收合格,业主支付该单元工程价款。控制单元的设定在合同中应有明确的描述,目的是便于量化和质量控制,适应项目资金的支付频率。

在目标结算方式下,承包商要想获得工程价款,必须按照合同约定的质量标准完成控制面工程内容,要想尽快获得工程价款,承包人必须充分发挥自己的组织实施能力,在保证质量的前提下,加快施工进度。可见,目标结算方式实质上是运用合同手段、财务手段对工程的完成进行主动控制。

(5) 合同双方约定的其他结算方式

合同双方可以约定建设工程价款的其他结算方式。

5.6.3　建设工程价款的静态结算

施工企业承包工程通常采用包工包料方式,这就需要有一定的备料资金。建设工程施工合同订立后,发包人按照合同约定,在正式开工前预先支付给承包人的工程款,称为工程预付款。由于它是施工准备所需主要材料和构件等流动资金的主要来源,常被称为工程预付备料款。

实行工程备料款的,双方应在专用条款内约定发包人向承包人预付工程款的时间和数额,以及开工后扣回工程预付款的时间和比例。《建设工程价款结算暂行办法》(财建[2004]369号)第十二条第(一)款规定:包工包料工程的预付款按合同约定拨付,原则上预付比例不低于合同金额的 10%,不高于合同金额的 30%,对重大工程项目,按年度工程计划逐年预付。实行工程量清单计价时,实体性消耗和非实体性消耗部分应在合同中分别约定预付款比例。该办法第十二条第(二)款规定:在具备施工条件的前提下,业主应在双方签订合同后的一个月内或不迟于约定的开工日期前的 7 天内预付工程款。业主不按约定预付,承包人在约定预付时间10 天后向发包人发出要求预付的通知,业主收到通知后仍不能按要求预付,承包人可在发出通知 14 天停止施工,业主应从约定应付之日起向承包人支付应付的贷款利息(利息按同期银行贷款利率计),并承担违约责任。

1. 预付工程款(工程备料款)的限额

决定预付工程款限额的因素包括主要材料占工程造价比重、材料储备期、施工工期。预付

款计算方式有以下两种:

(1) 施工单位常年应备的备料款限额

$$工程备料款额度 = \frac{年度承包工程总值 \times 主要材料所占比重}{年度施工日历天数} \times 材料储备天数$$

(2) 工程备料款数额

工程备料款数额=年度建筑安装工程合同价×预付备料款比例额度

《建设工程价款结算办法》第十二条第(一)款规定:包工包料工程的预付款按合同约定拨付,原则上预付比例不低于合同金额的10%,不高于合同金额的30%;对于重大建设项目,按年度工程计划逐年预付。

一般建筑工程不应超过当年度建筑工作量(包括水、电、暖)的30%,安装工程按年度安装工作量的10%计算,材料占比重较大的安装工程按年计划产值15%左右拨付。对于只包定额工日的工程项目,可以不付备料款。

【例5-13】 某建设工程承包合同规定,工程备料款按当年工程量的25%计算,该工程当年工程量合同价为400万元。试计算工程备料款数额。

【解】 工程备料款数额=400万元×25%=100万元

2. 工程备料款的扣回

① 工程备料款可以于未施工工程尚需的主要材料及构件的价值相当于工程备料款数额时起扣,从每次结算工程价款中按材料比重扣抵工程价款,竣工前全部扣清。工程备料款起扣点的计算公式为

$$T = P - \frac{M}{N}$$

式中:T——工程备料款起扣点;

P——承包工程价款总额;

M——工程备料款的限额(额度);

N——主要材料所占比重。

【例5-14】 某项工程合同总额为5000万元,工程预付款为合同总额的20%,主要材料和构件所占的比重为50%。求:该工程的工程备料款、工程备料款起扣点为多少?

【解】 $M=5000万元×20%=1000万元$

$$T = 5000万元 - \frac{1000万元}{50\%} = 3000万元$$

② 建设部《招标文件范本》中规定,在承包人完成金额累计达到合同总价的10%后,由承包人开始向发包人还款,发包人从每次应付给承包人的金额中扣回工程预付款,发包人至少在合同规定的完工期前3个月将工程预付款的总计金额按逐次分摊的办法扣回。

3. 工程进度款的支付

工程计量是进行工程进度款结算的基础。

(1) 工程计量的依据

计量依据一般有质量合格证书、工程量清单前言、技术规范中的"计量支付"条款和设计图纸。

1）质量合格证书

经过专业工程师检验、工程质量达到合同规定标准的,专业工程师签署质量合格证书。只有质量合格的已完工程,才予以计量。工程计量与质量监理紧密配合,质量监理是计量监理的基础,计量又是质量监理的保障,通过计量支付,强化承包商的质量意识。

2）工程量清单前言和技术规范

工程量清单前言和技术规范是确定计量方法的依据。一般来讲,工程量清单前言和技术规范的"计量支付"条款规定了清单中每一项工程的计量方法,同时还规定了按规定的计量方法确定的单价所包括的工程内容和范围。

3）设计图纸

单价合同以实际完成的工程量进行结算,但被工程师计量的工程数量,并不一定是承包商实际施工的数量。计量的几何尺寸要以设计图纸为依据,工程师参照图纸,仅对承包人完成的永久工程合格工程量进行计量。所以,对因承包人原因造成的返工工程量和承包人超出设计图纸范围所做的工程量,工程师不予计量。

(2) 计算工程量

① 承包人向发包人提交已完工程量的报告,发包人接到报告后 14 天内核实已完工程量,并在核实前 1 天通知承包人,承包人应提供条件并派人参加核实,承包人收到通知后不参加核实,以发包人核实的工程量作为工程价款支付的依据。发包人不按约定时间通知承包人,致使承包人未能参加核实,核实结果无效。

② 发包人收到承包人报告后 14 天内未核实完工程量,从第 15 天起,承包人报告的工程量即视为被确认,作为工程价款支付的依据,双方合同另有约定的,按合同执行。

③ 对承包人超出设计图纸(含设计变更)范围和因承包人原因造成返工的工程量,发包人不予计量。

(3) 工程进度款结算

① 根据确定的工程计量结果,承包人向发包人提出支付工程进度款申请,14 天内,发包人应按不低于工程价款的 60％,不高于工程价款的 90％向承包人支付工程进度款。按约定时间发包人应扣回的预付款,与工程进度款同期结算抵扣。

② 发包人超过约定的支付时间不支付工程进度款,承包人应及时向发包人发出要求付款的通知,发包人收到承包人通知后仍不能按要求付款,可与承包人协商签订延期付款协议,经承包人同意后可延期支付,协议应明确延期支付的时间和从工程计量结果确认后第 15 天起计算应付款的利息(利率按同期银行贷款利率计)。

③ 发包人不按合同约定支付工程进度款,双方又未达成延期付款协议,导致施工无法进行,承包人可停止施工,由发包人承担违约责任。

4. 工程保修金结算

工程保修金是指发包人与承包人在建设工程项目承包合同中约定,从应付的工程款中预留,用以保证承包人在保修期内对建设工程项目出现的缺陷进行维修的资金。其中,缺陷是指建设工程项目质量不符合工程建设强制性标准、设计文件以及承包合同的规定。

全部或者部分使用政府投资的建设工程项目,按工程价款结算总额 5％左右的比例预留保修金,待工程项目保修期结束后拨付。保修金扣除有两种方法:

① 当工程进度款拨付累计额达到该建筑安装工程造价一定比例时,停止支付。预留的一

定比例的剩余款项作为保证金。

②保修金的扣除也可以从第一个付款周期开始,在发包人支付进度款中,按约定的比例扣留质量保证金,直至保修金总额达到合同专用条款约定的限额或比例为止。例如某合同约定,工程保修金每月按进度款的5%扣留,设第一个月完成产值200万元,则扣留5%的保修金后,实际支付价款为200万元－200万元×5%＝190万元。

5. 工程竣工价款结算

（1）工程竣工结算方式

工程竣工结算分为单位工程竣工结算、单项工程竣工结算以及建设工程项目竣工总结算。

（2）工程竣工结算编审

① 单位工程竣工结算由承包人编制,发包人审查;实行总承包的工程,由各个具体的承包人编制,在总承包人审查的基础上,发包人再审查。

② 单项工程竣工结算或建设工程项目竣工总结算由总承包人编制,发包人可以直接审查,也可委托具有相应资质的工程造价咨询机构进行审查。政府投资项目,由同级财政部门审查。单项工程竣工结算或建设工程项目竣工总结算经发、承包人签字盖章后生效。

承包人需在合同约定的期限内完成项目竣工结算编制工作,未在规定期限内完成的并且不能提出正当理由的,责任自负。

（3）工程竣工结算审查时限

工程竣工结算报告的审查时限,合同专用条款中有约定的从其约定,无约定的按照《建设工程价款结算暂行办法》规定执行:单项工程竣工结算报告的审查时限见表5-9。

表5-9 单项工程竣工结算报告审查时限表

序 号	工程竣工结算报告金额/万元	审查时间
1	500 以下	从接到竣工结算报告和完整的竣工结算资料之日起20天
2	500～2000	从接到竣工结算报告和完整的竣工结算资料之日起30天
3	2000～5000	从接到竣工结算报告和完整的竣工结算资料之日起45天
4	5000 以上	从接到竣工结算报告和完整的竣工结算资料之日起60天

建设项目竣工总结算在最后一个单项工程竣工结算审查确认后15天内汇总,送发包人后30天内审查完成。

（4）工程竣工结算价款的基本公式

$$工程竣工结算工程价款=预算或合同价款+施工过程中预算或合同价款调整数额$$
$$-预付及已结算工程价款-保修金$$

【例5-15】 某工程合同价款总额为300万元,施工合同规定预付备料款为合同价款的25%,主要材料为工程价款的62.5%,在每月工程款中扣留5%保修金,每月实际完成工程量见表5-10。求预付备料款、每月结算工程款。

表5-10 某工程每月实际完成工作量　　　　单位:万元

月 份	1	2	3	4	5	6
完成工程量	20	50	70	75	60	25

【解】　预付备料款＝300 万元×25％＝75 万元

预付备料款起扣点＝300 万元－$\dfrac{75}{62.5\%}$万元＝180 万元

1 月份:累计完成 20 万元,结算工程价款＝20 万元－20 万元×5％＝19 万元

2 月份:累计完成 70 万元,结算工程价款＝50 万元－50 万元×5％＝47.5 万元

3 月份:累计完成 140 万元,结算工程价款＝70 万元－70 万元×5％＝66.5 万元

4 月份:累计完成 215 万元,超过起扣点 180 万元,开始扣预付备料款

结算工程价款＝75 万元－(215 万元－180 万元)×62.5％－75 万元×5％

$\qquad$＝75 万元－21.875 万元－3.75 万元＝49.375 万元

5 月份:累计完成 275 万元,结算工程价款＝60 万元－60 万元×62.5％－60 万元×5％

$\qquad$＝60 万元－37.5 万元－3 万元

$\qquad$＝19.5 万元

6 月份:累计完成 300 万元,结算工程价款＝25 万元－25 万元×62.5％－25 万元×5％

$\qquad$＝25 万元－15.625 万元－1.25 万元

$\qquad$＝8.125 万元

5.6.4　建设工程价款的动态结算

一般工程建设项目周期较长,在整个建设周期内往往会受到物价浮动等多种因素的影响,其中主要是材料费、人工费和施工机械费用变化等的动态影响。因而,在工程价款结算时要考虑动态因素的影响,把相关因素纳入结算过程中,使工程价款结算能反映工程项目的实际费用消耗。工程价款的动态结算是指在办理工程价款结算过程中,将价格等动态变化因素考虑其中的结算。

常用工程价款的动态结算方法有以下几种:

1. 工程造价指数调整法

工程造价指数调整法是指采取当时的预算或概算单价计算出承包合同价,待竣工时根据合理的工期及当地工程造价管理部门所公布的该月度(或季度)的工程造价指数,对原承包合同价予以调整。

【例 5-16】　某建筑公司承建某学校学生宿舍工程项目,工程合同价款为 1000 万元,2009 年 10 月签订合同并开工,2010 年 7 月竣工,2009 年 10 月的工程造价指数为 100.18,2010 年 7 月造价指数为 100.38。试用工程造价指数调整法调整合同价。

【解】　调整后的合同价为＝1000 万元×100.38/100.18＝1001.10 万元

价格调整额＝1001.10 万元－1000 万元＝1.10 万元

2. 实际价格调整法

实际价格调整法也叫"票据法",即施工企业可凭发票按实报销。由于是实报实销,承包商对减低成本不感兴趣。为了避免副作用,地方主管部门要定期发布最高限价,同时合同文件中应规定建设单位或监理工程师有权要求承包商选择价格更低的材料采购渠道。

3. 调价文件计算法

调价文件计算法是指按当时预算价格承包,在合同期内,按造价管理部门的规定,或定期

发布主要材料供应价格和管理价格,进行抽料补差。

$$调差值 = \sum 各项材料用量 \times (结算期预算指导价 - 原预算价格)$$

4. 调值公式法

按照国际惯例,对建设项目工程价款的结算经常采用调值公式法。建筑安装工程费用价格调值公式一般包括固定部分、材料部分和人工部分。调值公式为

$$P = P_0 \left(a_0 + a_1 \frac{A}{A_0} + a_2 \frac{B}{B_0} + a_3 \frac{C}{C_0} + \cdots \right)$$

式中:P——调值后合同价款或工程实际结算款;

P_0——原合同价款或工程预算进度款;

a_0——原合同固定部分,代表合同支付中不能调整的部分占合同总价中的比重;

$a_1, a_2, a_3, \cdots$——原合同中可调价部分(如人工费用、钢材费用、水泥费用、运输费用等)在合同总价中所占比重,即比重系数,注:$a_0 + a_1 + a_2 + a_3 + \cdots = 1$;

$A_0, B_0, C_0, \cdots$——基准日期对应的各项费用的基准价格指数或价格;

$A, B, C, \cdots$——调整日期对应各项费用的现行价格指数或价格。

在运用这一调整公式时应注意以下几点:

① 固定部分通常的取值范围为 0.15～0.35。固定部分对调价结果影响较大,因此固定部分比例应尽可能小。

② 调值公式中有关的各项费用,按一般国际惯例,只选择用量大、价格高且具有代表性的一些典型人工费和材料费,通常如大宗的水泥、沙石料、钢材、木材、沥青等,并用它们的价格指数变化综合代表材料费的价格变化,以便尽量与实际情况接近。

③ 各部分成本比重系数,在许多招标文件中要求承包方在投标中提出,并在价格分析中予以论证。也有的是发包方(业主)在招标文件中规定一个允许范围,由投标人在此范围内选择。例如,鲁布革水电站工程的标书即对外币支付项目各费用比重系数范围作了如下规定:外籍人员工资 0.10～0.20;钢材 0.09～0.13;水泥 0.10～0.16;设备 0.35～0.48;海上运输 0.04～0.08,固定系数 0.17。允许投标人根据施工方法在上述范围内选用具体系数。

④ 调整有关各项费用要与合同条款规定相一致。例如签订合同时,甲、乙双方一般应商定调整的有关费用和因素,以及物价波动到何种程度才能进行调整。在国际承包工程中,一般在 5%以上才予以调整。有的合同中也规定,当应调整金额不超过合同原始价 5%时,由承包商负责;当应调整金额超过合同原始价的 5%～20%时,承包方负担 10%,发包方(业主)负担 90%;当应调整金额超过合同原始价的 20%时,则必须另行签订附加条款。

⑤ 调整有关各项费用应注意地点和时间点。地点一般指工程所在地或指定的某地市场价格;时间点是指某年、某月的市场价格。

⑥ 变动因素系数之和加上固定因素系数应该等于1。

【例 5-17】某土建工程,2009 年 10 月实际完成的土方工程量,按 2008 年签约的价格计算工程款为 10 万元,该工程固定系数为 0.2,各参加调值的因素除人工费的价格指数增长了 10%外,其他都未发生变化,人工占调值部分的 50%。

按调值公式法计算完成该土方工程的工程价款为

100000 元 $\times (0.2 + 0.4 \times 110/100 + 0.4 \times 100/100) = 104000$ 元

注意：调整部分为 0.8，人工占调值部分的 50%，故为 0.4。

【例 5 - 18】 某土建工程，合同规定结算款为 100 万元，合同原始报价日期为 2009 年 3 月，工程于 2010 年 6 月建成交付使用，工程人工费、材料费构成比例以及有关造价指数见表 5 - 11。试采用调值公式法计算实际结算价款。

表 5 - 11 某工程人工费、材料费构成比例以及有关造价指数

项 目	人工费	钢 材	水 泥	集 料	红 砖	砂	木 材	不调整费用
比例/%	45	11	11	5	6	3	4	15
2009 年 3 月指数	100	100.8	102	93.6	100.2	95.4	93.4	
2010 年 6 月指数	110.1	98	112.9	95.9	98.9	91.1	117.9	

【解】 实际结算价款 = 100 万元 × (0.15 + 0.45 × 110.1/100 + 0.11 × 98/100.08 + 0.11 × 112.9/102 + 0.05 × 95.9/93.6 + 0.06 × 98.9/100.2 + 0.03 × 91.1/95.4 + 0.04 × 117.9/93.4) = 100 万元 × 1.064 = 106.4 万元

5.6.5 FIDIC 合同条件下的工程结算

1. 工程结算的主要范围

FIDIC 合同条件下工程价款的结算范围主要包括工程量清单中的费用和工程量清单外的费用。其中，工程量清单中的费用是指承包商在投标时，根据合同条件的有关规定提出报价并经业主认可的费用；工程量清单外的费用是指虽然在工程量清单中没有规定，但在合同条件中有明确规定的这部分费用，也是工程结算的一部分。

FIDIC 合同条件下的工程结算涵盖的主要项目如图 5 - 6 所示。

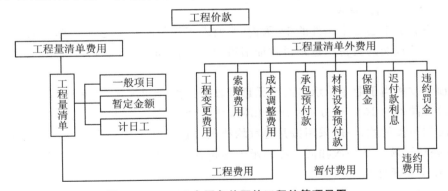

图 5 - 6 FIDIC 合同条件下的工程结算项目图

(1) 工程量清单项目

1) 一般项目

一般项目是指工程量清单中除暂定金额和计日工以外的全部项目。这类项目的结算以工程师计算的工程量为依据，乘以工程量清单中的单价得出。这类项目结算程序较简单，一般通过每月签发支付证书支付进度款。

2) 暂定金额

暂定金额是指包括在合同中，供工程任何部分的施工，或提供货物、材料、设备或服务，或

提供不可预料事件的费用金额。这项费用金额可能全部或部分使用,或根本不使用。没有监理工程师的指示,承包商不能进行暂定金额项目的任何工作。

　　承包商完成监理工程师指示的暂定金额项目后,其金额的计算有两种方法。若能按工程量表中所列费率和单价计算就按此估价;否则,承包商应向监理工程师出示与暂定金额开支有关的所有报价单、发票、凭证、账单或收据,监理工程师根据上述资料,按照合同的规定,确定支付金额。

　　3)计日工

　　计日工费用计算一般采用以下方法:

　　① 按合同中包括的计日工作表中所定项目和承包商在其投标中确定的费率和价格计算。

　　② 对于清单中没有定价的项目,应按实际发生的费用加上合同中规定的费率计算有关费用。

　　对于这类按计日工作制实施的工程,承包商应在该工程持续施工过程中,每天向监理工程师提交从事该工作的所有工人的姓名、工种和工时的确切清单,一式两份;以及表明所有该项工程所用和所需材料及承包商设备种类和数量的报表,一式两份。

　　(2) 工程量清单以外的项目

　　1)承包预付款

　　承包预付款是业主借给承包商进驻场地和工程施工准备的用款。预付款额的大小,是承包商在投标时,根据业主规定的范围(一般为合同价的 5%～10%)和承包商本身资金的情况提出预付款的额度,并在标书附录中予以明确。

　　承包预付款的付款条件为:

　　① 业主与承包商已签订合同书。

　　② 提供了履约押金或履约保函。

　　③ 提供承包预付款保函。

　　在承包商完成上述 3 个条件的 14 天内,由监理工程师向业主提交承包预付款证书。业主收到监理工程师提交的支付承包预付款证书后,在合同规定的时间内,按规定的外币比例进行支付。

　　承包预付款相当于业主给承包商的无息贷款。按照合同规定,当承包商的工程进度款累计金额超过合同价的 10%～20%时开始扣回,直至合同规定的竣工日期前 3 个月全部扣清。用这种方法扣回预付款,一般采用按月等额均摊的办法。如果某一个月支付证书的数额少于应付款,其差额可转入下一次扣回。扣回承包预付款的货币应与业主付款的货币相同。

　　2)材料设备预付款

　　对于承包商购入并运至工地的材料、设备,业主应支付无息预付款。业主根据材料设备的某一比例(通常为材料发票价的 70%～80%,设备发票价的 50%～60%)支付材料设备预付款。在支付材料设备预付款时,承包商需要提交材料、设备供应合同或订货合同的复印件并注明所供材料的性质和金额等主要情况。材料已运到工地后,应经工程师认可其质量及储存方式。

　　材料设备预付款按合同规定的条件从承包商应得到的工程款中分批扣回。扣款次数和各次扣除的金额随工程性质不同而异,一般要求在合同规定的完工日期前至少 3 个月扣清,最好是材料设备一用完,该项预付款即扣还完毕。

3）保留金

保留金是指为了确保施工正常进行或在缺陷责任期间,由于承包商未能履行合同义务,由业主(或工程师)指定他人完成应由承包商承担的工作所发生的费用。

FIDIC 合同条件规定,保留金的款额为合同总价的 5%,从第一次付款证书开始,按期中支付工程款的 10% 扣留,直到累计扣留达合同总价的 5% 为止。

保留金的退还一般分两次进行。当颁发整个工程的移交证书时,将一半保留金退还给承包商;当工程的缺陷责任期满时,另一半保留金将由监理工程师开具证书付给承包商。到工程的缺陷责任期满时,承包商仍有未完工作,监理工程师有权在剩余工程完成之前扣发他认为与需要完成工程的费用相应的保留金条款。

4）工程变更费用

支付工程变更费用的依据是工程变更令和监理工程师对变更项目所确定的变更费用。支付时间和支付方式也列入支付证书予以支付。

5）索赔费用

计算索赔费用的依据是工程师批准的索赔审批书及其计算而得的款额。索赔费用随工程月进度款一并支付。

6）成本调整费用

按照 FIDIC 合同条件第七十条规定的计算方法调整款额,内容包括施工过程中出现的劳务和材料费用的变更,后续法规及其他政策的变化导致的费用变更等。

7）迟付款利息

按照 FIDIC 合同条件规定,业主未能在合同规定时间内向承包商付款,则承包商有权收到迟付款利息。业主应付款的时间是在收到工程师颁发的临时付款证书的 28 天内或最终证书的 56 天内,如果业主未能在规定的时间内支付,则业主应按投标书附件中规定的利率,从应付之日起计算向承包商支付未付款额的利息。迟付款利息应在迟付款终止后的第一个月的付款证书中予以支付。

8）违约罚金

对承包商的违约罚金主要包括拖延工期赔偿和未履行合同义务的罚金。这类费用可以从承包商的保留金中扣除,也可以从付给承包商的款项中扣除。

2．工程结算的条件

(1) 质量合格

质量合格是工程结算的必要条件。工程结算是以各分项工程质量合格为前提的,所以并不是对承包商已完工的工程全部支付,而是对于质量不合格的部分一律不予支付。

(2) 符合合同条件

一切工程结算均要符合 FIDIC 合同规定的要求。例如,承包预付款的支付额要符合标书附件中规定的数量,支付条件应符合合同条款的规定,即承包商提供履约保函和承包预付款保函之后才可以支付承包预付款。

(3) 变更项目必须符合规定

变更项目必须具有监理工程师下达的变更通知才能要求补偿。FIDIC 合同条款规定,没有工程师的指令,承包商不得作任何变更。

（4）支付金额的限制

FIDIC 合同条款规定，如果在扣除保留金和其他金额之后的净额，小于投标书附件规定的临时支付证书的最小限额时，工程师没有义务开具任何支付证明。不予支付的金额将按月结转，直到达到或超过最低限额时才予以支付。

（5）承包商的工作使工程师满意

为了用经济手段约束承包商履行合同中规定的各项责任和义务，FIDIC 合同条款中规定，对于承包商申请支付的项目，即使达到上述条件的要求，但其他方面的工作未能使监理工程师满意，监理工程师可通过任何临时证书对他所签发的任何原有证书进行修正和更改，也有权在任何临时证书中删去或减少该工作的价值。所以，承包商的工作使监理工程师满意，也是工程结算的重要条件。

3．工程结算的程序

（1）承包商提出付款申请

首先由承包商提出付款申请，填报一系列指定格式的月报表，说明承包商认为在这个月应得到的款项，具体包括：

① 已实施的永久工程的价值。

② 工程量表中的有关项目，包括承包商的设备、临时设施、计日工及类似项目。

③ 主要材料及承包商在工地交付的准备为永久工程配套而尚未安装的设备发票价值及计算百分比。

④ 价格调整表。

⑤ 按合同规定承包商有权得到的任何其他金额。

承包商的付款申请将作为付款证书的附件，但它不是付款依据。监理工程师有权对承包商的付款申请作出任何方面的修改。

（2）监理工程师审核

监理工程师对承包商提交的付款申请表进行全面审核，修正和删除不合理的部分，计算出付款净金额。计算付款净金额时，应扣除该月应扣除的保留金、承包预付款、材料设备预付款、违约罚金等。若净金额小于合同规定的临时支付的最小限额时，则不必开具任何付款证书。

（3）业主支付

业主收到监理工程师签发的付款证书后，按合同规定的时间将款额支付给承包商。

4．工程价款的结算方法

FIDIC 合同条款对工程价款的支付，主要包括工程预付款、工程进度款、保留金以及竣工结算，作出如下的规定：

（1）工程预付款结算

在投标书附件中约定的预付款的支付，必须提交履约保函，承包商提交的履约保函和预付款保函获认可后，监理工程师开具预付款证书；业主收到监理工程师开具的预付款证书后28天内支付预付款；28内未支付的，承包商可以提前28天通知业主和工程师，减缓速度或暂停施工，同时有权提前14天发出通知，终止合同；整个工程移交证书颁发后或承包商不能偿付债务、宣告破产、停业清理、解体及合同终止时业主收回全部预付款；业主承担违约责任是按投标书附件中规定的同期银行利率，从应付之日起支付全部未付款的利息。

（2）工程进度款结算

承包商每个月末应提交月报表,监理工程师收到后 28 天内应开具支付证书,业主按月支付;若月支付净额度小于投标书附件规定的最小限额,工程师不必开具支付证书;业主收到工程师支付证书后 28 天内未支付,承包商可以提前 28 天通知业主和工程师,减缓速度或暂停施工,同时有权提前 14 天发出通知,终止合同;业主违约则按投标书附件中规定的利率,从应付日起支付全部未付款额的利息。

（3）竣工结算

全部工程基本完工并通过竣工检验后,承包商要发出通知书,并提交在缺陷责任期及时完成剩余工作的书面保证;通知书发出后 21 天内,工程师颁发移交证书;工程师颁发移交证书后 84 天内,承包商提交竣工报表;颁发移交证书后工程进入缺陷责任期,缺陷责任期满后 28 天内工程师颁发缺陷责任证书;颁发缺陷责任证书后 56 天内,承包商提交最终报表和结算清单,工程师收到后 28 天内发出最终支付证书;业主收到最终支付证书 56 天内付款;工程移交证书开具后,即可移交工程;业主收到最终支付证书 56 天后再超过 28 天不支付,承包商有权追究业主违约责任,按投标书附件中规定的利率,从应付日起支付全部未付款的利息;若在合同中约定预扣保留金,应在竣工计价或竣工前业主已接受整个工程后的下次计价中支付一半保留金,颁发缺陷责任证书时再支付另一半保留金。

学习任务 5.7　综合案例

5.7.1　案例一

【资料】　某建安工程施工合同总价 6000 万元,合同工期为 6 个月,合同签订日期为 1 月初,从当年 2 月份开始施工。

1. 合同规定:

（1）预付款按合同价的 20%,累计支付工程进度款达施工合同总价 40% 后的下月起至竣工各月平均扣回。

（2）从每次工程款中扣留 10% 作为预扣质量保证金,竣工结算时将其一半退还给承包商。

（3）工期每提前 1 天,奖励 1 万元;推迟 1 天,罚款 2 万元。

（4）当人工或材料价格比签订合同时上涨 5% 及以上时,按如下公式调整合同价格:

$$P = P_0 \times (0.15A/A_0 + 0.6B/B_0 + 0.25)$$

式中:0.15 为人工费在合同总价中的比重;0.60 为材料费在合同总价中的比重。人工费或材料费上涨幅度<5%者,不予调整,其他情况均不予调整。

（5）非承包商责任的人工窝工补偿费为 800 元/天,机械闲置补偿费为 600 元/天。

2. 工程如期开工,该工程每月实际完成的合同产值见表 5-12。

表 5-12　每月实际完成的合同产值　　　　　　　　　　　　　单位:万元

月　　份	2	3	4	5	6	7
完成合同产值/万元	1000	1200	1200	1200	800	600

施工期间实际价格指数见表 5-13。

表 5-13　各月价格指数

月　份	1	2	3	4	5	6	7
人工费/万元	110	110	110	115	115	120	110
材料费/万元	130	135	135	135	140	130	130

3．施工过程中,某一关键工作面上发生了如下原因造成的临时停工:

(1) 5 月 10 日至 5 月 16 日,承包商的施工设备出现了从未出现过的故障。

(2) 应于 5 月 17 日交给承包商的后续图纸直到 6 月 1 日才交给承包商。

(3) 5 月 28 日至 6 月 3 日,施工现场下起该季节罕见的特大暴雨,造成该地区 6 月 1 日至 6 月 5 日供电全面中断。

(4) 为了赶工期,施工单位采取赶工措施,赶工措施费 5 万元。

4．实际工期比合同工期提前 10 天完成。

【问题】　1．该工程预付款为多少? 预付款起扣点是多少?

2．施工单位可索赔工期多少? 可索赔费用多少?

3．每月实际应支付工程款为多少?

4．工期提前奖为多少? 竣工结算时尚应支付承包商多少万元?

【解】　1．(1)该工程预付款为 6000 万元×20％＝1200 万元。

(2)起扣点为 6000 万元×40％＝2400 万元。

2．(1)5 月 10 日至 5 月 16 日,出现设备故障属于承包商应承担的风险,不能索赔。

(2)5 月 17 日至 5 月 31 日是由于业主迟交图纸引起的,为业主应承担的风险,工期可索赔 15 天,费用索赔额＝15 天×800 元/天＋600 元/天×15 天＝2.1 万元。

(3)6 月 1 日至 6 月 3 日的特大暴雨属于双方共同风险,工期可索赔 3 天,但不应考虑费用索赔。

(4)6 月 4 日至 6 月 5 日的停电属于有经验的承包商无法预见的自然条件,为业主应承担风险,工期可索赔 2 天,费用索赔额＝(800 元/天＋600 元/天)×2 天＝0.28 万元。

(5)赶工措施费不能索赔。

综上所述,可索赔总工期＝15 天＋3 天＋2 天＝20 天,可索赔总费用＝2.1 万元＋0.28 万元＝2.38 万元。

3．2 月份:完成合同价 1000 万元

预扣质量保证金 1000 万元×10％＝100 万元

支付工程款 1000 万元×90％＝900 万元

累计支付工程款 900 万元

累计预扣质量保证金 100 万元

3 月份:完成合同价 1200 万元

预扣质量保证金 1200 万元×10％＝120 万元

支付工程款 1200 万元×90％＝1080 万元

累计支付工程款 900 万元＋1080 万元＝1980 万元

累计预扣质量保证金 100 万元＋120 万元＝220 万元

4 月份：完成合同价 1200 万元

预扣质量保证金 1200 万元×10％＝120 万元

支付工程款 1200 万元×90％＝1080 万元

累计支付工程款 1980 万元＋1080 万元＝3060 万元＞2400 万元

下月开始每月扣预付款 1200 万元/3＝400 万元

累计预扣质量保证金 220 万元＋120 万元＝340 万元

5 月份：完成合同价 1200 万元

材料价格上涨：(140−130)/130×100％＝7.69％＞5％

应调整价款，调整后价款：1200 万元×(0.15＋0.6×140/130 ＋0.25)＝1255 万元

索赔款 2.1 万元，预扣质量保证金＝(1255＋2.1)万元×10％＝125.71 万元

支付工程款(1255＋2.1)万元×90％ −400 万元＝731.39 万元

累计支付工程款 3060 万元＋731.39 万元＝3791.39 万元

累计预扣质量保证金 340 万元＋125.71 万元＝465.71 万元

6 月份：完成合同价 800 万元

人工价格上涨：(120−110)/110×100％＝9.09％＞5％，应调整价款，

调整后价款：800×(0.15×120/110＋0.6＋ 0.25)万元＝810.91 万元

索赔款 0.28 万元，预扣质量保证金＝(810.91＋0.28)万元×10％＝81.119 万元

支付工程款(810.91 万元＋0.28 万元)×90％ −400 万元＝690.071 万元

累计支付工程款 3791.39 万元＋690.071 万元＝4481.461 万元

累计预扣质量保证金 465.71 万元＋81.119 万元＝546.829 万元

7 月份：完成合同价 600 万元

预扣质量保证金 600 万元×10％＝60 万元

支付工程款 600×90％ −400＝140 万元

累计支付工程款 4481.461＋140＝4621.461 万元

累计预扣质量保证金 546.829＋60＝606.829 万元

4. 工期提前奖：(10＋20)×10000 万元＝30 万元

退还预扣质量保证金：606.829 万元÷2＝303.415 万元

竣工结算时尚应支付承包商：30 万元＋303.415 万元＝333.415 万元

5.7.2　案例二

【资料】　某汽车制造厂建设施工土方工程中，承包人在合同标明有松软石的地方没有遇到松软石，因此，工期提前 1 个月。但是，在合同中另一未标明有坚硬岩石的地方遇到更多的坚硬岩石，开挖工作变得更加困难，由此造成了实际生产率比原计划低很多，经测算影响工期 3 个月。由于施工速度减慢，使得部分施工任务拖到雨季进行，按一般公认标准推算，又影响工期 2 个月。为此，承包人准备提出索赔。

【问题】　1. 该项施工索赔能否成立？为什么？

2. 在该索赔事件中，应提出的索赔内容包括哪两方面？

3. 在工程施工中，通常可以提供的索赔证据有哪些？

4. 承包人应提供的索赔文件有哪些？请协助承包人拟定一份索赔通知。

【解】 1.该项施工索赔能成立。施工中在合同未标明有坚硬岩石的地方遇到更多的坚硬岩石,属于施工现场的施工条件与原来的勘查有很大差异,属于甲方的责任范围。

2.该事件使承包人由于意外地质条件造成施工困难,导致工期延长,相应产生额外工程费用,因此应包括费用索赔和工期索赔。

3.可以提供的索赔证据如下:

(1)招标文件、工程合同及附件、项目业主认可的施工组织设计、工程图纸、技术规范等。

(2)工程各项有关设计交底记录、变更图纸、变更施工指令等。

(3)工程各项经项目业主或监理工程师签认的签证。

(4)工程各项往来信件、指令、信函、通知、答复等。

(5)工程各项会议纪要。

(6)施工日报及工长工作日志、备忘录。

(7)施工计划及现场实施情况记录。

(8)工程停水、停电和干扰事件影响的日期及恢复施工的日期。

(9)工程送电、送水、道路开通、封闭的日期及数量记录。

(10)工程图纸、图纸变更、交底记录的送达份数及日期记录。

(11)工程预付款、进度款拨付的数额及日期记录。

(12)工程有关施工部位的照片与录像等。

(13)工程现场气候记录,有关天气的温度、风力、降雨降雪量等。

(14)工程材料采购、订货、运输、进场、验收、使用等方面的依凭。

(15)工程会计核算资料。

(16)工程验收报告及各项技术鉴定报告等。

(17)国家、省、市有关影响工程造价、工期的文件、规定等。

4.承包人应提供的索赔文件如下:

(1)索赔信。

(2)索赔证据与详细计算书等。

(3)索赔报告。

以下给出一个索赔通知的参考形式。

索赔通知

致监理工程师(或甲方代表):

我方希望你方对工程地质条件变化问题引起重视:在合同文件未标明有坚硬岩石的地方遇到了坚硬岩石,致使我方实际生产率降低,引起进度拖延,并不得不在雨季施工。

上述施工条件变化,造成我方施工现场设计与原设计有很大不同。为此,向你方提出工期索赔及费用索赔要求,具体工期索赔及费用索赔依据与计算书在随后的索赔报告中。

承包人:×××
××××年××月××日

5.7.3 案例三

【资料】 某项目工程业主与承包商签订了施工合同,合同中含有2个子项工程,估计工程量A项为2500 m^3,B项为3600 m^3,经协商合同价格A项为200元/m^3,B项价格为180元/

m³。合同还规定:开工前业主应向承包商支付合同价 20% 的预付款;业主自第一个月起,从承包商的工程款中按 5% 的比例扣留保修金;当子项工程实际工程量超过估算工程量 10% 时,可调价,调整系数为 0.9;根据市场情况规定价格调整系数平均按 1.2 计算;监理工程师签发月度付款最低金额为 30 万元;预付款在最后的两个月中扣除,每月扣 50%。承包商每月实际完成并经监理工程师签证确认的工程量见表 5－14。

表 5－14　某工程每月完成并经监理工程师签证确认的工程量　　　　单位:m³

月　份	1 月	2 月	3 月	4 月
A 项	500	800	850	650
B 项	700	900	950	700

【问题】　工程预付款、每月工程量价款、工程师应签证的工程款、实际签发的付款凭证金额各是多少?

【解】　工程预付款金额:$(2500\ m^3 \times 200\ 元/m^3 + 3600\ m^3 \times 180\ 元/m^3) \times 20\% = 22.96$ 万元

第 1 个月工程量价款:$500\ m^3 \times 200\ 元/m^3 + 700\ m^3 \times 180\ 元/m^3 = 22.60$ 万元

应签证的工程款:$22.60\ 万元 \times 1.2 \times (1-5\%) = 25.764$ 万元

由于合同规定工程师签发的最低金额为 30 万元,故本月工程师不予签发付款凭证。

第 2 个月工程量价款:$800\ m^3 \times 200\ 元/m^3 + 900\ m^3 \times 180\ 元/m^3 = 32.20$ 万元

应签证的工程款:$32.20\ 万元 \times 1.2 \times (1-5\%) = 36.708$ 万元

本月工程师实际签发的付款凭证金额:$25.764\ 万元 + 36.708\ 万元 = 62.472$ 万元

第 3 个月工程量价款:$850\ m^3 \times 200\ 元/m^3 + 950\ m^3 \times 180\ 元/m^3 = 34.10$ 万元

应签证的工程款:$34.10\ 万元 \times 1.2 \times (1-5\%) = 38.874$ 万元

应扣预付款:$22.96\ 万元 \times 50\% = 11.48$ 万元

应付款:$38.874\ 万元 - 11.48\ 万元 = 27.394$ 万元

因本月应付款金额小于 30 万元,所以工程师不予签发付款凭证。

第 4 个月 A 项工程累计完成工程量 2800 m³,比原来估算工程量 2500 m³ 超出 300 m³,已超过估算工程量的 10%,超出部分其单价应进行调整,超过估算的工程量为

$$2800\ m^3 - 2500\ m^3 \times (1+10\%) = 50\ m^3$$

超出部分工程量单价:$200\ 元/m^3 \times 0.9 = 180\ 元/m^3$

A 项工程工程量价款:$(650\ m^3 - 50\ m^3) \times 200\ 元/m^3 + 50\ m^3 \times 180\ 元/m^3 = 12.90$ 万元

B 项工程累计完成工程量 3250 m³,比原来估算工程量 3600 m³ 减少 350 m³,未超过估算工程量的 10%,其单价不予调整。

应签证的工程价款:$700\ m^3 \times 180\ 元/m^3 = 12.60$ 万元

本月完成 A、B 两项工程量价款:$12.90 + 12.60 = 25.50$ 万元

应签证的工程款:$25.50\ 万元 \times 1.2 \times (1-5\%) = 29.07$ 万元

本月工程师实际签证的工程款:$27.394\ 万元 + 29.07\ 万元 - 22.96\ 万元 \times 50\% = 44.98$ 万元

● **实战训练**

○ 专项能力训练

本章重点回顾

施工安排与施工索赔

背景资料

某工程项目开工之前,承包方已提交了施工进度计划,如图 5-7 所示。该计划满足合同工期 100 天的要求。

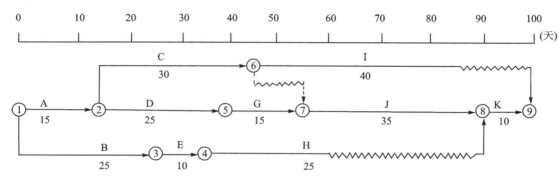

图 5-7 时标网络进度计划图

在上述施工进度计划中,由于工作 E 和工作 G 共用一台塔吊(塔吊原计划在开工第 25 天后进场投入使用)必须顺序施工,使用的先后顺序不受限制(其他工作不使用塔吊)。在施工过程中,由于业主要求变更设计图纸,使工作 B 停工 10 天(其他持续时间不变),业主代表及时向承包方发出通知,要求承包方调整进度计划,以保证该工程按合同工期完成。

承包方提出的调整方案及附加要求(以下各项费用数据均符合实际)如下:

1. 调整方案:将工作 J 的持续时间压缩 5 天。

2. 费用补偿要求:

(1) 工作 J 压缩 5 天,增加赶工费 25000 元。

(2) 塔吊闲置 15 天补偿:600 元/天×15 天=9000 元(注:600 元/天为塔吊租赁费)。

(3) 由于工作 B 停工 10 天造成其他有关机械闲置、人员窝工等综合损失 45000 元。

训练要求

① 如果在原计划中先安排工作 E,后安排工作 G 施工,塔吊应安排在第几天(上班时刻)进场投入使用较为合理? 为什么?

② 工作 B 停工 10 天后,承包方提出的进度计划调整方案是否合理? 该计划如何调整更为合理?

③ 绘制调整后的时标网络进度计划图。

④ 承包方提出的各项费用补偿要求是否合理? 为什么? 应批准补偿多少元?

训练路径

① 教师事先对学生按照 3 人进行分组,分工协作,完成训练任务。

② 分组讨论形成训练报告,班级交流,教师对各组训练情况进行点评。

○ 综合能力训练

建设工程实施阶段施工组织设计调查

训练目标

组织学生开展建设工程实施阶段施工组织设计调查;掌握建设工程施工组织设计的核心内容,提高学生对建设工程实施阶段工程造价管理的感性认识;了解工程造价从业人员应具备的职业能力和职业素养,培养相应的专业能力与核心能力。

训练内容

组织学生赴某一建设工程施工现场进行见习,开展施工组织设计调查活动,一方面掌握施工组织设计的核心内容,另一方面了解建设工程施工组织设计的编制方法与技巧。

训练步骤

① 聘用实训基地 1～2 名建设工程施工人员为本课程的兼职教师,结合建设工程实施过程,引导学生进行见习,并现场讲解。

② 将班级每 5～6 位同学分成一组,每组指定 1 名组长,每组对见习和调查情况进行详细记录。

③ 归纳总结,每组撰写一份调查报告。

④ 各组在班级进行交流、讨论。

训练成果

见习;建设工程施工组织设计调查报告。

● 思考与练习

一、名词解释

施工组织设计   施工预算   建设工程变更   建设工程索赔

建设工程价款结算   工程保修金   工程造价指数调整法   承包预付款   保留金

二、单项选择题

1. 某土建工程计划 12 个月完成,计划工作量为 310 个单位。合同规定,在工程量完成增减 10% 范围内,作为承包商的工期风险,不能要求工期补偿。实际工程量增加到 430 个单位,则工期延长(   )月。

A. 5.50   B. 3.13   C. 5.10   D. 5.00

2. 下列内容中不属于设计变更的是(   )。

A. 工程项目的变更   B. 法律、法规或者政府对建设项目有了新的要求

C. 变更工程质量标准   D. 发包人的变更指令

3. 工程索赔必须以(   )为依据。

A. 工程师的要求   B. 合同   C. 发包人的要求   D. 提出索赔要求的一方

4. 在用单价法编制施工图预算过程中,单价是指(   )。

A. 工料单价   B. 施工机械台班单价

C. 材料单价   D. 定额项目单价

5. 在 4 种纠偏措施中,最易被人们所接受的是(   )。

A. 经济措施   B. 组织措施   C. 技术措施   D. 合同措施

6. 在下列索赔事件中,承包方不能提出费用索赔的是( )。

    A. 业主要求加速施工导致工程成本增加   B. 由于业主和工程师原因造成施工中断

    C. 恶劣天气导致施工中断,工期延误   D. 设计中某些工程内容错误导致工期延误

7. 在工程量清单计价方法下,如因工程量清单漏项或由于设计变更引起新的工程量清单项目,则( )。

    A. 其相应的综合单价由工程师确认后作为结算的依据

    B. 其相应的综合单价由发包人提出,经工程师确认后作为结算的依据

    C. 其相应的综合单价由承包人提出,经工程师确认后作为结算的依据

    D. 其相应的综合单价由承包人提出,经发包人确认后作为结算的依据

8. 由于施工过程受到严重干扰,造成多个索赔事件混杂在一起时,可用( )计算索赔费用。

    A. 实物法   B. 单价法   C. 分项法   D. 总费用法

9. 在 FIDIC 合同条件下,( )有权将工程部分项目的实施发包给指定的分包商。

    A. 业主   B. 承包商   C. 分包商   D. 设计单位

10. 下列施工进度拖延情况中,( )属于可原谅并给予补偿费用的延期。

    A. 气候条件异常恶劣导致停工   B. 延误发放图纸

    C. 由于 SARS 导致工期的延误   D. 政府行为导致工期延误

11. 施工企业的项目经理指挥失误,给建设单位造成损失,建设单位应当要求( )赔偿。

    A. 施工企业   B. 施工企业的法定代表人

    C. 施工企业项目经理   D. 具体施工人员

12. 在施工中由于( )原因导致工期延误,承包人应当承担违约责任。

    A. 不可抗力   B. 承包人的设备损坏

    C. 设计变更   D. 工程量变化

13. 在 FIDIC 合同条件中,( )是承包商应当承担的风险。

    A. 战争   B. 放射性污染

    C. 因工程设计不当而造成的损失   D. 有经验的承包商可以预测和防范的自然力

三、多项选择题

1. 《企业会计准则—建造合同》中规定,( )属于合同收入。

    A. 索赔形成的收入   B. 合同变更形成的收入

    C. 合同中规定的初始收入   D. 工程提前交工获得的销售收入

2. 工程实际中,常将工程变更分为( )。

    A. 设计变更   B. 业主变更   C. 其他变更   D. 工程师变更

3. FIDIC 合同条件下工程结算的条件是( )。

    A. 质量合格

    B. 符合合同条件

    C. 变更项目有造价工程师的变更通知

    D. 支付金额必须大于其中支付证书规定的最小款额

4. 按时间进度编制资金使用计划的方法有( )。

    A. 香蕉图   B. 横道图   C. S 形曲线   D. 时标网络法

5. 可以进行索赔的费用包括( )。

A. 利润　　　　　　B. 贷款利息　　　C. 保函手续费　　　D. 设备租赁费

6. 费用索赔可能包括(　　)。

  A. 总部管理费　　　　　　　　　　B. 工地管理费

  C. 业主拖延支付所赔款的利息　　　D. 承包商进行索赔程序所花费的费用

7. 因不可抗力事件导致的费用及延误的工期,由发包人承担的部分是(　　)。

  A. 工程本身的损失　　　　　　　　B. 工程所需清理、修复费用

  C. 承包人人员伤亡　　　　　　　　D. 第三方人员伤亡

8. 按索赔的目的不同,索赔可以分为(　　)。

  A. 施工索赔　　　B. 业主反索赔　　C. 工期索赔　　　D. 费用索赔

9. 由于业主原因,工程师下令停工 1 个月,承包人可以索赔的款项包括(　　)。

  A. 人工窝工费　　　　　　　　　　B. 施工机械窝工费

  C. 材料超期储存费用　　　　　　　D. 工程延期 1 个月增加的履约保函手续费

10. 工期索赔的计算方法有(　　)。

  A. 网络分析法　　　B. 修正的总费用法　　C. 比例计算法　　D. 实际费用法

11. 承包方发生工期拖延,同时得到费用和工期索赔,其原因来自(　　)。

  A. 特殊反常的天气　　B. 业主　　　C. 工人罢工　　　　D. 工程师

12. 施工合同当事人为(　　)。

  A. 发包人　　　　B. 承包人　　　C. 监理单位　　　D. 设计单位

四、计算题

1. 某工程原合同报价如下:

现场成本(工程直接费+工地管理费):2500000 元

公司管理费(现场成本×8%):200000 元

利润、税金(现场成本+公司管理费)×9%:243000 元

合同总价:2943000 元

在工程实际施工中,由于完全非承包商原因造成现场实际成本增加 180000 元。

要求:试用总费用法计算索赔值。

2. 某建筑工程已竣工,按预算定额计算的合同承包价为 4360000 元。其中,直接工程费 3700000 元,间接费 360000 元,利润 169200 元,税金 130800 元,查工程造价管理部门颁发的该类工程本年度竣工调价系数为 1.024。

要求:试采用竣工调价系数法计算竣工工程价款。

3. 某建筑工程合同承包价为 2000 万元,预付备料款占工程价款的 24%,主要材料及预制构件金额占工程价款的 64%,实际完成工作量和合同价款增加额见表 5-15,假设保留金为合同价的 5%(竣工结算时扣除,保修期为 1 年)。

表 5-15　某建筑工程实际完成工作量和合同价款调整增加额表　　单位:万元

月　份	1	2	3	4	5	6	7	8	合同价调整增加额
完成工作量	35	100	200	300	450	350	380	185	150

要求:试计算预付备料款、每月结算工程款、竣工结算工程款、保留金。

4. 某承包商与某建设项目业主签订了可调价格合同。合同中规定:主导施工机械一台为施工单位自有设备,台班单价600元/台班,折旧费为100元/台班,人工日工资单价为80元/工日,窝工费20元/工日。合同履行中,因场外停电全场停工5天,造成人员窝工60个工日;因业主指令增加一项新工作,完成该工作需要6天时间,机械5台班,人工50工日,材料费5000元。

   要求:试计算该承包商可向业主提出的直接费补偿额和索赔工期。

5. 某施工合同规定,施工现场主导施工机械一台,由于施工企业租赁,台班价格为400元/台班,租赁费为100元/台班,人工工资为50元/工日,窝工补贴15元/工日,以人工费为基数的综合费率为35%,在施工过程中,发生如下事件:

   事件一,出现异常恶劣天气导致工程停工2天,人员窝工30个工日;

   事件二,因恶劣天气导致场外道路中断,抢修道路用工25工日;

   事件三,场外大面积停电,停工2天,人员窝工10工日。

   要求:计算施工企业可向业主索赔费用和工期。

6. 某承包商与业主签订了土方施工合同,合同约定的土方工程量为12000 m³,合同工期为25天。合同规定:工程量增加15%(包括15%)以内为承包商承担的工期风险,在合同施工过程中,因出现较深的软弱下卧层,致使土方增加了8000 m³。

   要求:试计算承包商可索赔的工期。

五、简述题

1. 工程变更的范围包括哪些?
2. 阐述变更与索赔之间的关系。
3. 我国目前工程价款的结算方式有哪几种?
4. 工程价款现行结算方法和动态结算方法有哪些?
5. 为什么会出现工程变更? 工程变更处理程序是怎样的?

项目6　建设项目竣工结算与决算管理

⊚能力目标

1．培养对建设项目竣工验收组织、协调的能力。
2．培养对建设项目竣工结算、决算的能力。
3．培养对建设项目新增资产价值核算的能力。
4．培养对建设项目竣工结算与决算管理阶段工程造价分析、判断、计算的能力。

⊚知识目标

1．掌握建设项目竣工结算、决算的基本内容与编制方法。
2．掌握建设项目新增资产价值的确定原则与方法。
3．熟悉与建设项目竣工验收相关的基本规定、基本概念（术语）。
4．熟悉与建设项目保修相关的基本规定、基本概念（术语）。

⊚教学设计

1．收集、查阅建设项目竣工结算、决算的相关法律法规。
2．开展典型案例分析与讨论。
3．分组讨论与评价。
4．演示训练。
5．情境模拟。

学习任务6.1　建设项目竣工验收

6.1.1　建设项目竣工验收的概念

1．建设项目竣工验收的含义

建设项目竣工验收是指由发包人、承包人和项目验收委员会，以项目批准的设计任务书和设计文件，以及国家或有关部门颁发的施工验收规范和质量检验标准为依据，按照一定的程序和手续，在项目建成并试生产合格后（工业生产性项目），对工程项目的总体进行检验和认证、综合评价和鉴定的活动。按照我国建设程序的规定，竣工验收是建设工程

【知识链接】
某造船厂扩建船坞
工程项目的建设总结

的最后阶段，是全面检验建设项目是否符合设计要求和工程质量检验标准的重要环节，审查投资使用是否合理的重要环节，是投资成果转入生产或使用的标志。只有经过竣工验收，建设项目才能实现由承包人管理向发包人管理的过渡，它标志着建设投资成果投入生产或使用，对促

进建设项目及时投产或交付使用、发挥投资效果、总结建设经验有着重要的作用。通常来讲，对于工业生产项目，须经试生产(投料试车)合格，形成生产能力，能正常生产出产品后，才能进行验收；对于非工业生产项目，应能正常使用，才能进行验收。

建设项目竣工验收按被验收的对象划分为单位工程竣工验收、单项工程竣工验收及工程整体竣工验收。通常所说的建设项目竣工验收，指的是工程整体竣工验收，是指发包人在建设项目按批准的设计文件所规定的内容全部建成后，向使用单位交工的过程。其验收程序是：整个建设项目按设计要求全部建成，经过第一阶段的交工验收，符合设计要求，并具备竣工图、竣工结算、竣工决算等必要的文件资料后，由建设项目主管部门或发包人，按照国家有关部门关于《建设项目竣工验收办法》的规定，及时向负责验收的单位提出竣工验收申请报告，按现行验收组织规定，接受由银行、物资、环保、劳动、统计、消防及其他有关部门组成的验收委员会或验收组的验收，办理固定资产移交手续。验收委员会或验收组负责建设项目的竣工验收工作，听取有关单位的工作报告，审阅工程技术档案资料，并实地查验建筑工程和设备安装情况，对工程设计、施工和设备质量等方面提出全面的评价。

2. 建设项目竣工验收的作用

① 全面考核建设成果，检查设计、工程质量是否符合要求，确保建设项目按设计要求的各项技术经济指标正常使用。

② 通过竣工验收办理固定资产使用手续，可以总结工程建设经验，为提高建设项目的经济效益和管理水平提供重要的依据。

③ 建设项目竣工验收是项目施工实施阶段的最后一个程序，是建设成果转入生产使用的标志，是审查投资使用是否合理的重要环节。

④ 建设项目建成投产交付使用后，能否取得良好的宏观效益，需要经过国家权威管理部门按照技术规范、技术标准组织验收确认。通过建设项目验收，国家可以全面考核项目的建设成果，检验建设项目决策、设计、设备制造和管理水平，以及总结建设经验。因此，竣工验收是建设项目转入投产使用的必要环节。

3. 建设项目竣工验收的依据

建设项目竣工验收的主要依据包括以下几方面：

① 国家、省、直辖市、自治区和国务院有关部委建设主管部门颁布的法律、法规，现行的施工技术验收标准及技术规范、质量标准等有关规定。

② 审批部门批准的可行性研究报告、初步设计、实施方案、施工图纸和设备技术说明书。

③ 施工图设计文件及设计变更洽商记录。

④ 工程承包合同文件。

⑤ 技术设备说明书。

⑥ 建筑安装工程统计规定及主管部门关于工程竣工规定。

⑦ 从国外引进的新技术和成套设备的项目，以及中外合资建设项目，要按照签订的合同和进口国提供的设计文件等资料进行验收。

⑧ 利用世界银行等国际金融机构贷款的建设项目，应按世界银行的规定，按时编制项目

完成报告。

6.1.2　建设项目竣工验收的条件

国务院 2000 年 1 月发布的第 279 号令《建设工程质量管理条例》规定,建设工程竣工验收应当具备以下条件:

① 完成建设工程设计和合同约定的各项内容,并满足使用要求,具体包括:

- 民用建筑工程完工后,承包人按照施工及验收规范和质量检验标准进行自验,不合格品已自行返修或整改,达到验收标准。水、电、暖、设备、智能化、电梯经过试验,符合使用要求。
- 生产性工程、辅助设施及生活设施,按合同约定全部施工完毕,室内工程和室外工程全部完成,建筑物、构筑物周围 2 m 以内的场地平整,障碍物已清除,给水排水、动力、照明、通信畅通,达到竣工条件。
- 工业项目的各种管道设备、电气、空调、仪表、通信等专业施工内容已全部安装结束,已做完清洁、试压、油漆、保温等,经过试运转,全部符合工业设备安装施工及验收规范和质量标准的要求。
- 其他专业工程按照合同的规定和施工图规定的工程内容全部施工完毕,已达到相关专业技术标准,质量验收合格,达到了交工的条件。

② 有完整的技术档案和施工管理资料。

③ 有工程使用的主要建筑材料、建筑构配件和设备的进场试验报告。

④ 有勘察、设计、施工、工程监理等单位分别签署的质量合格文件。

⑤ 发包人已按合同约定支付工程款。

⑥ 有承包人签署的工程质量保修书。

⑦ 在建设行政主管部门及工程质量监督部门等有关部门的历次抽查中,责令整改的问题全部整改完毕。

⑧ 工程项目前期审批手续齐全,主体工程、辅助工程和公用设施已按批准的设计文件要求建成。

⑨ 国外引进项目或设备应按合同要求完成负荷调试考核,并达到规定的各项技术经济指标。

⑩ 建设项目基本符合竣工验收标准,但有部分零星工程和少数尾工未按设计规定的内容全部建成,而且不影响正常生产和使用,也应组织竣工验收。对剩余工程应按设计留足投资。

近年来,国家在竣工验收方面对建筑节能有了新的要求。国务院颁布的《民用建筑节能条例》规定:建设单位组织竣工验收,应当对民用建筑是否符合民用建筑节能强制性标准进行查验;对不符合民用建筑节能强制性标准的,不得出具竣工验收合格报告。《民用建筑节能信息公示办法》规定:新建、改建、扩建和进行节能改造的民用建筑在获得建筑工程施工许可证后 30 天内至工程竣工验收合格期间,在施工现场要公示建筑节能信息。《公共建筑室内温度控制管理办法》规定:建筑所有权人或使用人或实施改造的单位应采购具有产品合格证和计量检定证书的温度监测和控制设施，并进行调试。改造完成后应进行竣工验收。《建筑节能工程施工验收规范》(GB 50411—2007)规定：建筑节能工程为单位建筑工程的一个分部工程。单位工程竣工验收应在建筑节能分部工程验收合格后进行。

6.1.3　建设项目竣工验收的标准

1. 工业建设项目竣工验收标准

根据国家规定，工业建设项目竣工验收、交付生产使用，必须满足以下要求：

① 生产性项目和辅助性公用设施已按设计要求完成，能满足生产使用要求。

② 主要工艺设备、动力设备均已安装配套，经负荷联动试车和有负荷联动试车合格，并已形成生产能力，能够生产出设计文件所规定的产品。

③ 必要的生产设施已按设计要求建成。

④ 生产准备工作能适应投产的需要，其中包括生产指挥系统的建立，经过培训的生产人员已能上岗操作，生产所需的原材料、燃料和备品备件的储备，经验收检查能够满足连续生产要求。

⑤ 环境保护设施、劳动安全卫生设施、消防设施已按设计要求与主体工程同时建成使用。

⑥ 生产性投资项目（如工业项目的土建工程、安装工程、人防工程、管道工程、通信工程等）的施工和竣工验收，必须按照国家批准的《中华人民共和国国家标准××工程施工及验收规范》和主管部门批准的《中华人民共和国行业标准××工程施工及验收规范》执行。

2. 民用建设项目竣工验收标准

① 建设项目各单位工程和单项工程均已符合项目竣工验收标准。

② 建设项目配套工程和附属工程均已施工结束，达到设计规定的相应质量要求，并具备正常使用条件。

值得强调的是，凡有以下情况之一者，不能进行竣工验收：

① 施工企业没有组织自检或自检不合格者，不能进行竣工验收。

② 房屋建筑工程已全部完成且具备了使用条件，但被施工单位临时占用还未腾出者，不能进行竣工验收。

③ 房屋建筑工程已经完成，但由房屋建筑承包单位承担的室外管线还未完成，而不能正常使用者，不得进行竣工验收。

④ 房屋建筑工程已经完成，但与其直接配套的变电室、锅炉房尚未完成而不能正常使用者，不得进行竣工验收。

⑤ 对于工业或科研性建筑工程，若因安装机器设备或工艺管道而致地面或主装修部分尚未完成者，或主建筑的附属部分（如生活间、控制室等）尚未完成者，不得进行竣工验收。

6.1.4　建设项目竣工验收的内容

建设项目竣工验收的内容一般分为工程资料验收和工程质量验收两大部分。

1. 工程资料验收

工程资料是建设项目竣工验收和质量保证的重要依据之一,主要包括工程技术资料、工程财务资料和工程综合资料。施工单位应按合同要求提供全套竣工验收所必需的工程资料,经监理工程师审查符合合同要求及国家有关规定,且在准确、完整、真实的条件下,监理工程师方可签署同意竣工验收的意见。

(1) 工程技术资料验收的内容

① 工程地质、水文、气象、地形、地貌、建筑物、构筑物及重要设备安装位置、勘察报告、记录。

② 初步设计、技术设计或扩大初步设计、关键的技术试验、总体规划设计。

③ 土质试验报告、基础处理。

④ 建筑工程施工记录、单位工程质量检验记录、管线强度、密封性试验报告、设备及管线安装施工记录及质量检查、仪表安装施工记录。

⑤ 设备试车、验收运转、维修记录。

⑥ 产品的技术参数、性能、图纸、工艺说明、工艺规程、技术总结、产品检验、包装、工艺图。

⑦ 设备的图纸、说明书。

⑧ 涉外合同、谈判协议、意向书。

⑨ 各单项工程及全部管网竣工图等资料。

(2) 工程财务资料验收的内容

① 历年建设资金供应(拨、贷)情况和应用情况。

② 历年批准的年度财务决算。

③ 历年年度投资计划、财务收支计划。

④ 建设成本资料。

⑤ 支付使用的财务资料。

⑥ 设计概算、预算资料。

⑦ 竣工决算资料。

(3) 工程综合资料验收的内容

① 项目建议书及批件,可行性研究报告及批件,项目评估报告,环境影响评估报告书,设计任务书。

② 土地征用申报及批准的文件,承包合同,招投标及合同文件,施工执照,项目竣工验收报告,验收鉴定书。

2. 工程质量验收

为确保工程质量符合安全和使用功能的基本要求,不仅要审查项目的完成情况,还要审查项目的完成质量和使用功能的质量,验收内容主要包括建筑工程验收和安装工程验收。

(1) 建筑工程验收的内容

建筑工程验收主要是运用有关资料进行审查验收,内容包括以下几方面:

① 建筑物的位置、标高、轴线是否符合设计要求。

② 对基础工程中的土石方工程、垫层工程、砌筑工程等资料的审查验收。

③ 对结构工程中的砖木结构、砖混结构、内浇外砌结构、钢筋混凝土结构的审查验收。

④ 对屋面工程的屋面瓦、保温层、防水层等的审查验收。

⑤ 对门窗工程的审查验收。

⑥ 对装饰工程(如抹灰、油漆等工程)的审查验收。

(2)安装工程验收的内容

安装工程验收分为建筑设备安装工程验收、工艺设备安装工程验收和动力设备安装工程验收,具体内容包括:

① 建筑设备安装工程(指民用建筑物中的上下水管道、暖气、天然气或煤气、通风、电气照明等安装工程)验收,验收时应检查这些设备的规格、型号、数量、质量是否符合设计要求,检查安装时的材料、材质、材种,检查试压、闭水试验、照明。

② 工艺设备安装工程验收包括生产、起重、传动、实验等设备的安装,以及附属管线敷设和油漆、保温等。验收时应检查设备的规格、型号、数量、质量,设备安装的位置、标高、机座尺寸、质量、单机试车、无负荷联动试车、有负荷联动试车是否符合设计要求,检查管道的焊接质量、洗清、吹扫、试压、试漏、油漆、保温等及各种阀门。

③ 动力设备安装工程验收是指有自备电厂的项目验收,或变配电室(所)、动力配电线路的验收。

6.1.5　建设项目竣工验收的程序

当工程项目规模较小或较简单时,可一次性完成全部项目的竣工验收;规模较大或较复杂的项目,可分交工验收、动用验收两个阶段。

1. 交工验收

交工验收亦称初步验收,是指一个总体建设项目中,一个单项工程(或一个车间)已按设计规定的内容建完,能满足生产要求或具备使用条件,且施工单位已经预验、监理工程师已经现场初验后,施工单位提出交工通知,由建设单位组织施工、设计等单位共同验收。在交工验收中,应按试车规程进行单机试车、无负荷联动试车及负荷联动试车。验收合格后,建设单位与施工单位签订《交工验收证书》。如发现有需要返工、补修的工程,要明确规定完成期限。验收通过后,由建设单位报主管部门批准进行生产或使用。验收合格的单项工程,在动用验收时,原则上不再办理验收手续。

待工程检查验收完毕,施工单位要向建设单位逐项办理工程移交手续和各项资产移交手续,签交接验收证书。还应办理工程结算手续。工程结算手续一旦办理完毕,合同双方除施工单位在规定的保修期内,因工程质量原因造成的问题,负责保修外,建设单位与施工单位双方的经济关系和法律责任即告解除。

2. 动用验收

动用验收亦称全部验收,是指整个建设项目按设计规定全部建设完成,达到竣工验收标准,施工单位预验通过,监理工程师初验认可,经过第一阶段的交工验收,符合设计要求,并具备必要的文件资料后,由建设单位或建设项目主管部门,向负责验收的单位提出竣工验收申请报告。按现行验收组织规定,接受由银行、物资、环保、劳动、统计、消防及其他有关部门组成的验收委员会(小组)验收,办理固定资产移交手续。建设主管部门或建设单位、接管单位、施工单位、勘察设计及工程监理等有关单位也应参加验收工作。

6.1.6　建设项目竣工验收的方式

1. 单位工程竣工验收

单位工程验收又称中间验收,是指承包人以单位工程或某专业工程为对象,独立签订建设工程施工合同,达到竣工条件后,承包人可单独进行交工,发包人根据竣工验收的依据和标准,按施工合同约定的工程内容组织竣工验收。这阶段工作由监理单位组织,发包人和承包人派人参加验收工作,单位工程验收资料是最终验收的依据。

2. 单项工程竣工验收

单项工程竣工验收又称交工验收,是指在一个总体建设项目中,一个单项工程已完成设计图纸规定的工程内容,能满足生产要求或具备使用条件,承包人向监理单位提交工程竣工报告和工程竣工报验单,经签认后向发包人发出交付竣工验收通知书,说明工程完工情况、竣工验收准备情况、设备无负荷单机试车情况,具体约定单项工程竣工验收的有关工作。

这阶段工作由发包人组织,由监理单位、设计单位、承包人、工程质量监督站等参加,主要依据国家颁布的有关技术规范和施工承包合同,对以下几方面进行检查或检验:

① 检查、核实竣工项目准备移交给发包人的所有技术资料的完整性、准确性。

② 按照设计文件和合同,检查已完工程是否有漏项。

③ 检查工程质量、隐蔽工程验收资料,关键部位的施工记录等,考察施工质量是否达到合同要求。

④ 检查试车记录及试车中所发现的问题是否得到改正。

⑤ 在交工验收中发现需要返工、修补的工程,明确规定完成期限。

⑥ 其他涉及的有关问题。

验收合格后,发包人和承包人共同签署交工验收证书。然后由发包人将有关技术资料和试车记录、试车报告及交工验收报告一并上报主管部门,经批准后该部分工程即可投入使用。验收合格的单项工程,在全部工程验收时,原则上不再办理验收手续。

3. 工程整体竣工验收

工程整体竣工验收是指整个建设项目已按设计规定全部建成、达到竣工验收条件,由发包人组织设计、施工、监理等单位和档案部门进行全部工程的竣工验收。

工程整体竣工验收分为验收准备、预验收和正式验收 3 个阶段。

(1) 验收准备

发包人、承包人和其他有关单位均应进行验收准备。验收准备的主要工作内容包括以下几方面:

① 收集、整理各类技术资料,并分类装订成册。

② 核实建筑安装工程的完成情况,列出已交工工程和未完工工程一览表,包括单位工程名称、工程量、预算估价以及预计完成时间等内容。

③ 提交财务决算分析。

④ 检查工程质量,查明须返工或补修的工程并提出具体的时间安排,预申报工程质量等级的评定,做好相关材料的准备工作。

⑤ 整理汇总项目档案资料,绘制工程竣工图。

⑥ 登载固定资产,编制固定资产构成分析表。

⑦ 落实生产准备各项工作,提出试车检查的情况报告,总结试车考评情况。

⑧ 编写竣工结算分析报告和竣工验收报告。

(2) 预验收

建设项目竣工验收准备工作结束后,由发包人或上级主管部门会同监理单位、设计单位、承包人及有关单位或部门组成预验收组进行预验收。预验收的主要工作内容包括以下几方面:

① 核实竣工验收准备工作内容,确认竣工项目所有档案资料的完整性和准确性。

② 检查项目建设标准、评定质量,对竣工验收准备过程中有争议的问题和有隐患及遗留问题提出处理意见。

③检查财务账表是否齐全并验证数据的真实性。

④检查试车情况和生产准备情况。

⑤编写竣工预验收报告和移交生产准备情况报告,在竣工预验收报告中应说明项目的概况,对验收过程进行阐述,对工程质量做出总体评价。

(3) 正式验收

1) 正式验收的组织实施

① 建设项目的正式竣工验收是由国家、地方政府、建设项目投资商或开发商以及有关单位领导和专家参加的最终整体验收。

② 大中型和限额以上的建设项目的正式验收,由国家投资主管部门或其委托项目主管部门或地方政府组织验收,一般由竣工验收委员会(或验收小组)主任(或组长)主持,具体工作可由总监理工程师组织实施。

③ 国家重点工程的大型建设项目,由国家有关部门、邀请有关方面参加,组成工程验收委员会进行验收。

④ 小型和限额以下的建设项目由项目主管部门组织。发包人、监理单位、承包人、设计单位和使用单位共同参加验收工作。

2) 正式验收的工作内容

正式验收的主要工作内容包括以下几方面:

① 发包人、勘察设计单位分别汇报工程合同履约情况以及在工程建设各环节执行法律、法规与工程建设强制性标准的情况。

② 听取承包人汇报建设项目的施工情况、自验情况和竣工情况。

③ 听取监理单位汇报建设项目监理内容和监理情况及对项目竣工的意见。

④ 组织竣工验收小组全体人员进行现场检查，了解项目现状，查验项目质量，及时发现存在和遗留的问题。

⑤ 审查竣工项目移交生产使用的各种档案资料。

⑥ 评审项目质量，对主要工程部位的施工质量进行复验、鉴定，对工程设计的先进性、合理性和经济性进行复验和鉴定，按设计要求和建筑安装工程施工的验收规范和质量标准进行质量评定验收。在确认工程符合竣工标准和合同条款规定后，签发竣工验收合格证书。

⑦ 审查试车规程，检查投产试车情况，核定收尾工程项目，对遗留问题提出处理意见。

⑧ 签署竣工验收鉴定书，对整个项目做出总的验收鉴定。

6.1.7　建设项目竣工验收的组织

1. 建设项目竣工验收组织的构成

建设项目竣工验收组织应当根据建设工程的重要性、规模大小、隶属关系、承发包关系、工程项目管理方式等具体情况而定。重点工程、大中型项目、技术复杂的工程应组成验收委员会，一般小型工程项目，组成验收小组即可。竣工验收工作由发包人组织，主要参加人员有发包方、勘测、设计、总承包及分包单位的负责人，监理单位的总监理工程师和专业监理工程师，以及建设主管部门、备案部门的代表等。

2. 建设项目竣工验收组织的职责

经建设项目竣工验收组织审查，确认工程达到竣工验收的各项条件，应形成竣工验收会议纪要和"工程竣工验收报告"。参加验收的各单位负责人应在报告上签字并加盖公章，竣工验收组织的具体职责是：听取各单位的情况报告，审查各种竣工资料，对工程质量进行评估、鉴定，形成工程竣工验收会议纪要，签署工程竣工验收报告，对遗留问题做出处理决定。

3. 建设项目竣工验收组织权限的划分

① 大中型建设项目（工程）以及由国家批准的限额以上利用外资的项目（工程），由国家组织或委托有关部门组织验收，省建委应参与验收。

② 地方大中型建设项目（工程），由省级主管部门组织验收。

③ 其他小型项目（工程），由地市级主管部门或建设单位组织验收。

学习任务 6.2　建设项目竣工结算与决算

6.2.1　建设项目竣工结算

1. 建设项目竣工结算的含义

建设项目竣工结算是指由于施工过程中发生的工程变更和技术经济签证等，使工程预算或合同价款发生变化，对原来的工程预算或合同价款进行了调整，最终确定工程造价的结算方式。建设项目经竣工验收合格，签署工程竣工验收报告，承发包双方应按国家有关规定进行工程价款的竣工结算。它是承包人向发包人进行最后一次工程价款的结算，也是建设项目竣工决算的基础。

一个单位工程或单项工程完工，并经建设单位及有关部门验收点交后，要办理工程竣工结算。竣工结算意味着承发包双方经济关系的最后结束，承发包双方的财务往来也须结清。竣工结算应根据工程竣工结算书和工程价款结算单账单（见表6-1）进行。前者是承包方根据合同造价、设计变更增（减）项目和其他经济签证费用编制的确定工程最终造价的经济文件，表示向发包方应收的全部工程价款。后者是表示承包方已向发包方收取的工程价款，其中包括发包方供应的器材（填报时必须将未付给发包方的材料价款扣除），二者须由承包方在工程竣工验收合格后编制，送发包方审核，由承发包双方共同办理工程竣工结算手续，才能进行工程竣工结算。

表 6-1　工程价款结算单账单

发包方名称：　　　　　　　　　　　年　月　日　　　　　　　　　　　　　单位：元

单项工程项目名称	合同预算		本期应收工程款	应抵扣款项					本期实收款	预付备料款余额	本期止已收工程价款累计	说明
	价值	其中：计划利润		合计	预付工程款	预付备料款	建设单位供给材料价款	各种往来款				
1	2	3	4	5	6	7	8	9	10	11	12	13

承包单位：（签章）　　　　　　　　　　财务负责人：（签章）

说明：

（1）该账单由承包方在月终和竣工结算工程价款时填列，送发包方和经办银行各一份。

（2）"本期应收工程款"栏应根据已完工程月报数填列。

2．建设项目竣工结算的作用

① 通过竣工结算可以确定企业的货币收入，补充施工企业在生产过程中的资金消耗。

② 竣工结算是施工企业内部进行成本核算、确定工程实际成本的重要依据。

③ 竣工结算是建设单位编制竣工决算的主要依据。

④ 竣工结算是衡量企业管理水平的重要依据。

3．编制建设项目竣工结算的依据

建设项目竣工结算由承包人编制，发包人审查或委托工程造价咨询单位审核，承包人和发包人最终确定工程价款。编制建设项目竣工结算应依据下列资料：

① 施工合同。

② 中标投标书的报价单。

③ 施工图及设计变更通知单、施工变更记录、技术经济签证。

④ 工程预算定额、取费定额及调价规定。

⑤ 有关施工技术资料。

⑥ 工程竣工验收报告。

⑦ 工程质量保修书。

⑧ 其他有关资料。

承包人尤其是项目经理部在编制建设项目竣工结算时，应注意收集、整理有关结算资料。

4. 建设项目竣工结算的有关规定

建设部和国家工商行政管理局制定的《建设工程施工合同(示范文本)》通用条款对竣工结算做出了详细规定：

① 工程竣工验收报告经发包人认可后的 28 天内，承包人向发包人递交竣工结算报告及完整的结算资料，双方按照协议书中的合同条款及专用条款约定的合同价款调整内容，进行工程竣工结算。

② 发包人收到承包人递交的竣工结算报告及结算资料后 28 天内进行核实，给予确认或者提出修改意见。发包人确认竣工结算报告后通知经办银行向承包人支付工程竣工结算价款。承包人收到竣工结算价款后 14 天内将竣工工程交付发包人。

③ 发包人收到竣工结算报告及结算资料后 28 天内无正当理由不支付工程竣工结算价款，从第 29 天起按承包人同期向银行贷款利率支付拖欠工程价款的利息，并承担违约责任。

④ 发包人收到竣工结算报告及结算资料后 28 天内不支付工程竣工结算价款，承包人可以催告发包人支付结算价款。发包人在收到竣工结算报告及结算资料后 56 天内仍不支付的，承包人可以与发包人协议将工程折价，也可以由承包人申请人民法院将该工程依法拍卖，承包人就该工程折价或者拍卖的价格优先受偿。

⑤ 工程竣工验收报告经发包人认可后 28 天内，承包人未能向发包人递交竣工结算报告及完整的结算资料，造成工程竣工结算不能正常进行或工程竣工结算价款不能及时支付，发包人要求支付的，承包人应当支付；发包人不要求交付的，承包人承担保管责任。

⑥ 发包人、承包人对工程竣工结算价款发生争议时，按关于争议的约定处理。

6.2.2　建设项目竣工决算

1. 建设项目竣工决算的含义

建设项目竣工决算是以实物数量和货币指标为计量单位，综合反映竣工项目从筹建开始到项目竣工交付使用为止的全部建设费用、投资效果和财务情况的总结性文件，是竣工验收报告的重要组成部分。建设项目竣工决算是正确核定新增固定资产价值，考核分析投资效果，建立健全经济责任制的依据，也是反映建设项目实际造价和投资效果的文件。通过竣工决算，既能够正确反映建设工程的实际造价和投资效果；又可以通过竣工决算与概算、预算的对比分析，考核投资控制的工作成效，为工程建设提供重要的技术经济方面的基础资料，提高未来工程建设的投资效益。

2. 建设项目竣工决算的作用

① 建设项目竣工决算是综合、全面地反映竣工项目建设成果及财务情况的总结性文件。

它采用货币指标、实物数量、建设工期和各种技术经济指标综合、全面地反映建设项目自开始建设到竣工为止的全部建设成果和财务状况。

② 建设项目竣工决算是办理交付使用资产的依据,也是竣工验收报告的重要组成部分。建设单位与使用单位在办理交付资产的验收交接手续时,通过竣工决算反映了交付使用资产的全部价值,包括固定资产、流动资产、无形资产和其他资产的价值。及时编制竣工决算可以正确核定固定资产价值并及时办理交付使用,可缩短工程建设周期,节约建设项目投资,准确考核和分析投资效果。

③ 建设项目竣工决算是分析和检查设计概算的执行情况,考核建设项目管理水平和投资效果的依据。竣工决算反映了竣工项目计划、实际的建设规模、建设工期以及设计和实际的生产能力,反映了概算总投资和实际的建设成本,同时还反映了所达到的主要技术经济指标。通过对这些指标的计划数、概算数与实际数进行对比分析,不仅可以全面掌握建设项目计划和概算执行情况,而且可以考核建设项目投资效果,为今后制订建设项目计划,降低建设成本,提高投资效果提供必要的参考资料。

3. 建设项目竣工决算的内容

建设项目竣工决算应包括从筹建到竣工投产全过程的全部实际支付费用,即包括建筑工程费、安装工程费、设备工器具购置费和其他费用等。按照财政部、国家发改委、住房和城乡建设部的有关文件规定,建设项目竣工决算由竣工财务决算报表、竣工财务决算说明书、工程竣工图和工程造价比较分析4部分组成。其中竣工财务决算报表和竣工财务决算说明书属于建设项目竣工财务决算的内容,是竣工决算的核心内容。

建设项目竣工财务决算作为竣工决算的重要组成部分,是正确核定新增固定资产价值、考核分析投资效果、建立健全经济责任制的依据,也是建设项目竣工验收报告的重要组成部分。

(1) 建设项目竣工财务决算报表

在实际工作中,建设项目竣工财务决算报表应根据大中型建设项目和小型建设项目分别制定。大中型建设项目竣工财务决算报表一般包括建设项目竣工财务决算审批表,大中型建设项目概况表,大中型建设项目竣工财务决算表,大中型建设项目交付使用资产总表,建设项目交付使用资产明细表;小型建设项目竣工财务决算报表一般包括建设项目竣工财务决算审批表,小型建设项目竣工财务决算总表,建设项目交付使用资产明细表。建设项目竣工财务决算报表的结构如图6-1所示。

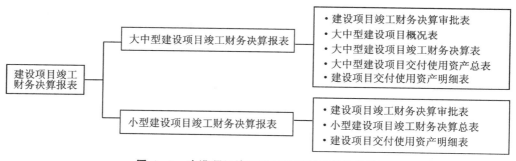

图6-1　建设项目竣工财务决算报表的结构图

1）建设项目竣工财务决算审批表（见表 6-2）

大中型、小型建设项目竣工决算均要填报表 6-2。

表 6-2　建设项目竣工财务决算审批表

建设项目法人（建设单位）		建设性质	
建设项目名称		主管部门	

开户银行意见：

盖章
年　　月　　日

专员办审批意见：

盖章
年　　月　　日

主管部门或地方财政部门审批意见：

盖章
年　　月　　日

填报说明：

① 建设性质按新建、扩建、改建、迁建和恢复建设项目等分类填列。

② 主管部门是指建设单位的主管部门。

③ 所有建设项目均须经开户银行签署意见后，按下列要求报批：中央级小型建设项目由主管部门签署审批意见；中央级大中型建设项目报所在地财政监察专员办事机构签署意见后，再由主管部门签署意见报财政部审批；地方级建设项目由同级财政部门签署审批意见。

④ 已具备竣工验收条件的项目，3 个月内应及时填报此审批表，如 3 个月内不办理竣工验收和固定资产移交手续的视同项目已正式投产，其费用不得从基建投资中支付，所实现的收入作为经营收入，不再作为基建收入管理。

2）大中型建设项目概况表（见表 6-3）

表 6-3 用来反映建设项目总投资、基建投资支出、新增生产能力、主要材料消耗和主要技术经济指标等方面的设计或概算数与实际完成数的情况。

表 6 - 3 大中型建设项目概况表

建设项目（单位工程）名称			建设地址					项目	概算	实际	主要指标
主要建设单位			主要施工企业					建筑安装工程			
占地面积	计划	实际	总投资/万元	设计		实际		设备、工具、器具			
				固定资产	流动资产	固定资产	流动资产	待摊投资 其中:建设单位管理费			
新增生产能力	能力(效益)名称	设计		实际				其他投资			
								待核销基建支出			
建设起止时间	设计	从　　年　　月开工至　　年　　月竣工						非经营项目转出投资			
	实际	从　　年　　月开工至　　年　　月竣工						合计			
设计概算批准文件								名称	单位	概算	实际
完成的主要工程量	建筑面积/m²		设备/台(套)				主要材料消耗	钢材	t		
	设计	实际	设计	实际				木材	m³		
								水泥	t		
收尾工程	工程内容		投资额/万元	完成时间			主要技术经济指标				

填报说明：

① 建设项目名称、建设地址、主要建设单位和主要施工单位应按全名称填列。

② 各项目的设计、概算、计划指标是指经批准的设计文件和概算、计划等确定的指标数据。

③ 设计概算批准文号是指最后经批准的日期和文件号。

④ 新增生产能力、完成主要工程量、主要材料消耗的实际数据是指建设单位统计资料和施工企业提供的有关成本核算资料中的数据。

⑤ 主要技术经济指标包括单位面积造价、单位生产能力、单位投资增加的生产能力（如 t/万元）、单位生产成本和投资回收年限等反映投资效果的综合性指标。

⑥ 基建支出是指建设项目从开工起至竣工止所发生的全部基建支出，包括形成资产价值的交付使用资产，即固定资产、流动资产、无形资产、递延资产支出，以及不形成资产价值按规定核销的非经营性项目的待核销基建支出和转出投资。以上这些基建支出，应根据财政部门历年批准的"基建投资表"中的数据填列。按照《基本建设财务规则》（财政部令[2016]第 81号）的要求，还应注意以下几点：

第一,建筑安装工程投资支出,设备、工器具投资支出,待摊投资支出,以及其他投资支出构成建设项目的建设成本。

建筑安装工程投资支出是指建设单位按照项目概算内容发生的建筑工程和安装工程的实际成本,不包括被安装设备的自身价值,以及按照合同规定支付给施工企业的预付备料款和预付工程款。

设备、工器具投资支出是指建设单位按照项目概算内容发生的各种设备的实际成本和为生产准备的未达到固定资产价值标准的工具、器具的实际成本。

待摊投资支出是指建设单位按照项目概算内容发生的,按规定应当分摊计入交付使用资产价值的各项费用支出,包括建设单位管理费、土地征用及迁移补偿费、勘察设计费、研究试验费、可行性研究费、临时设施费、设备检验费、负荷联动试运转费、包干结余、坏账损失、借款利息、合同公正及工程质量监理费、土地使用税、汇总损益、国外借款手续费及承诺费、施工机构迁移费、报废工程费、耕地占用税、土地复垦及补偿费、投资方向调节税、固定资产损失、器材处理亏损、设备盘亏毁损、调整器材调拨价格折价、企业债券发行费用、概(预)算审查费、(贷款)项目评估费、社会中介机构审计费、车船使用税、其他待摊销投资支出等。建设单位发生单项工程报废时,按规定程序报批并经批准以单项工程的净损失,按增加建设成本处理,计入待摊投资支出。

其他投资支出是指建设单位按照项目概算内容发生的构成建设项目实际支出的房屋购置和基本畜禽、林木等购置、饲养、培养支出以及取得各种无形资产和递延资产发生的支出。

第二,待核销基建支出是指非经营性项目发生的江河清障、航道清淤、飞播造林、补助群众造林、水土保持、城市绿化、取消项目可行性研究费、项目报废等不能形成资产部分的投资。但是,若形成资产部分的投资,应计入交付使用资产价值。

第三,非经营性项目转出投资支出是指非经营性项目为项目配套的专用设施投资,包括专用道路、专用通信设施、送变电站、地下管道等,其产权不属于本单位的投资支出。但是,若产权归属本单位的,应计入交付使用资产价值。

⑦ 收尾工程是指全部工程项目验收后还遗留的少量收尾工程。此表中应明确填写收尾工程内容、完成时间,尚需投资额(实际成本)可根据具体情况进行并加以说明,完工后不再编制竣工决算。

3) 大中型建设项目竣工财务决算表(见表 6-4)

表 6-4 用来反映建设项目的全部资金来源和资金占用(支出)情况,是考核和分析投资效果的依据。该表采用平衡表形式,即资金来源合计等于资金占用(支出)合计。

表 6-4 大中型建设项目竣工财务决算表 单位:元

资金来源	金 额	资金占用	金 额	补充资料
一、基建拨款		一、基本建设支出		1.基建投资借款期末余额
1.预算拨款		1.交付使用资金		

资金来源	金额	资金占用	金额	补充资料
2.基建基金拨款		2.在建工程		2.应收生产单位投资借款
3.进口设备转账拨款		3.待核销基建支出		
4.器材转账拨款		4.非经营项目转出投资		3.基建结余资金
5.煤代油专用基金拨款		二、应收生产单位投资借款		
6.自筹资金拨款		三、拨付所属投资借款		
7.其他拨款		四、器材		
二、项目资本金		其中:待处理器材损失		
1.国家资本金		五、货币资金		
2.法人资本金		六、预付及应收款		
3.个人资本金		七、有价证券		
4 外商资本金				
三、项目资本公积金		八、固定资产		
四、基建借款		固定资产原值		
五、上级拨入投资借款		减:累计折旧		
六、企业债券资金		固定资产净值		
七、待冲基建支出		固定资产清理		
八、应付款		待处理固定资产损失		
九、未交款				
1.未交税金				
2.未交基建收入				
3.未交基建包干节余				
4.其他未交款				
十、上级拨入资金				
十一、留成收入				
合计		合计		

填报说明:

① 资金来源包括基建拨款、项目资本金、项目资本公积金、基建借款、上级拨入投资借款、企业债券资金、待冲基建支出、应付款和未交款以及上级拨入资金和企业留成收入等。但是,还应注意以下几点:

第一,预算拨款、自筹资金拨款及其他拨款、项目资本金、基建借款及其他借款等项目,是指自开工建设至竣工止的累计数,应根据历年批复的年度基本建设财务决算和竣工年度的基本建设财务决算中资金平衡表相应项目的数字经汇总后的投资额。

第二,项目资本金是指经营性项目投资者按照国家关于项目资本金制度的规定,筹集并投入项目的非负债资金。按其投资主体不同,分为国家资本金、法人资本金、个人资本金和外商资本金,并在财务决算表中单独反映,竣工决算后相应转为生产经营企业的国家资本金、法人资本金、个人资本金和外商资本金。国家资本金包括中央财政预算拨款、地方财政预算拨款、政府设立的各种专项建设基金和其他财政性资金等。

第三,项目资本公积金是指经营性项目对投资者实际缴付的出资额超出其资金的差额(包括发行股票的溢价净收入)、资产评估确认价值或者合同、协议约定价值与原账面净值的差额、接受捐赠的财产、资本汇率折算差额等。在项目建设期间作为资本公积金,项目建成交付使用并办理竣工决算后转为生产经营企业的资本公积金。

第四,基建收入是指基建过程中形成的各项工程建设副产品变价净收入、负荷试车的试运行收入以及其他收入,其具体内容涵盖:工程建设副产品变价净收入包括煤炭建设过程中的工程煤收入、矿山建设中的矿产品收入、油(气)田钻井建设过程中的原油(气)收入等;经营性项目为检验设备安装质量进行的负荷试车或按合同及国家规定进行试运行所实现的产品收入,包括水利、电力建设移交生产前的水、电、热收入,原材料、机电轻纺、农林建设移交生产前的产品收入,铁路、交通临时运营收入等;各类建设项目总体建设尚未完成和移交生产,但其中部分工程简易投产而发生的经营性收入等;工程建设期间各项索赔以及违约金等其他收入。

以上各项基建收入均是以实际所得纯收入计列,即实际销售收入扣除销售过程中所发生的费用和税金后的纯收入。

② 资金占用(支出)反映建设项目从开始准备到竣工全过程的资金支出的全面情况。具体内容包括基建建设支出、应收生产单位投资借款、库存器材、货币资金、有价证券和预付及应收款以及拨付所属投资借款和库存固定资产等。

③ 补充资料的"基建投资借款期末余额"是指建设项目竣工时尚未偿还的基建投资借款数,应根据竣工年度资金平衡表内的"基建借款"项目的期末数填列;"应收生产单位投资借款期末数"应根据竣工年度资金平衡表内的"应收生产单位投资借款"项目的期末数填列;"基建结余资金"是指竣工时的结余资金额,应根据竣工财务决算表中有关项目计算填列,其计算公式为

基建结余资金＝基建拨款＋项目资本＋项目资本公积金＋基建借款＋企业债券资金＋
待冲基建支出－基本建设支出－应收生产单位投资借款

4) 大中型建设项目交付使用资产总表(见表6-5)

表6-5用来反映建设项目建成后,交付使用新增固定资产、流动资产、无形资产和递延资产的全部情况及价值,作为财产交接、检查投资计划完成情况和分析投资效果的依据。

表6-5　大中型建设项目交付使用资产总表　　　　单位:元

单项工程项目名称	总　计	固定资产					流动资产	无形资产	递延资产
		建筑工程	安装工程	设　备	其　他	合　计			
1	2	3	4	5	6	7	8	9	10

交付单位(盖章):　年　月　日　　　　　　　接收单位(盖章):　年　月　日

表 6-5 中各栏数据应根据交付使用资产明细表的固定资产、流动资产、无形资产和递延资产的汇总数分别填列,表中总计栏的总计数应与竣工财务决算表中的交付使用资产的金额一致。第 2、7 栏的合计数和第 8、9、10 栏的数据应与竣工财务决算表交付的固定资产、流动资产、无形资产和递延资产的数据相符。

5)建设项目交付使用资产明细表(见表 6-6)

大中型和小型建设项目均要填写此表。该表是交付使用财产总表的具体化,反映交付使用固定资产、流动资产、无形资产和递延资产的详细内容,是使用单位建立资产明细账和登记新增资产价值的依据。

表 6-6   建设项目交付使用资产明细表   单位:元

单项工程项目名称	建筑工程			设备、工具、器具、家具						流动资产		无形资产		递延资产	
	结构	面积/m²	价值/元	名称	规格型号	单位	数量	价值/元	设备安装费/元	名称	价值/元	名称	价值/元	名称	价值/元
合　计															

交付单位(盖章):　年　月　日　　　　　　　　接收单位(盖章):　年　月　日

表 6-6 中固定资产部分要逐项盘点填列;工具、器具和家具等低值易耗品可分类填列;各项合计数应与交付使用资产总表一致。

6)小型建设项目竣工财务决算总表(见表 6-7)

表 6-7 是由大中型建设项目概况表与竣工财务决算表合并而成的,主要反映小型建设项目的全部工程和财务情况。可参照大中型建设项目概况表指标和大中型建设项目竣工财务决算的指标口径填写。

(2)竣工财务决算说明书

竣工财务决算说明书主要反映竣工工程建设成果和经验,是对竣工决算报表进行分析和补充说明的文件,是全面考核分析工程投资与造价的书面总结,是竣工决算报告的重要组成部分,其内容主要包括以下几方面:

① 建设项目概况,对工程总的评价。一般从进度、质量、安全和造价方面进行分析说明。进度方面主要说明开工和竣工时间,对照合理工期和要求工期分析是提前还是延期;质量方面主要根据竣工验收委员会或相当一级质量监督部门的验收评定等级、合格率和优良品率;安全方面主要根据劳动工资和施工部门的记录,对有无设备和人身事故进行说明;造价方面主要对照概算造价,说明节约或超支的情况,用金额和百分率进行分析说明。

② 资金来源及运用等财务分析。主要包括工程价款结算、会计账务的处理、财产物资情况及债权债务的清偿情况。

③ 基本建设收入、投资包干结余、竣工结余资金的上交分配情况。通过对基本建设投资包干情况的分析,说明投资包干数、实际支用数和节约额、投资包干结余的有机构成和包干结余的分配情况。

④ 各项经济技术指标的分析、计算情况。概算执行情况分析,根据实际投资完成额与概算进行对比分析;新增生产能力的效益分析,说明交付使用财产占总投资额的比例、占交付使

用财产的比例,不增加固定资产的造价占投资总额的比例,分析有机构成和成果。

⑤ 工程建设的经验、项目管理和财务管理工作以及竣工财务决算中有待解决的问题。

⑥ 需要说明的其他事项。

表 6-7　小型建设项目竣工财务决算总表　　　　　　　　　单位:万元

建设项目名称			建设地址					资金来源		资金占用	
初步设计概算批准文号								项　目	金　额	项　目	金　额
占地面积	计划	实际	总投资	计划		实际		一、基建拨款		一、交付使用资产	
				固定资产	流动资产	固定资产	流动资产	其中:预算拨款		二、待核销基建支出	
								二、项目资本		三、非经营项目转出投资	
								三、项目资本公积金			
新增生产能力	能力(效益)名称		设计	实际				四、基建借款		四、应收生产单位投资借款	
								五、上级拨入借款			
建设起止时间	计划	从　年　月开工至　年　月竣工						六、企业债券资金		五、拨付所属投资借款	
	实际	从　年　月开工至　年　月竣工						七、待冲基建支出		六、器材	
基建支出	项　目		概算	实际				八、应付款		七、货币资金	
	建筑安装工程							九、未交款		八、预付及应收款	
	设备、工具、器具							其中:未交基建收入		九、有价证券	
	待摊投资 其中:建设单位管理费							未交包干收入		十、原有固定资产	
	其他投资							十、上级拨入资金			
	待核销基建支出							十一、留成收入			
	非经营项目转出投资										
	合　　计							合　　计		合　　计	

(3) 建设工程竣工图

建设工程竣工图是真实记录各种地上、地下建筑物、构筑物等情况的技术文件,是工程进行交工验收、维护、改建和扩建的依据,是国家的重要技术档案。全国各建设、设计、施工单位和各主管部门都要认真做好竣工图的编制工作。国家规定:各项新建、扩建、改建的基本建设工程,特别是基础、地下建筑、管线、结构、井巷、桥梁、隧道、港口、水坝以及设备安装等隐蔽部位,都要编制竣工图。为确保竣工图质量,必须在施工过程中(不能在竣工后)及时做好隐蔽工程检查记录,整理好设计变更文件。编制竣工图的形式和深度,应根据不同情况区别对待,其具体要求包括:

① 凡按图竣工没有变动的,由承包人(包括总包和分包承包人,下同)在原施工图上加盖"竣工图"标志后,即作为竣工图。

② 凡在施工过程中,虽有一般性设计变更,但能将原施工图加以修改补充作为竣工图的,可不重新绘制,由承包人负责在原施工图(必须是新蓝图)上注明修改的部分,并附以设计变更通知单和施工说明,加盖"竣工图"标志后,作为竣工图。

③ 凡结构形式改变、施工工艺改变、平面布置改变、项目改变以及有其他重大改变,不宜再在原施工图上修改、补充时,应重新绘制改变后的竣工图。由原设计原因造成的,由设计单位负责重新绘制;由施工原因造成的,由承包人负责重新绘图;由其他原因造成的,由建设单位自行绘制或委托设计单位绘制。承包人负责在新图上加盖"竣工图"标志,并附以有关记录和说明,作为竣工图。

④ 为了满足竣工验收和竣工决算的需要,还应绘制反映竣工工程全部内容的工程设计平面示意图。

⑤ 重大的改建、扩建工程项目涉及原有的工程项目变更时,应将相关项目的竣工图资料统一整理归档,并在原图案卷内增补必要的说明。

(4) 工程造价比较分析

在建设项目竣工决算报告中,应对控制工程造价所采取的措施、效果及其动态的变化进行认真的比较分析,总结经验教训。批准的概算是考核建设工程造价的依据。在分析时,可先对比整个项目的总概算,然后将建筑安装工程费、设备工器具费和其他工程费用逐一与竣工决算表中所提供的实际数据和相关资料及批准的概算、预算指标、实际的工程造价进行对比分析,以确定竣工项目总造价是节约还是超支,并在对比的基础上,总结先进经验,找出节约和超支的内容和原因,提出改进措施。在实际工作中,应侧重分析以下内容:

① 主要实物工程量。概预算编制的主要实物工程量的增减必然使工程概预算造价和竣工决算实际工程造价随之增减。因此,要认真对比分析和审查建设项目的建设规模、结构、标准、工程范围等是否遵循批准的设计文件规定,其中有关变更是否按照规定的程序办理,它们对工程造价的影响如何。对于实物工程量出入比较大的项目,还必须查明原因。

② 主要材料消耗量。在建筑安装工程投资中,材料费一般占直接工程费的70%以上,因此考核材料费的消耗是重点。在考核主要材料消耗量时,要按照竣工决算表中所列明的三大材料实际超概算的消耗量,查明是在工程的哪个环节超出量最大,再进一步查明超耗的原因。

③ 建设单位管理费、措施费和间接费的取费标准。建设单位管理费、措施费和间接费的取费标准要按照国家和各地的有关规定,根据竣工决算报表中所列的建设单位管理费与概算所列的建设单位管理费数额进行比较,依据规定查明是否多列或少列的费用项目,确定其节约或超支的数额,并查明原因。

以上所列内容是工程造价比较分析的重点,应侧重分析。但对具体建设项目应进行具体分析,究竟选择哪些内容作为考核、分析重点,还得因地制宜,视各个建设项目的具体情况而定。

4. 建设项目竣工决算的编制

(1) 竣工决算编制的主要依据

① 经批准的可行性研究报告、投资估算书,初步设计或扩大初步设计,概算或修正概算书及其批复文件。

② 经批准的施工图设计及其施工图预算书。

③ 设计交底或图纸会审会议纪要。

④ 设计变更记录、施工记录或施工签证单及其他施工发生的费用记录。

⑤ 招标控制价、承包合同、工程结算等有关资料。

⑥ 历年基建计划、历年财务决算及批复文件。

⑦ 设备、材料调价文件和调价记录。

⑧ 竣工图及各种竣工验收资料。

⑨ 有关财务核算制度、办法和其他有关资料。

(2) 竣工决算编制的步骤

① 收集、整理和分析有关依据资料。在编制竣工决算文件之前,应系统地整理所有的技术资料、工料结算的经济文件、施工图纸和各种变更与签证资料,并分析它们的准确性。完整、齐全的资料,是准确而迅速编制竣工决算的必要条件。

② 清理各项财务、债务和结余物资。在收集、整理和分析有关资料中,要特别注意建设工程从筹建到竣工投产或使用的全部费用的各项账务、债权和债务的清理,做到工程完毕账目清晰。既要核对账目,又要查点库存实物的数量,做到账与物相等,账与账相符。对结余的各种材料、工器具和设备,要逐项清点核实,妥善管理,并按规定及时处理,收回资金。对各种往来款项要及时进行全面清理,为编制竣工决算提供准确的数据和结果。

③ 核实工程变动情况,重新核实各单位工程、单项工程造价。将竣工资料与原设计图纸进行查对、核实,必要时可实地测量,确认实际变更情况;根据经审定的承包人竣工结算等原始资料,按照有关规定对原概算、预算进行增减调整,重新核定工程造价。

④ 编制建设工程竣工决算说明。按照建设工程竣工决算说明的内容要求,根据编制依据材料填写在报表中的结果,编写文字说明。

⑤ 填写竣工决算报表。按照建设工程决算表格中的内容,根据编制依据中的有关资料进行统计或计算各个项目和数量,并将其结果填到相应表格的栏目内,完成所有报表的填写。

⑥ 做好工程造价比较分析。

⑦ 清理、装订好竣工图。

⑧ 上报主管部门审查存档。

将上述填写的文字说明和填写的表格经核对无误,装订成册,即为建设工程竣工决算文件。将其上报主管部门审查,并把其中财务成本部分送交开户银行签证。竣工决算在上报主管部门的同时,抄送有关设计单位。大中型建设项目的竣工决算还应抄送财政部、建设银行总行和省、市、自治区的财政局和建设银行分行各一份。建设工程竣工决算文件由建设单位负责组织人员编写,在竣工建设项目办理验收使用 1 个月内完成。

学习任务 6.3 新增资产价值的确定

6.3.1 新增资产价值的分类

建设项目竣工投入运营后,所花费的总投资形成相应的资产。按照现行财务制度和企业会计准则的相关规定,新增资产按资产性质可分为固定资产、流动资产、无形资产和其他资产等 4 大类。

1. 固定资产

固定资产是指使用期限超过 1 年,单位价值在规定标准(如 1000 元或 2000 元)以上,并且在使用过程中保持原有物质形态的资产,包括房屋及建筑物、机电设备、运输设备、工具器具等。不同时具备以上 3 个条件的资产应视为低值易耗品,列入流动资产范围内,如企业自身使用的工具、器具、家具等。

2. 流动资产

流动资产是指可以在 1 年内或超过 1 年的一个营业周期内变现或者运用的资产，包括现金及各种存款、其他货币资金、短期投资、应收及预付款项、存货以及其他流动资产等。

3. 无形资产

无形资产是指企业长期使用但没有实物形态的资产，包括专利权、商标权、著作权、非专利技术、商誉等。

4. 其他资产

其他资产是指除固定资产、流动资产、无形资产以外的资产。

6.3.2 新增资产价值的确定

1. 新增固定资产价值的确定

新增固定资产价值是建设项目竣工投产后所增加的固定资产价值，即交付使用的固定资产价值。它是以价值形态表示的固定资产投资最终成果的综合性指标。新增固定资产价值的计算以独立发挥生产能力的单项工程为对象。单项工程建成经有关部门验收鉴定合格，正式移交生产或使用，即应计算新增固定资产价值。一次性交付生产或使用的工程一次性计算新增固定资产价值，分期分批交付生产或使用的工程，应分期分批计算新增固定资产价值。新增固定资产价值的内容包括：已投入生产或交付使用的建筑、安装工程造价，达到固定资产标准的设备、工器具的购置费用，增加固定资产价值的其他费用。

在计算新增固定资产价值时，应注意以下几种情况：

① 对于为了提高产品质量、改善劳动条件、节约材料消耗、保护环境而建设的附属辅助工程，只要全部建成，正式验收交付使用后就要计入新增固定资产价值。

② 对于单项工程中不构成生产系统，但能独立发挥效益的非生产性项目，如住宅、食堂、医务所、托儿所、生活服务网点等，在建成并交付使用后，也要计算新增固定资产价值。

③ 凡购置达到固定资产标准不需安装的设备、工器具，应在交付使用后计入新增固定资产价值。

④ 属于新增固定资产价值的其他投资，如与建设项目配套的专用铁路线、专用公路、专用通信设施、送变电站、地下管道、专用码头等由本项目投资且其产权归属本项目所在单位的，应随同受益工程交付使用的同时一并计入新增固定资产价值。

交付使用财产的成本，应按下列内容计算：

① 房屋、建筑物、管道、线路等固定资产的成本包括建筑工程成本和应分摊的待摊投资。

② 动力设备和生产设备等固定资产的成本包括需要安装设备的采购成本，安装工程成本，设备基础支架等建筑工程成本，砌筑锅炉及各种特殊炉的建筑工程成本，应分摊的待摊投资。

③ 运输设备及其他不需要安装的设备、工具、器具、家具等固定资产一般仅计算采购成本，不计算分摊的"待摊投资"。

④ 共同费用的分摊方法。新增固定资产的其他费用，如果是属于整个建设项目或两个以

上单项工程的,在计算新增固定资产价值时,应在各单项工程中按比例分摊。一般情况下,建设单位管理费由建筑工程、安装工程、需安装设备价值总额等按比例分摊;土地征用费、地址勘察和建筑工程设计等费用则按建筑工程造价比例分摊;生产工艺流程系统设计费按安装工程造价比例分摊。

【例 6-1】　某建设项目及其第一车间的建筑工程费、安装工程费、需安装设备费以及应分摊的共同费用见表 6-8。试对共同费用进行分摊,计算确定新增固定资产价值。

表 6-8　某建设项目各项费用表　　　　　　　　　　　　　　单位:万元

项目名称	建筑工程	安装工程	需安装设备费	建设单位管理费	土地征用费	勘察设计费	合　计
建设项目竣工决算	500	100	200	20	40	16	876
第一车间竣工决算	200	40	80	8	16	6.4	350.4

【解】　根据建设项目竣工决算资料,建设单位管理费、土地征用费、勘察设计费属于共同费用,应按受益工程进行分摊。计算过程如下:

第一车间应分摊建设单位管理费 $=\left(\dfrac{200+40+80}{500+100+200}\times 20\right)$ 万元 $=8$ 万元

第一车间应分摊土地征用费 $=\left(\dfrac{200}{500}\times 40\right)$ 万元 $=16$ 万元

第一车间应分摊勘察设计费 $=\left(\dfrac{200}{500}\times 16\right)$ 万元 $=6.4$ 万元

则第一车间新增固定资产价值 $=$（200 万元 $+$ 40 万元 $+$ 80 万元）$+$（8 万元 $+$ 16 万元 $+$ 6.4 万元）$=350.4$ 万元

2. 新增流动资产价值的确定

(1) 货币性资金

货币性资金是指现金、各种银行存款及其他货币资金。其中,现金是指企业的库存现金,包括企业内部各部门用于周转使用的备用金;各种存款是指企业的各种不同类型的银行存款;其他货币资金是指除现金和银行存款以外的其他货币资金(如外埠存款、还未收到的在途资金、银行汇票和本票等资金)。货币性资金一律根据实际入账价值核定计入流动资产。

(2) 短期投资

短期投资包括股票、债券、基金。股票和债券根据是否可以上市流通分别采用市场法和收益法确定其价值。

(3) 应收及预付款项

应收账款是指企业因销售商品、提供劳务等应向购货单位或受益单位收取的款项;预付款项是指企业按照购货合同预付给供货单位的购货定金或部分货款。应收及预付款项包括应收工程款、应收票据、应收账款、其他应收款、预付分包工程款、预付分包工程备料款、预付工程款、预付购货款和待摊费用等。一般情况下,应收及预付款项按企业销售商品、产品或提供劳务时的实际成交金额或合同约定金额入账核算。

(4) 存货

存货是指建设项目在建设过程中耗用而储存的各种自制和外购的货物,包括各种器材、低值易耗品和其他商品。各种存货应当按照取得时的实际成本计价。存货的形成主要有外购和自制两种途径。外购的存货按照买价加运输费、装卸费、保险费、途中合理损耗、入库前加工、整理及挑选费用以及缴纳的税金等计价；自制的存货按照制造过程中的各项实际支出计价。

依据投资概算核拨的项目铺底流动资金，由建设单位直接移交使用单位。

3．新增无形资产价值的确定

《企业会计准则第6号——无形资产》对无形资产的规定是：无形资产是指企业拥有或者控制的没有实物形态的可辨认非货币性资产。

(1) 无形资产的计价原则

① 投资者按无形资产作为资本金或者合作条件投入时，按评估确认或合同协议约定的金额计价。

② 购入的无形资产，按照实际支付的价款计价。

③ 企业自创并依法申请取得的，按其开发过程中的实际支出计价。

④ 企业接受捐赠的无形资产，按照发票账单所载金额或者同类无形资产市场价作价。

⑤ 无形资产计价入账后，应在其有效使用期内分期摊销，即企业为无形资产支出的费用应在无形资产的有效期内得到及时补偿。

(2) 无形资产的计价方法

1）专利权的计价

专利权分为自创和外购两类。自创专利权的价值为开发过程中的实际支出，主要包括专利的研制成本和交易成本。

① 研制成本包括直接成本和间接成本。其中，直接成本是指研制过程中直接投入发生的费用，主要包括材料费、工资、专用设备费、资料费、咨询鉴定费、协作费、培训费和差旅费等；间接成本是指与研制开发有关的费用，主要包括管理费、非专用设备折旧费、应分摊的公共费用及能源费用。

② 交易成本是指交易过程中的费用支出，主要包括技术服务费、交易过程中的差旅费及管理费、手续费、税金。由于专利权是具有独占性并能带来超额利润的生产要素，因此专利权转让价格不按成本估价，而是按照其所能带来的超额收益计价。

2）非专利技术的计价

非专利技术具有使用价值和价值，使用价值是非专利技术本身应具有的，非专利技术的价值在于非专利技术的使用所能产生的超额获利能力，应在研究分析其直接和间接的获利能力的基础上，准确计算出其价值。如果非专利技术是自创的，一般不作为无形资产入账，自创过程中发生的费用，按当期费用处理。对于外购非专利技术，应由法定评估机构确认后再进行估价，其方法往往采用收益法进行估价。

3）商标权的计价

如果商标权是自创的，一般不作为无形资产入账，而将商标设计、制作、注册、广告宣传等发生的费用直接作为销售费用计入当期损益。只有当企业购入或转让商标时，才需要对商标权计价。商标权的计价一般根据被许可方新增的收益确定。

4）土地使用权的计价

根据取得土地使用权的方式不同，土地使用权可有以下几种计价方式：

① 当建设单位向土地管理部门申请土地使用权并为之支付一笔出让金时，土地使用权作为无形资产核算。

② 当建设单位所获得的土地使用权是通过行政划拨的,这时土地使用权就不能作为无形资产核算。

③ 在将土地使用权有偿转让、出租、抵押、作价入股和投资,按规定补交土地出让价款时,应作为无形资产核算。

无形资产入账后,应在其有限使用期内分期摊销。

4. 新增其他资产价值的确定

形成其他资产原值的费用主要是开办费,以经营租赁方式租入的固定资产改良工程支出,生产准备费(含职工提前进厂费和培训费),样品、样机购置费和农业开荒费等,按实际入账价值确定新增其他资产价值。

学习任务 6.4　保修的处理

6.4.1　保修的含义

保修是指施工单位按照国家或行业现行的有关技术标准、设计文件以及合同中对质量的要求,对已竣工验收的建设工程在规定的保修期限内,进行维修、返工等工作。

2000 年 1 月国务院发布的《建设工程质量管理条例》(第 279 号令)中规定:我国建设工程实行质量保修制度。

《中华人民共和国民法典》第三编合同部分规定:建设工程的施工合同内容包括工程质量保修范围和质量保证期。

由于建设产品的一些质量缺陷(指工程不符合国家或行业现行的有关技术标准、设计文件以及合同中对质量的要求)和隐患,可能在使用过程中才逐渐暴露出来,例如屋面漏雨,墙体渗水,建筑物基础超过规定的不均匀沉降,采暖系统供热不佳,设备及安装工程达不到国家或行业现行的技术标准等,需要在使用过程中检查、观测和维修。为了使项目达到高质量、低费用,以获取最大效益,施工单位应认真做好保修工作,同时应加强保修期间的投资控制。保修制度,也是施工单位对工程正常发挥功能负责的具体体现,能维护企业信誉,提高管理水平。

6.4.2　保修期限

保修期限应当按照保证建筑物合理寿命内正常使用,维护使用者合法权益的原则确定。国务院发布的第 279 号令《建设工程质量管理条例》中规定:建设工程承包单位在向建设单位提交工程竣工验收报告时,应当向建设单位出具质量保修书。质量保修书应当明确建设工程的保修范围、保修期限和责任等。该令还明确规定,在正常使用条件下,建设工程的最低保修期限为:

① 基础设施工程、房屋建筑的地基基础工程和主体结构工程的保修期限为设计文件规定的该工程的合理使用年限。

② 屋面防水工程、有防水要求的卫生间、房间和外墙面的防渗漏的保修期限为 5 年。

③ 供热与供冷系统为 2 个采暖期和供冷期。

④ 电气管线、给水排水管道、设备安装和装修工程为 2 年。

⑤ 其他项目的保修期限由承发包双方在合同中规定。

建设工程的保修期自竣工验收合格之日算起。

6.4.3 保修费用的处理

1. 保修费用的含义

保修费用是指对建设工程在保修期限和保修范围内所发生的维修、返工等各项费用支出。保修费用应按合同和有关规定合理确定和控制。保修费用一般可参照建筑安装工程造价的确定程序和方法计算，也可按建筑安装工程造价或承包合同价的一定比例计算（如取 5%）。

2. 保修费用的处理办法

基于建筑安装工程情况复杂，不如其他商品那样单一，出现的质量缺陷和隐患等问题往往是由于多方面原因造成的。因此，在费用的处理上应分清造成问题的原因以及具体返修内容，按照国家有关规定和合同要求与有关单位共同商定处理办法。

（1）勘察、设计原因造成的保修费用处理

勘察、设计方面的原因造成的质量缺陷，由勘察、设计单位负责并承担经济责任，由施工单位负责维修或处理。按照合同法规定，勘察、设计人应当继续完成勘察、设计，减收或免收勘察、设计费并赔偿损失。

（2）施工原因造成的保修费用处理

施工单位未按国家有关规范、标准和设计要求施工，造成质量缺陷，由施工单位负责无偿返修并承担经济责任。建设工程在保修范围和保修期限内发生质量问题的，施工单位应当履行保修义务，并对造成的损失承担赔偿责任。施工单位不履行保修义务或者拖延履行保修义务的，责令改正，并处 10 万元以上 20 万元以下的罚款，并对保修期间因质量缺陷造成的损失承担赔偿责任。

（3）设备、材料、构配件不合格造成的保修费用处理

因设备、建筑材料、构配件质量不合格引起的质量缺陷，属于施工单位采购的或经其验收同意的，由施工单位承担经济责任；属于建设单位采购的，由建设单位承担经济责任。至于施工单位、建设单位与设备、材料、构配件供应单位或部门之间的经济责任，应按其设备、材料、构配件的采购供应合同处理。

（4）用户使用原因造成的保修费用处理

因用户使用不当造成的建筑安装工程及设备等的损坏，由用户自行负责。

（5）不可抗力原因造成的保修费用处理

因地震、洪水、台风等不可抗力造成的质量问题，施工单位和设计单位都不承担经济责任，由建设单位负责处理。

● **实战训练**

○ 专项能力训练

本章重点回顾

工程价款结算与竣工决算

背景资料

为贯彻落实国家西部大开发战略,某建设项目单位决定在西部某地建设一项大型特色经济基地项目。该项目从 2000 年开始实施,到 2001 年底财务核算资料如下:

(1) 已经完成部分单项工程,经验收合格后,交付的资产包括:

① 固定资产 74739 万元。

② 为生产准备的使用期限在 1 年以内的随机备件、工具、器具 29361 万元。期限在 1 年以上,单件价值 2000 元以上的工具 61 万元。

③ 建造期内购置的专利权、非专利技术 1700 万元。摊销期为 5 年。

④ 筹建期间发生的开办费 79 万元。

(2) 基建支出的项目包括:

① 建筑工程和安装工程支出 15800 万元。

② 设备、工器具投资 43800 万元。

③ 建设单位管理费、勘察设计费等待摊投资 2392 万元。

④ 通过出让方式购置的土地使用权形式的其他投资 108 万元。

(3) 非经营项目发生待核销基建支出 40 万元。

(4) 应收生产单位投资借款 1500 万元。

(5) 购置需要安装的器材 49 万元,其中待处理器材损失 15 万元。

(6) 货币资金 480 万元。

(7) 工程预付款及应收有偿调出器材款 20 万元。

(8) 建设单位自用的固定资产原价 60220 万元,累计折旧 10066 万元。

反映在资金平衡表上的各类资金来源的期末余额为:

(1) 预算拨款 48000 万元。

(2) 自筹资金拨款 60508 万元。

(3) 其他拨款 300 万元。

(4) 建设单位向商业银行借入的借款 109287 万元。

(5) 建设单位当年完成交付生产单位使用的资产价值中有 160 万元属利用投资借款形成的待冲基建支出。

(6) 应付器材销售商 37 万元货款和应付工程款 1963 万元尚未支付。

(7) 未交税金 28 万元。

训练要求

① 根据案例资料,编制完成表 6 - 9。

② 根据案例资料,编制完成表 6 - 10。

表 6－9　交付使用资产与在建工程数据表　　　　　　　单位:万元

资金项目	金　额	资金项目	金　额
（一）交付使用资产		（二）在建工程	
1. 固定资产		1. 建筑安装工程投资	
2. 流动资产		2. 设备投资	
3. 无形资产		3. 待摊投资	
4. 递延资产		4. 其他投资	

表 6－10　大中型基本建设项目竣工财务决算表　　　　　单位:万元

资金来源	金　额	资金占用	金　额
一、基建工程		一、基本建设支出	
1. 预算拨款		1. 交付使用资产	
2. 基建基金拨款		2. 在建工程	
3. 进口设备转账拨款		3. 待核销基建支出	
4. 器材转账拨款		4. 非经营项目转出投资	
5. 煤代油专用基金拨款		二、应收生产单位投资借款	
6. 自筹资金拨款		三、拨付所属投资借款	
7. 其他拨款		四、器材	
二、项目资本		其中:待处理器材损失	
1. 国家资本		五、货币资金	
2. 法人资本		六、预付及应收款	
3. 个人资本		七、有价证券	
三、项目资本公积金		八、固定资产	
四、基建借款		固定资产原价	
五、上级拨入投资借款		减:累计折旧	
六、企业债券资金		固定资产净值	
七、待冲基建支出		固定资产清理	
八、应付款		待处理固定资产损失	
九、未交款			
1. 未交税金			
2. 未交基建收入			
3. 未交基建包干结余			
4. 其他未交款			
十、上级拨入资金			
十一、留成收入			
合　计		合　计	

③ 计算基建结余资金。

④ 结合案例资料,分析建设项目竣工财务决算报表的内容与格式。

训练路径

① 教师事先对学生按照 3 人进行分组,每组合作完成上述训练要求。

② 小组讨论,形成小组案例分析报告。

③ 班级交流,教师对各组案例分析报告进行点评。

○ 综合能力训练

建设工程质量事故责任分析

训练目标

组织学生开展建设工程质量保修案例调查、分析;培养学生分析、处理建设工程质量事故纠纷的能力;了解工程造价从业人员应具备的职业能力和职业素养,培养相应的专业能力与核心能力。

训练内容

某建筑公司通过投标承接了本市某房地产开发企业的一栋钢筋混凝土剪力墙结构住宅楼,承包商在完成室外装修后,发现该建筑物向西北方向倾斜。该建筑公司采取了在倾斜一侧减载与在对应一侧加载、注浆、高压粉喷、增加锚杆静压桩等抢救措施,但无济于事。该房地产开发企业为确保工程质量和施工人员的人身安全,主动要求并报政府同意,采取上层结构 6~18 层定向爆破拆除的措施,从根本上消除了该栋楼的质量隐患。

在事故调查过程中,出现了以下不同的处理意见:

(1)工程勘察单位根据要求进行了工程勘察,并提交了详细的工程勘察资料,因此工程勘察单位不承担任何质量责任。

(2)建设单位为了加快进度,牺牲工程质量,并且未按规定委托监理单位对工程建设实施监理,因此建设单位应对工程质量事故负责。而设计单位是根据建设单位要求所进行的设计和处理,因此设计单位对质量事故不承担责任。

(3)施工单位在施工过程中及时提出问题,并提出加固补强方案,因此施工单位对该工程质量事故不承担任何责任。

(4)因建设单位及时采取爆破拆除措施,确保了相邻建筑和住户的生命财产安全,因此该质量事故不是重大质量事故。

为了降低成本,项目经理通过关系购进廉价暖气管道,并向工地甲方和监理人员隐瞒,工程完工后,通过验收交付使用单位使用,过了保修期后的某一冬季,大批用户暖气漏水。

训练步骤

① 聘用实训基地 1~2 名工程造价从业人员为本课程的兼职教师,结合上述案例内容开展建设工程质量保修责任调查、分析,提出该项工程质量事故处理意见。

② 将班级每 3~5 位同学分成一组,每组指定 1 名组长,每组对调查、分析情况进行详细记录。

③ 归纳总结,撰写建设工程质量事故纠纷处理报告。

④ 各组在班级进行交流、讨论。

训练成果

建设工程质量事故纠纷处理报告。

● 思 考 与 练 习

一、名词解释

建设项目竣工验收　　交工验收　　　　　　动用验收　　　　　建设项目竣工结算

建设项目竣工决算　　新增固定资产价值　　保修　　　　　　　保修费用

二、单项选择题

1. 建设项目竣工验收时,负责组织项目验收委员会的是(　　)。
   A. 建设单位　　　　　B. 监理单位　　　　　C. 施工单位　　　　　D. 项目主管部门

2. 工程预算资料属于工程资料验收的(　　)。
   A. 工程技术资料　　　B. 工程综合资料　　　C. 工程财务资料　　　D. 工程评估资料

3. 工程承包合同属于工程资料验收的(　　)。
   A. 工程技术资料　　　B. 工程综合资料　　　C. 工程财务资料　　　D. 工程评估资料

4. 以下属于建筑工程验收内容的是(　　)。
   A. 建筑设备安装工程　　　　　　　　　B. 建筑结构工程
   C. 工艺设备安装工程　　　　　　　　　D. 动力设备安装工程

5. 建设项目全部建成,经过各单项工程的验收符合设计要求,并具备竣工图表、竣工决算、工程总结等必要的文件资料,向负责验收的单位提出竣工验收申请报告的是(　　)。
   A. 业主或发包人　　　　　　　　　　　B. 建设项目主管部门或发包人
   C. 建设项目主管部门或总承包人　　　　D. 建设项目主管部门或监理单位

6. 竣工验收报告的汇总与编制一般由(　　)完成。
   A. 建设单位　　　　　B. 竣工验收委员会　　C. 施工单位　　　　　D. 监理单位

7. 通常所说的建设项目竣工验收是指(　　)验收。
   A. 工程总体　　　　　B. 单项工程　　　　　C. 单位工程　　　　　D. 主要生产设施

8. 下列资料中,属于建设项目竣工验收的工程综合资料验收内容的是(　　)。
   A. 基础处理资料　　　　　　　　　　　B. 设计概预算资料
   C. 设计任务书　　　　　　　　　　　　D. 单位工程质量检验记录

9. 工程完工后,提交工程竣工报告,申请竣工验收的单位是(　　)。
   A. 建设单位　　　　　B. 设计单位　　　　　C. 施工单位　　　　　D. 监理单位

10. 下列各项中,属于建筑设备安装工程竣工验收范围的是(　　)。
    A. 生产设备安装工程　　　　　　　　　B. 传动设备安装工程
    C. 动力配电线路工程　　　　　　　　　D. 暖气安装工程

11. 作为竣工验收报告的重要组成部分,在所有工程项目竣工后,由建设单位按照国家有关规定在工程项目竣工验收阶段编制的反映建设项目实际造价和投资效果的文件是(　　)。
    A. 施工预算　　　　　B. 施工图预算　　　　C. 竣工结算　　　　　D. 竣工决算

12. 建设项目竣工决算应包括(　　)的全部实际费用。
    A. 从设计到竣工投产　　　　　　　　　B. 从筹集到竣工投产
    C. 从立项到竣工验收　　　　　　　　　D. 从开工到竣工验收

13. 关于竣工决算报告,在大中型项目竣工决算和小型项目竣工决算中均包括的竣工决算报表是(　　)。

A. 建设概况表　　　　　　　　　　B. 竣工财务决算总表

C. 交付使用资产总表　　　　　　　D. 建设项目竣工财务决算审批表

14. 在大中型建设项目竣工财务决算表中,属于资金来源的是(　　)。

　　A. 预付及应收款　　　　　　　　　B. 待冲基建支出

　　C. 应收生产单位投资借款　　　　　D. 拨付所属投资借款

15. 大中型建设项目竣工决算报表中,反映建设项目从开工到竣工为止全部资金来源和资金运用情况的是(　　)。

　　A. 建设项目竣工财务决算审批表　　B. 建设项目概况表

　　C. 建设项目竣工财务决算表　　　　D. 建设项目交付使用资产总表

16. 在大中型建设项目竣工财务决算表中,属于资金占用的是(　　)。

　　A. 企业债券资金　　　　　　　　　B. 留成收入

　　C. 应收生产单位投资借款　　　　　D. 待冲基建支出

17. 建设工程竣工图是工程进行竣工验收、维护改建和扩建的依据,负责在施工图上加盖"竣工图"专用章的单位是(　　)。

　　A. 设计单位　　　　B. 建设单位　　　　C. 施工单位　　　　D. 监理单位

18. 以下不属于小型建设项目竣工财务决算报表的是(　　)。

　　A. 建设项目竣工财务决算审批表　　B. 竣工财务决算总表

　　C. 建设项目交付使用资产明细表　　D. 建设项目概况表

19. 负责组织人员编写建设工程竣工决算文件的责任单位是(　　)。

　　A. 建设单位　　　　B. 监理单位　　　　C. 施工单位　　　　D. 项目主管部门

20. 对于新增固定资产的土地征用费、勘察设计费等费用按(　　)分摊。

　　A. 建筑工程造价　　B. 安装工程造价　　C. 需安装设备价值总额　　D. 工程总造价

21. 土地征用费的分摊一般按(　　)比例分摊。

　　A. 建筑工程费　　　　　　　　　　B. 建筑、安装工程费用总额

　　C. 建筑安装工程费和需安装设备价值总额 D. 工程费用总额

22. 下列关于新增固定资产价值的计算说法正确的是(　　)。

　　A. 为了保护环境而正在建设的附属辅助工程计入新增固定资产价值

　　B. 不构成生产系统但能独立发挥效益的非生产性项目在交付使用后计入新增固定资产价值

　　C. 达到固定资产标准不需安装的设备、工器具在购买后计入新增固定资产价值

　　D. 分批交付生产的工程,应待全部交付完毕一次计入新增固定资产价值

23. 下列关于无形资产计价方法的说法中,正确的是(　　)。

　　A. 专利权是具有独立性并能带来超额利润的生产要素,故其价值应按评估价格计算

　　B. 自创非专利技术的价值应按自创过程中发生的费用作为无形资产入账计价

　　C. 购买的非专利技术价值,应按其能产生的收益采用收益法进行估价计算

　　D. 自创的商标权应将商标设计、制作费用作为无形资产入账

24. 新增固定资产价值的计算对象是(　　)。

　　A. 独立专业的单位工程　　　　　　B. 独立施工的专业工程

　　C. 独立发挥生产能力的单项工程　　D. 独立设计的单位工程

25. 下列有关共同费用分摊应计入新增固定资产价值的表述中,正确的是(   )。

    A. 建设单位管理费按建筑、安装工程造价总额作比例分摊

    B. 勘察设计费按建筑、安装工程及需安装设备价值总额作比例分摊

    C. 土地征用费按建筑工程造价作比例分摊

    D. 土地使用权出让金按建筑、安装工程造价总额作比例分摊

26. 工程竣工后,由于洪水等不可抗力造成的损坏,承担保修费用的单位是(   )。

    A. 施工单位   B. 设计单位   C. 建设单位   D. 监理单位

27. 因建筑材料、建筑构配件和设备质量不合格引起的质量缺陷,属于承包单位采购的,承担经济责任的是(   )。

    A. 承包单位   B. 验收单位   C. 供应单位   D. 设计单位

28. 因建筑材料、建筑构配件和设备质量不合格引起的质量缺陷,属于发包人采购的,承担经济责任的是(   )。

    A. 验收单位   B. 发包人   C. 供应单位   D. 设计单位

29. 缺陷责任期的开始起算日期为(   )。

    A. 工程完工之日   B. 提交竣工验收申请之日

    C. 通过竣工验收之日   D. 通过竣工验收后 30 天

30. 由于发包人原因导致工程无法按规定期限进行竣工验收的,在承包人提交竣工验收报告(   )天后,自动进入缺陷责任期。

    A. 30   B. 60   C. 90   D. 120

31. 全部或者部分使用政府投资的建设项目,预留保证金的比例一般为工程价款结算总额的(   )。

    A. 3%   B. 5%   C. 7%   D. 10%

32. 下列有关保证金管理的表述中,正确的是(   )。

    A. 地方政府投资的项目,保证金统一预留在财政部门

    B. 社会投资项目预留保证金的,将保证金交由使用单位管理

    C. 采用工程质量担保的,发包人可适当减少预留保证金的比例

    D. 采用工程质量保修保险的,发包人不得再预留保证金

33. 某一全部使用政府投资的建设项目,工程价款结算总额为 6600 万元,则该工程的保证金一般为(   )万元。

    A. 396   B. 198   C. 330   D. 660

34. 发包人在接到承包人返还保证金申请并核实后,应当将保证金返还承包人的期限是(   )日。

    A. 7   B. 14   C. 28   D. 30

35. 根据国务院《建设工程质量管理条例》,下列有关建设工程的最低保修期限的规定,正确的是(   )。

    A. 地基基础工程为 30 年

    B. 屋面防水工程的防渗漏为 3 年

    C. 供热与供冷系统为 2 个采暖期和供热期

    D. 设备安装和装修工程为 1 年

三、多项选择题

1. 参加建设项目竣工验收,对工程项目的总体进行检验和认证、综合评价和鉴定活动的责任主体单位包括( )。
   - A. 建设单位
   - B. 勘察设计单位
   - C. 施工单位
   - D. 监理单位
   - E. 造价咨询单位

2. 下列关于项目竣工验收的论述中,正确的有( )。
   - A. 是建设项目建设全过程的最后一个程序
   - B. 是项目决策的实施、建成投产发挥效益的关键环节
   - C. 投资成果转入生产或使用的标志
   - D. 是检查工程是否合乎设计要求和质量好坏的重要环节
   - E. 项目竣工验收与工程造价管理无关

3. 以下资料属于工程资料验收中的工程财务资料的是( )。
   - A. 设计概算
   - B. 预算资料
   - C. 建设成本资料
   - D. 承包合同
   - E. 招标投标文件

4. 对于规模较大、较复杂的建设项目,应采取的验收程序是( )。
   - A. 初步验收
   - B. 中间验收
   - C. 竣工验收
   - D. 使用验收
   - E. 动用验收

5. 根据国务院《建设工程质量管理条例》的规定,竣工验收应具备的条件包括( )。
   - A. 有上级主管部门对验收项目批准的各种文件
   - B. 有完整的施工管理资料
   - C. 发包人已按合同约定支付工程款
   - D. 有承包人签署的工程质量保修书
   - E. 环保设施已按设计要求与主体工程同时建成使用

6. 竣工决算由( )等部分组成。
   - A. 竣工财务决算说明书
   - B. 竣工财务决算报表
   - C. 工程竣工图
   - D. 工程竣工造价对比分析
   - E. 竣工验收报告

7. 竣工决算的费用组成应包括( )。
   - A. 建筑安装工程费
   - B. 设备、工具及器具购置费
   - C. 工程建设其他费用
   - D. 铺底流动资金
   - E. 项目营运费用

8. 大中型建设项目竣工决算报表包括( )。
   - A. 建设项目竣工财务决算审批表
   - B. 建设项目概况表
   - C. 建设项目竣工财务决算表
   - D. 建设项目交付使用资产总表
   - E. 建设项目竣工财务决算总表

9. 关于竣工图,以下说法正确的是( )。
   - A. 原设计施工图竣工没有变动的,由施工单位加盖"竣工图"标志后即作为竣工图
   - B. 原图虽有一般设计变更,但能将原施工图加以修改作为竣工图的,可不重新绘制竣工图
   - C. 原图有结构形式的重大变更,应由原设计单位在其上修改、补充后作为竣工图
   - D. 为了满足竣工验收和竣工决算需要,应绘制反映竣工工程全部内容的工程设计平面示

意图

E. 竣工图是工程进行竣工验收、维护改建和扩建的依据,是工程的重要技术档案

10. 在工程竣工决算的实际工作中,工程造价比较分析应分析下列中的(　　)内容。

A. 主要实物工程量 　　　　　　　　　B. 采取的施工方案和措施

C. 考核建筑及安装工程费等执行情况 　　D. 主要设备材料的价格

E. 主要人工消耗量

11. 竣工决算的编制依据包括(　　)。

A. 批准的设计文件,以及批准的概(预)算或调整概(预)算文件

B. 招标文件、标底(如果有)及与各有关单位签订的合同文件等

C. 设计变更、现场施工签证等建设过程中的文件及有关支付凭证

D. 竣工图及各种竣工验收资料

E. 竣工验收报告

12. 下列各项在新增固定资产价值计算时应计入新增固定资产价值的是(　　)。

A. 在建的附属辅助工程

B. 单项工程中不构成生产系统,但能独立发挥效益的非生产性项目

C. 开办费、租入固定资产改良支出费

D. 凡购置达到固定资产标准不需要安装的工具、器具费

E. 属于新增固定资产价值的其他投资

13. 对于新增固定资产的其他费用,一般情况下,建设单位管理费按(　　)之和作比例分摊。

A. 建筑工程费用 　　　　　　　　　B. 安装工程费用

C. 工程建设其他费用 　　　　　　　D. 预备费

E. 需安装设备价值总额

14. 关于无形资产的计价,以下说法中正确的是(　　)。

A. 购入的无形资产,按实际支付的价款计价

B. 自创专利权的价值为开发过程中的实际支出

C. 自创商标权价值,按照其设计、制作等费用作为无形资产价值

D. 外购非专利技术可通过收益法进行估价

E. 无偿划拨的土地使用权通常不能作为无形资产入账

15. 新增固定资产价值,在计算时以下应注意的事项正确的是(　　)。

A. 为保护环境而建设的附属辅助工程,只要建设验收投入使用,就要计入新增固定资产价值

B. 不构成生产系统但能独立发挥效益的非生产性项目,不计算新增固定资产价值

C. 凡购置达到固定资产标准不需安装的设备、工器具,应交付使用后计入新增固定资产价值

D. 属于新增固定资产价值的其他投资,应随同收益工程交付使用的同时一并计入

E. 分期分批交付生产或使用的工程,应分期分批计算新增固定资产价值

16. 交付使用财产的成本,下列计算正确的是(　　)。

A. 房屋、建筑物等固定资产的成本包括建筑工程成果和应分摊的待摊投资

B. 动力设备等固定资产的成本包括设备的采购成本、安装工程成本等建筑工程成本

C. 运输设备及其他不需要安装的设备等固定资产一般仅计算采购成本,不计分摊的"待摊投资"

D. 工具、器具、家具等固定资产一般仅计算采购成本,不计分摊的"待摊投资"

E. 管道、线路等固定资产的成本包括建筑工程成果和应分摊的待摊投资

17. 按照国务院《建设工程质量管理条例》,下列有关保修期的确认,正确的是(　　　)。

A. 基础设施工程为 50 年

B. 屋面防水工程,有防水要求的卫生间、房间和外墙面的防渗漏为 5 年

C. 供热与供冷系统为 2 个采暖期和供热期

D. 电气管线、给水排水管道、设备安装和装修工程为 2 年

E. 建设工程的保修期,自工程开工日算起

18. 下列关于缺陷责任期及其计算中,正确的是(　　　)。

A. 发包人与承包人一般在签订合同的同时签订质量保修书,保修书明确约定缺陷责任期的期限

B. 缺陷责任期从工程通过竣(交)工验收之日起计算

C. 承包人原因导致工程无法按时竣工验收的,缺陷责任期从实际通过竣(交)工验收之日起计算

D. 发包人原因导致工程无法按时交工验收的,承包人提交竣工验收报告之日起计算

E. 不可抗力原因导致工程无法按时交工验收的,从承包人提交竣工验收报告之日起 7 天后计算

19. 关于缺陷责任期内的维修及费用承担,以下正确的是(　　　)。

A. 缺陷责任期内,由承包人原因造成的缺陷,承包人应负责维修,并承担鉴定及维修费用

B. 承包人原因造成缺陷且其不愿意维修的,发包人可按合同约定扣除保证金

C. 承包人原因造成缺陷其负责维修并承担相应费用后,可免除对工程的一般损失赔偿责任

D. 由他人及不可抗力原因造成的缺陷,发包人负责维修,承包人不承担费用

E. 发、承包双方就缺陷责任有争议时,可以申请鉴定,承包方承担鉴定费用

四、计算题

某工业建设项目及其第一、二车间的建筑工程费、安装工程费、需安装设备费以及分摊费用见表 6-11。

表 6-11 某建设项目各项费用表 单位:万元

项目名称	建筑工程	安装工程	需安装设备	建设单位管理费	土地征用费	勘察设计费
建设项目竣工决算	3000	800	1000	180	400	100
第一车间竣工决算	1600	400	500			
第二车间竣工决算	800	250	400			

要求:计算第一、二车间新增固定资产价值。

五、简述题

1. 什么是建设项目竣工验收?

2. 建设项目竣工验收涵盖哪些内容？

3. 建设项目竣工验收方式有哪几种？

4. 如何组织建设项目竣工验收？

5. 什么是建设项目竣工结算？

6. 工程价款结算方式有哪些？

7. 什么是建设项目竣工决算？

8. 建设项目竣工决算包括哪些内容？

9. 按照现行财务制度和企业会计准则的相关规定,新增资产包括哪些大类？

10. 保修费用的含义是什么？ 如何处理？

附　录

附录 1　全国建设工程
造价员管理暂行办法

附录 2　造价工程师执业
资格制度暂行规定

附录 3　注册造价
工程师管理办法

附录 4　中华人民共
和国招标投标法

附录 5　建筑工程施工发包
与承包计价管理办法

附录 6　建设工程
价款结算暂行办法

参考文献

[1] 王俊安,彭邓民.工程造价典型案例分析[M].北京:中国建材工业出版社,2006.

[2] 袁建新.工程造价管理[M].北京:高等教育出版社,2003.

[3] 马桂芝.建设工程造价管理基础知识[M].北京:中国计划出版社,2010.

[4] 丁茜薇.工程项目管理[M].成都:四川大学出版社,2004.

[5] 季福长.工程项目管理[M].重庆:重庆大学出版社,2004.

[6] 王军.建设工程造价控制方法[M].北京:化学工业出版社,2010.

[7] 王建波,荀志远.建设工程造价管理[M].北京:经济科学出版社,2010.

[8] 郭树荣.工程造价管理[M].北京:科学出版社,2011.

[9] 造价员培训教材编写组.建筑工程造价员培训教材[M].北京:中国建材工业出版社,2010.